2판

글로벌 음식문화

WHAT FOOD TELLS US
ABOUT CULTURE

2판

글로벌 음식문화

김희선 지음

교문사

감사의 글

감사한 마음으로 2판을 받아듭니다. 2판의 출간을 제안해 주신 교문사 류원식 사장님과 정용섭 부장님, 편집과 교정을 꼼꼼하게 봐주신 안영선 차장님께 깊은 감사를 드립니다.

저의 음식문화 강의에 와서 영감과 피드백을 준 많은 학생들과 독자들께도 큰 감사를 전합니다.

가족들의 지원과 격려도 곳곳에 담겨 있네요. 든든한 조언자인 큰딸 여명이, 뉴욕에서 박사 과정을 하며 음식 이야기를 짬짬이 전해 준 막내 여진이, 해외 출장을 다녀올 때마다 현지 음식 사진과 에피소드를 전해 준 큰 사위 민원기, 그리고 음식문화 여행길에서 말벗이 되고 사진을 찍어 준 남편에게도 고마움을 전합니다.

초판이 나왔을 때 태어난 첫 손녀 지효가 네 살이 되었네요. 지효가 이 책을 재미있게 읽을 날을 기다립니다.

2판 머리말

―

《글로벌 음식문화》 초판을 2018년에 출간했다. 그간 우리의 식생활 환경은 더욱 글로벌해졌다. 해외에 나가지 않고도 다양한 나라의 음식을 맛보는 것이 일상화되었다. 이에 따라 세계 각국의 음식문화에 대해 알고자 하는 지적 욕구가 커지고 있다. 이러한 변화에 부응하여 2판을 내놓는다.

2판에서는 초판에서 다룬 '11개 문화권'의 음식문화에 더해서, '오세아니아의 음식문화'를 새로 넣었다. 오륜기에 들어 있는 다섯 대륙의 음식문화를 한 권에 담으니, 책명에 걸맞은 내용으로 오롯이 꾸려진 느낌이다. 아울러 각종 데이터를 최신 정보로 업데이트하고, 음식문화와 관련된 흥미로운 내용들을 새롭게 보강했다. 이 책 한 권이면, 세계 어느 나라 사람을 만나든 상대방 나라의 음식 이야기로 대화를 주고받을 수 있을 것이라 자부한다.

음식은 문화의 결정체다. 한 나라의 문화를 이해하는 최고의 방법은 그 나라 음식을 먹어보는 것이다. 음식을 통해 각 민족이 만들어 낸 문화의 향기를 느껴보자. 음식이야말로 인류가 만들어 낸 최고의 문화유산이 아니겠는가?

2022년 8월
저자 김희선

초판 머리말

음식은 '맛' 이상의 것이다. 각 나라의 음식에는 그곳의 자연환경, 역사, 종교, 민족 간의 교류, 건강을 지키기 위한 지혜 등이 담겨 있다. 그래서 음식을 아는 것은 곧 그 나라의 문화를 아는 것이 된다.

지금은 글로벌 시대다. 글로벌 시대에는 다양한 문화가 공존하는 가운데 사람들 간에 소통과 교류가 이루어진다. 이 과정에서 음식은 중요한 매개체가 된다. 문화가 다른 사람들이 만나 서로의 음식을 함께 먹으며 상호 이해의 폭을 넓혀간다. 해외여행과 해외 취업이 늘어나면서 세계 각국의 음식에 대해 알고자 하는 사회적 요구도 계속 증가하고 있다.

이러한 배경에서 저자는 '글로벌 음식문화'라는 주제에 집중하여 이 책을 썼다. 각 나라 특유의 음식문화는 어떤 배경에서 나왔고, 핵심적인 특징은 무엇이며, 타 문화와 어떤 영향을 주고받았는지 등 음식을 둘러싼 문화적 맥락을 서술하였다. 아울러 각 나라의 대표 음식과 식사 예절도 언급했다.

세계 각국의 음식문화를 쉽고 체계적으로 공부하고 싶은 사람, 낯선 이름들이 가득한 메뉴판 앞에서 당황하지 않고 척척 주문을 하고, 문화에 맞는 식사 예절을 알고 싶은 사람, 외국인과의 식사 자리에서 음식 이야기로 분위기를 부드럽게 이끌고 싶은 사람, 음식에 대한 지식을 넓혀 자신의 식탁을 풍요롭게 만들고 싶은 사람, 이 모든 분에게 유익한 책이 되고자 하였다.

이 책은 총 14장으로 구성되어 있다. 1장부터 3장까지는 음식문화에 대한 통론이고, 4장부터 14장까지는 세계 각국의 음식문화에 대한 각론이다. 1장에서는 음식문화란 무엇이고, 그 안에는 어떤 내용들이 포함되는지 간략히 정리했다. 2장에서는 음식이 어떻게 조합되어 '식사meal'를 구성하는지, 식재료가 어떤 과정을 거쳐 문화 색을 담은 '요리(퀴진)'로 만들어지는지, 각 나라 특유의 음식 맛은 어떻게 만들어지는지 등을 설명했다. 3장에서는 종교에 따른 식철학과 허용 음식, 금기 음식 등을 살펴보았다. 4장부터 14장까지는 식문화의 공통점을 기준으로 전 세계를 11개 문화권(동북아시아, 동남아시아, 남아시아, 중동, 서유럽, 남유럽, 중유럽, 북유럽, 북아메리카, 중남아메리카, 아프리카)으로 구분하여 해당 지역을 대표하는 나라들의 음식문화를 다루었다. 각 장 첫머리에 해당 문화권의 공통적인 음식문화와 주요 식품staple foods을 서술하고, 타 문화권과의 차이점을 정리했다. 이를 통해 독자들이 각 문화권의 식문화에 대한 통찰을 얻게 했다. 또한 글로벌 식문화의 시각에서 중요성이 큰 주제(예를 들어 '13장 중남아메리카의 음식문화'에서 대항해 시대의 대륙 간 식문화 전파)는 빠짐없이 다루려고 했다. 본문에 넣지 못한 음식문화에 관련된 흥미로운 이야기들은 '푸드톡톡 Food Talk Talk'란에 별도로 담았다.

지면의 제약으로 중앙아시아, 오세아시아, 러시아를 비롯한 슬라브족 나라들은 이 책에 넣지 못했다. 차후에 소개할 기회가 주어지기를 바란다.

2018년 9월
저자 김희선

차례

CHAPTER 1

음식
문화의
이해

1. 음식문화의 정의와 범주

음식문화란 '일정 집단이 공유하는 식품을 이용하는 방식use of food'이라고 간단히 정의할 수 있다. 세계 각 민족은 자신들의 생명과 건강을 유지하기 위해 생태계와 제반 환경에 적합하게 식품을 생산하고 이용하는 방식을 고안했는데 이것이 곧 음식문화라고 할 수 있다. 음식문화의 범주에는 다음 사항들이 포함된다.

- 무엇을 먹나
- 어떻게 먹나
- 왜 먹나

1) 무엇을 먹나

영양소가 들어 있고 독이 없고 소화가 되는 것은 기본적으로 '음식'이 될 수 있다. 그러나 이 조건을 충족했다고 모두 음식이 되는 것은 아니다. '무엇이 음식이 되는가'는 민족이나 종교, 지역에 따라 크게 다르다. 중국에서는 전갈이 맛있는 음식이지만 대다수 지역에서는 음식이 되지 못한다. 쇠고기는 힌두교도들에게 음식이 될 수 없다. 라오스의 산간 지역에서는 벌레나 박쥐(단백질이 풍부함)를 먹는다. 타인의 눈에는 이상하게 보이겠지만 그들에게는 훌륭한 단백질 급원이자 고기가 부족한 환경에 적응하여 살아가기 위한 지혜다.

베이징 포장마차의 전갈과 불가사리

2) 어떻게 먹나

'어떻게 먹나'의 범주에는 조리법, 식기, 식사 도구, 상차림법, 음식을 나누는 법sharing food, 서빙법, 끼니 수, 식사 예절 등이 포함된다. 문화에 따라 '어떻게

토마토가 과일 코너에 진열된 까닭

토마토는 과일이 아니라 '채소'다. 그런데 우리나라에서는 왜 늘 과일 칸에 진열될까? 우리나라에서는 채소를 나물로 하거나 양념에 무치거나 김치로 만든다. 이것이 한식의 채소 이용법이다. 그런데 토마토는 나물로 만들기 어렵고, 무쳐 먹거나 김치를 담그기도 애매하다. 그 결과 반찬용 채소가 되지 못하고 과일로 먹게 된 것이다.

토마토를 과일로 여기다 보니 방울토마토가 케이크 위에도 버젓이 올라간다. 토마토를 채소로 먹는 서구인들에게는 케이크에 오이나 상추를 올린 것처럼 어색하게 여겨질 것이다. 하지만 한국인들은 딸기를 올린 것처럼 아무 거부감 없이 받아들인다. 이처럼 식품을 이용하는 방식(use of food)이 문화에 따라 다른데, 이것이 곧 음식문화의 본질이다.

먹나'의 방식이 다르다. 식사에 초대 받았을 때 중국과 베트남에서는 음식을 조금 남기는 것이 예의다. 이는 푸짐하게 대접해 줘서 배불리 잘 먹었다는 표시가 된다. 하지만 유럽과 미국에서는 접시를 깨끗이 비우는 게 예의다. 음식을 남기면 "맛이 없어서 남겼나?"라는 오해를 살 수도 있다.

3) 왜 먹나

음식을 먹는 1차 목적은 식욕을 충족하고 생명을 유지하기 위함이지만 이것이 전부는 아니다. 음식을 먹는 행위 속에는 다양한 사회적, 심리적 코드가 숨어 있다.

(1) 정체성의 표출

"Man is what he eats."라는 말이 있다. 그 사람이 먹는 것을 보면 그가 누구인지(민족, 종교, 신분, 취향 등) 알 수 있다는 뜻이다. 음식은 그것을 먹는 사람의 정체성을 드러낸다. 한 연구에 따르면 채식주의자는 평화주의자로 여겨지고, 미식가는 자유분방하며 지적인 사람으로, 건강식 애호가는 반핵주의자이면서 자유주의자로 간주된다.

음식은 언어와 더불어 민족의 정체성을 드러내는 중요한 요소이다. 김치가 한국인을 상징하듯이 파스타는 이탈리아인을, 사우어크라우트(양배추를 채 썰어 시큼하게 절인 것)는 독일인을 상징한다.

(2) 신분의 상징

사람들은 음식을 통해 자신의 부를 과시하기도 하고 신분 상승의 열망을 대리 충족하기도 한다. 상어지느러미와 제비집으로 만든 요리는 중국에서 황제의 식탁을 상징했으며, 고급 요리의 대명사로 통한다.

(3) 관계의 형성

누군가와 안면을 트고자 할 때 우리는 흔히 "차 한잔 하실래요?"라며 말을 건넨다. 사람들은 음식을 함께 먹으며 사회적 관계를 만들어가고 친밀감을 쌓아간다.

음식을 나눠 먹으며 공동체 의식을 다지기도 한다. 가족 공동체를 뜻하는 '식구食口'라는 말도 '한 솥 밥을 먹는 사람들'이라는 뜻이다. 경사나 애사 때 음식을 나눠 먹는 것은 기쁨이나 슬픔을 함께 나눈다는 의미가 있다.

음식은 인간과 신을 이어주는 매개체가 되기도 한다. 제물을 신에게 바치고 바친 음식을 함께 나눠 먹음으로써 신의 축복을 공유한다. 제사 때 하는 음복에는 조상이 내리는 복을 음식을 통해 전달 받는다는 의미가 담겨 있다.

(4) 내면화

항간에는 음식을 먹으면 그것이 가진 물리적 특성이 몸 안으로 들어온다는 믿음이 존재하는데, 이를 '내면화incorporation'라고 한다. 임신부가 닭고기를 먹으면 닭살 피부를 가진 아기를 낳는다는 생각, 베트남인들이 정력을 높인다며 호랑이 뼈를 곤 족편을 먹는 것 등은 내면화의 기재가 작용한 때문이다.

(5) 상징의 도구

음식은 상징의 도구가 되기도 한다. 천주교 성찬식에서 빵은 성체를 상징하고 와인은 예수의 피를 상징한다. 그리스 병사들은 전장에서의 승리와 무사 귀환을 위해 집에서 빵 한 조각을 떼어 전쟁터로 나가곤 했다. 과거에 영국의 산파는 악령이 엄마와 아기를 데려가는 것을 막기 위해 산모 발치에 빵 한 덩이를 놓아두었다고 한다. 서구인들에게 빵은 이처럼 단순한 먹을거리를 넘어 생명과 가족을 상징한다.

2. 섭취 빈도에 따른 음식의 분류

섭취 빈도에 따라 음식을 다음과 같이 분류할 수 있다.

핵심 음식core foods 거의 매 끼니마다 식사에 규칙적으로 포함되는 것으로 식사의 기본이 되는 음식을 말한다. 예를 들면 한국인의 밥, 김치, 장류 등이 이에 속한다.

제2 핵심 음식secondary core foods 자주 먹기는 하지만 핵심 음식보다는 섭취 빈도가 낮은 음식을 말한다.

주변 음식peripheral foods 어쩌다 가끔 먹는 음식을 가리킨다. 개인의 기호나 경제력, 라이프 스타일 등과 관련이 깊으며 문화 집단 전체에 통용되는 것은 아니다.

개인이나 집단의 식습관 변화는 주변 음식에서 가장 흔히 일어나며, 핵심 음식의 변화는 가장 적다. 오늘날 전 세계적으로 나타나는 현상은 전통적인 핵심 음식의 영역은 축소되는 반면, 제2 핵심 음식이나 주변 음식이 다양한 외국 음식으로 채워지고 있다는 것이다.

3. 축연과 금식

미국 추수감사절의 정찬
흩어졌던 가족이 모여 칠면조구이와 크랜베리소스, 롤빵,
호박파이, 감자 요리 등을 푸짐하게 차려 즐긴다.

1) 축연

축연feasting은 각종 경축일에 별식을 차려 푸짐하게 먹
는 것을 말한다. 종교적 기념일이나 국경일, 명절, 생일
등에 그날에 맞는 음식을 마련하여 즐긴다. 평소보다
많은 종류의 음식이 나오며 비싼 재료로 만든 음식이
나 공들인 요리가 나오기도 한다.

2) 금식

금식fasting은 주로 종교와 관련이 있다. 음식을 절제함으로써 탐욕을 없애고
속죄한다는 의미가 있다.

부분 금식 금식일에 식사는 하되 특정 음식의 섭취를 금하는 것을 말한다. 중
세 서양에서는 금식일에 버터와 고기의 섭취를 금하고 생선이나 계란을 먹
는 전통이 있었다. 이는 예수가 십자가에 못 박힌 것을 속죄하는 행동으로
금요일에 고기를 먹지 않고 생선을 먹던 데서 유래했다. 고기는 사치스럽고
탐욕적인 음식인 반면 하천 등지에서 쉽게 잡을 수 있는 물고기는 소박한
음식으로 여겨졌다.

완전 금식 식사 일체를 금하는 것을 말한다. 무슬림들은 라마단 성월(이슬람
력으로 9월)에 동틀 무렵부터 해가 질 때까지 음식과 물을 먹지 않는다.
해가 지고 나면 비로소 친지와 이웃 간에 음식을 나눠 먹으며 밤늦게까지
담소를 즐긴다. 유대교도들은 속죄의 날인 욤 키푸르Yom kippur에 야훼께 죄
를 사하여 줄 것을 기도하며 전날 해질녘부터 다음 날 해질녘까지 아무것
도 먹거나 마시지 않는다.

4. 음식문화의 형성과 변화

수렵·채취 생활을 하던 원시 인류의 식생활은 동물이 먹이를 얻는 방식과 별반 다르지 않았다. 그러다가 약 1만 년 전 농경과 목축이 시작되면서 인류의 식품 확보 방식은 혁명적인 변화를 맞이했다. 이 무렵부터 인류는 정착 생활을 하며 각 지역의 기후와 풍토에 맞는 작물을 재배하기 시작했다. 동아시아에서는 쌀, 중동과 유럽에서는 밀·보리·호밀 등의 맥류, 중남미에서는 옥수수와 감자, 아프리카에서는 얌·타로 등의 구근류가 주곡主穀으로 선택되면서 각기 쌀 문화권, 맥류 문화권, 옥수수 문화권, 구근류 문화권을 형성하게 되었다. 중동과 유럽 등지에서는 양·염소·소 등의 가축을 키워 그 고기와 젖을 이용했다. 농경과 목축을 통해 식량을 정기적으로 확보할 수 있게 되면서 주산主産 식품을 기초로 각 지역마다 고유의 음식문화가 싹트게 되었다. 이처럼 세계 각 지역의 음식문화는 자연환경에 기초하여 문명의 시작과 함께 그 모습을 만들어가기 시작했다.

음식문화는 경제 발전, 기술 발달, 이민족과의 교역, 식민 지배, 종교 등 제반 환경의 영향을 받으며 그 사회와 생태계에 적합한 형태로 변화하고 발전한다. 사회 안에서 구조적인 변화가 일어나면 이에 대응하여 사람들의 믿음, 가치, 행동이 변화된다. 음식, 진미, 영양의 트렌드가 달라지고, 식품을 얻는 방식과 식품의 유형, 다양성도 달라진다. 최근에는 다음과 같은 변화가 두드러진다.

지역별 주산 식품과 기본 음식

지역	주산 식품	기본 음식
동아시아	쌀, 대두, 채소	밥, 장류, 채소 요리(김치, 쓰케모노(漬物), 파오차이(泡菜))
중동·유럽	맥류(밀·보리·호밀), 가축의 젖과 고기	빵, 파스타, 치즈, 발효유, 고기
중남아메리카	옥수수, 콩, 고추, 토마토	토르티야, 콩 요리, 살사
아프리카	얌, 카사바, 타로, 플랜틴, 콩, 땅콩	푸푸(fufu), 콩 요리, 채소 스튜

1) 글로벌화

글로벌화는 일정 지역이나 국가의 경계 안에서 일어나던 현상이 범세계적 체계로 통합되는 현상을 말한다. 글로벌화는 식품 소비의 다양화와 소비 확대를 초래한다. 식품점에는 세계 각국에서 수입된 식품들이 넘쳐나고, 여름 과일이던 포도는 칠레 등지에서 생산된 포도가 수입되면서 1년 내내 먹을 수 있는 과일이 되었다.

2) 기술의 발전

식품의 생산, 저장, 유통, 가공 기술의 발전으로 고품질 식품 생산이 늘어나고 편이식품, 가공식품의 개발도 크게 증가하고 있다. 이는 조리 시간 단축 등의 긍정적인 측면과 함께 염분·당분·열량의 과다 섭취 등의 건강 문제를 야기하고 있다.

3) 도시화

많은 수의 사람들이 농촌을 떠나 도시나 도시 주변으로 이주하고 있다. 그 결과 지역 농산물을 스스로 경작-수확-조리해 먹던 자급자족형 농부에서 먹거리를 전적으로 타인에게 의존하는 소비자로 바뀌게 된다. 먹거리의 탈지역화가 일어나고, 공장이나 식당에서 만들어진 상품화된 음식을 사먹는다.

4) 타문화와의 교류

국제 교류가 빈번해지고, 국가 간 이동이 자유로워지면서 단일 민족 국가는 찾아보기 어렵고 다문화 사회가 대세다. 이런 환경에서 여러 문화가 혼합된 융합 음식(퓨전 푸드)이 생겨나고 있다.

글로벌화와 산업화, 탈지역화는 음식문화의 획일화를 초래하고, 작물과 가축의 유전적 다양성을 훼손하는 등 부정적 결과를 낳기도 한다. 슬로푸드 운동은 이 같은 현상을 반전시키려는 노력의 일환으로 볼 수 있다.

슬로푸드 운동

슬로푸드 운동은 산업화·기계화·규격화·대량 생산을 통한 맛의 표준화와 전 세계적인 미각의 획일화를 지양하고, 지역 특성에 맞는 전통적이고 다양한 식생활 문화를 추구하자는 취지의 국제 운동이다. 우리나라도 이 운동에 참여하고 있다.

이 운동은 1986년 이탈리아 북부 피에몬테주의 소도시 브라(Bra)에서 시작되었다. 당시 맥도널드가 이탈리아 로마에 진출해 전통 음식을 위협하자 미각의 즐거움, 전통 음식 보존 등의 기치를 내걸고 식생활 운동을 전개하기 시작하여

슬로푸드 운동의 로고

몇 년 만에 국제적인 운동으로 발전했다. 1989년 11월 프랑스 파리에서 세계 각국의 대표들이 모여 '슬로푸드 선언'을 채택함으로써 공식 출범했다. 슬로푸드 법령에는 다음과 같은 활동 지침이 제시되었다.

- **지킴** 사라질 우려가 있는 전통 식재료나 요리, 질 좋은 식품, 와인을 지킨다.
- **가르침** 어린아이와 소비자들에게 맛 교육을 진행한다.
- **지지함** 질 좋은 재료를 제공하는 생산자와 업체를 지킨다.

CHAPTER 2

퀴진으로
본
음식문화

1. 퀴진의 정의

'퀴진cuisine'이라는 단어는 라틴어의 'coquere(요리하다)'에서 왔다. 퀴진은 기본적으로 그 지역의 기후와 생산되는 식재료(혹은 구입 가능한 식재료)의 영향을 받으며, 지역의 조리법, 전통, 풍습 등이 어우러져 지역 고유의 퀴진이 만들어진다. 코리안 퀴진, 이탈리안 퀴진, 퓨전 퀴진 하는 식으로 퀴진 앞에 지역이나 스타일을 일컫는 말을 붙인다.

종교도 퀴진에 큰 영향을 준다. 일례로 유대교인들은 유대교의 식사 규율에 따라 고기와 유제품(우유, 치즈 등)을 함께 조리하거나 함께 먹을 수 없다.

2. 퀴진의 구성 요소

다음 요소들에 의해 퀴진의 고유성이 만들어지며, 퀴진 간의 유사점과 차이점을 알 수 있다.

- 음식이 어떻게 조합되어 식사를 구성하는지
- 음식이 어떤 순서로 제공되는지
- 재료가 어떤 과정을 거쳐 요리로 만들어지는지
- 각 퀴진 특유의 맛은 어떻게 만들어지는지

1) 식사의 구성

식사meal의 내용은 문화마다 다르다. 쌀을 주식으로 하는 아시아 지역의 식사는 쌀로 지은 주식(밥, 죽)에 채소·고기·두부·해산물 등으로 만든 부식이 곁들여지는 형태다. 쌀 대신 밀, 옥수수, 메밀 등으로 만든 면이나 찐빵 등도 주식이 된다. 부식이 아무리 많아도 주식이 없으면 식사로 간주되지 않는다.

서구식 식사는 주요리main dish와 곁들임 요리side dish로 구성된다. 대개 육류 요리가 주요리가 되고 여기에 채소 요리와 감자 등의 전분 요리가 곁들여진다. 지역이나 상황에 따라 육류 대신 파스타나 덤플링dumpling(감자나 밀가루로 만든 경단), 빵과 수프 등이 주요리가 되기도 한다*.

서아프리카의 카메룬에서는 카사바cassava로 만든 반죽이 나와야 제대로 된 식사를 한 것이며, 여기에 수프나 스튜를 곁들인다.

아시아의 식사 = 전분성 주식(밥) + 비전분성 부식
서구식 식사 = 주요리(육류) + 곁들임 요리(채소, 전분 요리)
서아프리카의 식사 = 카사바 반죽 + 수프 혹은 스튜

식사의 구성 요소를 모두 포함하고 있는 음식은 식사로 간주된다. 예를 들어 밥에 나물·계란·고기 등을 얹은 비빔밥, 고기에 깍지콩과 토마토소스, 으깬 감자, 체다치즈를 얹은 영국의 셰퍼드파이shepherd's pie 같은 음식은 식사로 간주된다.

셰퍼드파이

문화에 따라 끼니별로 제공되는 음식이 정해져 있기도 하다. 유럽과 미국에서 계란과 베이컨은 아침 메뉴이지 점심이나 저녁 메뉴는 아니다. 동북아시아와 동남아시아에서는 수프(국)가 아침에도 나오지만, 유럽과 미국에서는 수프를 대체로 점심이나 저녁에 먹는다.

2) 음식의 제공 순서

쌀이 주식인 아시아에서는 밥과 이에 곁들여지는 음식을 동시에 차린다. 미국식은 샐러드나 애피타이저(혹은 둘 다)-주요리-디저트 순으로 나온다. 프랑스식 정찬에는 치즈 코스가 있고, 샐러드가 주요리 다음에 나온다.

* 이탈리아 남부에서는 파스타가 주식이고, 미국의 퀘이커교도들은 걸쭉하게 끓인 수프와 빵이 주식이다.

미국식 정찬 (샐러드나 애피타이저)주요리(디저트)

프랑스식 정찬* (앙트레)쁠라(샐러드)(치즈)(디저트)

    유럽과 미국에서는 '짠맛'이 나는 음식을 식사로 먹고 나서 '단맛'의 디저트를 먹는다. 동북아시아(한국·중국·일본)에는 전통적으로 디저트 코스가 없고 식후에 생과일을 먹는 정도다. 동북아시아에도 단맛의 음료나 과자, 떡 등이 있지만 간식이나 명절의 별식으로 먹지 매끼 식사 후에 디저트로 먹지는 않는다. 한국의 '후식', 중국의 '티안디안甛点'이라는 용어는 디저트를 지칭하기 위해 근대에 새롭게 만들어졌다. 설탕의 종주국인 인도에는 디저트가 있다.

3) 요리 과정과 맛의 원리

재료를 선택하고 손질하고 익히고 저장하는 단계를 거쳐 원재료가 요리(퀴진)로 바뀐다.

손질하기 씻기, 껍질 벗기기, 다지기, 두드리기, 물기 짜내기, 거르기, 물에 담그기, 양념에 절이기

익히기 굽기, 볶기, 찌기, 끓이기, 튀기기

저장하기 말리기, 절이기, 발효시키기, 냉동하기, 숙성시키기

    양념도 중요하다. 양념이 달라지면 식재료와 손질법, 익히는 법, 저장법이 동일하더라도 전혀 다른 요리가 만들어진다. 각 퀴진에는 고유의 풍미를 만들어내는 양념의 조합이 있다. 다섯 가지의 맛(단맛, 신맛, 짠맛, 쓴맛, 감칠맛)을 내기 위해 각 퀴진은 특정한 재료를 사용하여 고유의 맛을 낸다. 단맛을 내기 위해 한국요리Korean cuisine에는 설탕, 물엿, 조청, 꿀을 넣는다. 미국요리에

---

* 앙트레(entrée)는 애피타이저를, 쁠라(plat)는 주요리를 말한다.

는 설탕, 콘시럽, 당밀, 단풍나무시럽을, 태국요리에는 야자 설탕을 넣는다.

　신맛을 내기 위해 한국·중국·일본에서는 쌀식초, 인도네시아·태국·인도 등에서는 타마린드tamarind*, 미국에서는 레몬즙이나 곡물 식초, 중앙아메리카에서는 시큼한 오렌지나 라임, 프랑스와 이탈리아에서는 와인 식초를 쓴다.

　짠맛을 내기 위한 조미료(동북아시아의 간장·된장, 동남아시아의 어장魚醬, 지중해 지역의 앤초비anchovy·올리브절임) 역시 퀴진에 따라 다르다.

　모든 퀴진에는 반복적으로 쓰이는 양념의 조합이 있는데, 음식학자 엘리자베스 로진Elizabeth Rozin은 이를 '맛의 원리flavor principle'라고 규정했다. 이 원리에 따라 중국요리, 타히티요리 하는 식으로 각 문화 집단의 요리를 유형화할 수 있다. 이를테면 간장, 쌀술, 생강을 쓰면 중국요리 맛이 나고, 코코넛밀크나 코코넛크림에 라임즙과 소금을 넣으면 타히티요리 맛이 난다. 간장, 설탕, 파, 마늘, 참기름, 깨소금을 쓰면 한국요리 맛이 난다.

아시안 퀴진과 조미료

아시아 지역의 식사는 쌀밥에 반찬(부식)을 곁들이는 것이다. 반찬의 재료로는 채소가 널리 이용되는데, 채소는 어육류에 비해 아미노산이나 핵산 같은 맛 성분이 거의 없다. 채소를 맛있게 먹기 위한 방법이 필요했고, 이를 해결하기 위해 개발한 것이 콩을 발효시킨 두장(豆醬)과 생선을 발효시킨 어장(魚醬)이다. 동아시아는 두장 문화권을, 동남아시아는 어장 문화권을 형성하고 있다.

두장 문화권과 어장 문화권

　화학조미료인 MSG(monosodium glutamate)가 일본에서 발명된 것도 같은 맥락에서 이해할 수 있다. 1908년 이케다 키쿠나에 박사는 다시마에 들어 있는 글루타메이트(glutamate)가 감칠맛을 낸다는 것을 발견하고, 당밀 부산물을 발효시켜 MSG를 만드는 데 성공했다. MSG를 제일 먼저 받아들인 나라는 중국, 한국이고 제2차 세계대전 이후에는 태국, 필리핀, 말레이시아, 인도네시아 등지로 빠르게 전파되었다.

---

* 북아프리카와 아시아 열대 지방 원산의 장미목과 식물로, 성숙한 열매의 과육은 산미료로 쓰인다.

중국 간장, 쌀술, 생강

일본 간장, 설탕, 쌀식초

한국 간장, 파, 마늘, 생강, 고춧가루, 깨소금, 참기름, 후추

태국 남쁠라(어장), 코코넛밀크, 고추, 마늘, 생강, 레몬그라스, 타마린드

인도 가람마살라(고수씨, 커민, 호로파, 강황, 후추, 정향, 카다멈, 고춧가루를 혼합한 양념)

이탈리아 토마토, 마늘, 바질, 오레가노, 올리브유

프랑스 버터, 크림, 와인, 부케가르니bouquet garni(타라곤, 파슬리 줄기, 월계수 잎, 타임 등의 허브를 실로 묶은 다발)

독일 사워크림, 식초, 딜, 겨자, 후추, 캐러웨이

러시아 사워크림, 양파, 딜, 파슬리

그리스 레몬, 양파, 마늘, 오레가노, 올리브유

스칸디나비아 사워크림, 양파, 겨자, 딜, 캐러웨이

멕시코 토마토, 양파, 고추

브라질 고추, 말린 새우, 생강, 야자유

　각 퀴진은 위의 양념을 기본으로 다른 재료를 첨가하여 다양한 양념의 조합을 만든다. 한 문화권 안에서도 지역과 개인(혹은 가족)의 기호에 따라 양념의 조합이 달라진다. 김치를 생각하면 쉽게 이해가 될 것이다. '맛의 원리'는 엄격한 규칙이라기보다는 어떤 퀴진인지를 나타내주는 일종의 '표식'이다.

3. 끼니 수와 식사 도구

1) 끼니 수

하루 몇 끼를 먹는가, 언제 먹는가도 나라마다 다르다. 가난한 나라에서는

하루 한 끼를 먹는 반면, 스페인 등지에서는 간식을 포함하여 다섯 끼를 먹기도 한다. 식사 시간과 끼니별 식사량도 문화에 따라 다르다. 유럽에서는 전통적으로 점심이 가장 푸짐한 반면, 한국에서는 저녁이 가장 푸짐하다.

2) 식사 도구

식사 도구에 따라 음식 문화권을 구분할 수 있다. 중국을 비롯한 동북아시아는 젓가락 문화권, 유럽·러시아·발칸 및 유럽 문화가 이식된 북미·중남미·오세아니아 지역은 포크와 나이프 문화권에 속한다. 인도·동남아시아·중동·아프리카 등지에서는 수식手食을 한다. 인구 수로 보면 젓가락 : 포크·나이프 : 수식의 비율이 대략 3 : 3 : 4 정도로 수식 인구의 비율이 가장 높다. 젓가락이나 포크를 사용하는 지역에서도 어떤 음식은 손으로 먹으므로 손은 세계 공통의 식사 도구인 셈이다.

(1) 동아시아: 젓가락 문화권

젓가락은 오래 전 중국에서 발명되었다. 정확한 발명 연대는 알 수 없으나 BC 4세기 무렵에 일반화된 것으로 본다. 중국어로 젓가락을 콰이즈筷子라고 하는데, 쾌筷는 대나무 죽竹과 빠를 쾌快가 합쳐진 글자로, '대나무로 만든 음식을 빨리 먹기 위한 도구'라는 뜻이다. 대나무 외에 다른 나무나 뼈, 은, 상아 등으로도 젓가락을 만든다. 중국에서는 고급 재료로 만든 젓가락을 결혼이나 기념일의 선물로 애용한다. 젓가락을 선물하는 것은 곧 기쁨을 선물하는 것(送筷子送快樂)이라고 생각하기 때문이다.

젓가락을 쓰는 나라에서는 음식을 만들 때 재료를 작게 잘라서 조리한다. 젓가락은 작게 잘린 음식을 집기에 편리하다.

(2) 유럽: 포크·나이프 문화권

포크는 육식문화에서 나온 도구다. 고기를 자를 때 포크로 눌러주면 쉽게 자를 수 있고 자른 고기를 찍어 먹기에도 편리하다.

본래 포크는 고기 덩어리를 찍어 불에 굽기 위한 끝이 두 갈래로 갈라진 쇠꼬챙이 모양의 '조리 도구'였다. 중세까지도 서양인들은 고기를 칼로 잘라 손으로 집어 먹었다. 그러다가 11세기 무렵 이탈리아 토스카나 지방에서 식탁용 소형 포크가 등장했다. 이때의 포크는 끝이 두 갈래로 갈라지고 갈라진 부분이 구부러지지 않은 직선형이었다. 처음에는 이교도의 무기를 닮았다 하여 사용되지 않다가 그 편리성으로 인해 점차 퍼져나가 르네상스기(14세기 무렵)에는 귀족의 문화로 정착했다. 귀족의 전유물이던 포크는 이탈리아 메디치 가문의 카트린느 드 메디시스Catherine de Médicis가 1533년 앙리 2세와 결혼하면서 프랑스로 전해졌다. 귀족들은 상아나 금, 은으로 포크를 만들고 보석을 박아 화려하게 치장하여 자신들의 신분을 과시했다.

1600년대에는 부유한 상인들과 부르주아들도 포크를 사용했다. 영국에서는 18세기에 이르러서야 포크가 널리 알려졌다. 이 무렵 독일에서 오늘날과 같이 끝이 구부러진 포크가 처음 나왔고, 끝이 네 갈래로 갈라진 형태가 널리 쓰이게 되었다. 서양에서 포크가 대중화된 것은 19세기 산업혁명 이후이다. 산업혁명으로 철 생산이 늘어나면서 일반 대중들도 포크를 쉽게 접할 수 있게 되었다.

수식을 하는 한국인을 흐뭇한 눈으로 바라보는 인도인
상대방의 음식문화를 알고 그에 맞춰 행동하는 것은 그와 쉽게 가까워지는 대인 관계의 기술이다.

(3) 동남아시아·인도·중동·아프리카: 수식 문화권

인도, 동남아시아, 중동, 아프리카 등지에서는 손으로 식사를 한다. 이들 지역의 주식(찰기가 없는 쌀로 지은 밥, 납작한 빵, 카사바 등으로 만든 반죽)은 손으로 집어 먹어도 불편함이 없다. 손으로 음식을 집을 때 느끼는 '촉감의 맛'을 중시하는 것도 수식을 하는 이유의 하나다.

CHAPTER 3

종교와
식철학

종교는 나름의 교리에 입각한 세계관과 신념 체계, 식철학을 갖고 있다. 이에 따라 섭생법이나 허용음식·금기음식을 경전에 명시해 놓기도 하고, 신도들이나 성직자들은 특정일에 금식이나 단식을 행하기도 한다.

1. 불교

불교는 그리스도교, 이슬람교와 함께 세계 3대 종교의 하나다. BC 6세기경 브라만교의 제사 만능주의와 사제 중심의 계급 제도에 대한 반발로 불교와 자이나교가 나왔다. 수행과 평등을 강조하는 불교는 BC 3세기경 마우리아 왕조의 아소카왕 등의 후원을 받으며 영향력을 확대하였고, 인도 대륙에 퍼졌다가 동남아시아와 동북아시아 등지로 전파되었다.

1) 육식 제한

힌두교와 뿌리가 같은 불교는 아힘사의 가치를 존중하여 살생을 삼가며 채식을 수행의 한 방법으로 여긴다. 승려에 대한 육식의 제한 범위는 종파와 지역에 따라 차이가 크다. 한국·중국·일본·베트남 등지에 전파된 대승불교에서는 육식을 금하는 반면, 태국·스리랑카·라오스·미얀마·티베트 등지에 전파된 소승불교*에서는 육식을 선택적으로 허용한다.

소승불교의 승려들은 탁발(민가에서 음식을 얻는 행위)로 끼니를 해결한다. 신도들이 보시하는 음식을 개인의 기호에 따라 선택하는 것은 '욕慾'이 되며 이는 불교의 교리에 어긋나므로 탁발승은 주어지는 대로 먹어야 하고,

---

* 석가모니 사망 후 5세기가 지난 후에 대승불교가 등장하면서 종래의 불교를 '소승불교'로 불렀다. 소승불교는 어떻게 하면 윤회의 굴레를 벗어날 수 있을지에 천착하여 오로지 자기 자신의 해탈만을 추구하는 반면, 대승불교는 연민과 자비로 인간과 동물을 포함한 모든 존재에 대한 우주적 사랑을 설파한다.

고기도 자연스럽게 먹게 된다. 단, 그 동물이 먹는 사람에게 바치기 위해 도살된 고기라는 것을 보거나, 듣거나, 알았을 때는 먹으면 안 된다. 이는 악업을 짓는 행위이기 때문이다.

반면에 사찰 안에서 취사를 하는 대승불교의 승려들은 채식을 한다. 일부 불자들도 특정 날(음력 초하루와 보름, 섣달 그믐 등)에 채식을 한다. 승려들의 전형적인 식사는 쌀밥(혹은 죽)에 채소 반찬과 국을 곁들이는 것이다.

승려에게 보시하는 불교 신도들

2) 기타 금기 식품

승려들은 경전의 가르침에 따라 냄새가 강하고 매운맛이 나는 채소는 먹지 않다. 우리나라 승려들은 오신채伍辛菜(마늘·파·부추·달래·흥거)를 금하며 중국 승려들은 마늘을 먹지 않는다.

불교의 5계에서 중독성이 있는 것을 먹지 말라 하여 대부분의 승려들이 수행에 방해가 되는 술·담배·마약을 피한다.

2. 그리스도교

그리스도교는 예수를 메시아로 믿는 종교로 전 세계에서 가장 많은 신도(21~22억 명)를 보유하고 있다. 많은 종파가 있는데 크게 나누어 로마가톨릭, 정교회, 개신교(기독교)의 3대 교단이 있다. 유럽 및 유럽 문화가 이식된 아메리카 대륙, 중남부 아프리카 일부, 호주를 포함한 태평양 제도 등이 그리스도교권에 속한다.

그리스도교에서도 구약을 성서로 인정하지만 모세 5경에 적힌 음식 계율을 지키지는 않으며, 일부 교파(예를 들어 제7일 안식일 예수재림교회)를 제외하고는 음식 선택이 비교적 자유롭다.

신약에는 신도가 따라야 할 음식에 관한 몇 가지 지침이 나온다. 이교도의 우상에게 바쳐진 음식을 먹어서는 안 되며, 식사할 때와 음식을 먹기 전에 하나님께 항상 감사 기도를 올려야 한다.

1) 육식

사도 바울은 신약(고린도전서 8:13)에서 "내 형제를 발이 걸리게 한다면 고기 먹는 것을 삼가야 한다."고 밝혔다. 이 가르침에 따라 일부 교파(예를 들어 트라피스트회의)의 수도사들은 채식을 한다. 제7일 안식일 예수재림교회에서도 일반적으로 육식과 자극적인 음식을 피한다.

프랑스의 크레페는 사순절 금식이 시작되기 전 집안에 있는 버터를 모두 먹어치우기 위해 나온 음식이다.

영국성공회, 가톨릭, 루터교, 감리교, 정교회에서는 전통적으로 고기를 먹지 않는 금식일을 지키는데, 특히 사순절의 금식을 지킨다. 사순절은 부활절 40일 전 재의 수요일부터 부활절 이브까지로 그 기간 동안 금식을 하며 회개와 참회를 한다. 금식은 고기와 우유, 버터, 치즈 등의 기름진 음식을 먹지 않는 것을 말한다. 일부 지역에서는 생선도 금지된다.

2) 술

술에 대한 허용 여부도 교파 간에 차이가 있다. 일부 교파(영국성공회, 가톨릭, 루터교, 정교회)에서는 적당한 음주를 허용하며, 제7일 안식일 예수재림교회, 침례교, 감리교, 오순절교회에서는 술을 삼가거나 금한다.

초대 교회 때부터 19세기까지 그리스도 교인들은 술을 일상 음료로 마셨고 성체 성사나 성찬식 의례에 와인을 사용했다. 성경과 그리스도교 전통에서는 술은 삶을 흥겹게 해주는 하나님의 선물이지만, 취태는 죄악이자 부도덕이라고 여겼다.

현재는 술에 대한 세 가지 입장(허용, 삼가, 금지)이 공존하는데, 적당한 음주를 허용하는 영국성공회, 로마가톨릭, 정교회가 교단의 다수를 차지하다

보니 적당한 음주를 허용하는 입장이 대세다.

3) 제7일 안식일 예수재림교회

제7일 안식일 예수재림교회는 1860년 미국에서 창립된 기독교 근본주의 성격의 개신교 교파로, 교단 설립 때부터 건강과 건전한 생활을 강조해 왔다(한국 개신 교단에서는 이 교파를 이단으로 보는 견해도 있다). 기독교 근본주의는 자유주의 신학을 거부하고 성경을 문자적으로 해석할 것을 주장한다. 그러다보니 다른 개신교 교파가 음식 섭취를 자유롭게 허용하는 것과는 달리 유대교와 이슬람교에서처럼 구약의 레위기에 적힌 음식 규율(돼지고기와 갑각류, 기타 부정하다고 금지된 육류 등을 피함)을 준수한다. 신자들의 35% 정도는 완전 채식주의 혹은 유란 채식주의(유제품과 계란은 먹지만 고기와 기타 동물성 식품은 일체 먹지 않는 것)를 따른다. 교단에서는 술·담배·마약을 금하며 일부 교도들은 커피·차·콜라 등의 카페인 음료도 마시지 않는다.

종교에 따른 금기 육류

종교	돼지고기	쇠고기	양고기	낙타고기	닭고기	생선
힌두교 (부분 채식주의)	×	×	○	×	○	○
힌두교 (완전 채식주의)	×	×	×	×	×	×
엄격한 불교	×	×	×	×	×	×
유대교	×	Kosher only	Kosher only	×	Kosher only	Kosher only
이슬람교	×	Halal only	Halal only	○	Halal only	○
제7일 안식일 예수재림교회	×	Kosher only	Kosher only	×	Kosher only	Kosher only

세계인의 아침 식사를 바꾼 켈로그 시리얼

제7일 안식일 예수재림교회 창시자들은 시리얼을 세계인의 아침 식사로 보급
하는 데 기여했다. 존 하비 켈로그는 의사이자 예수재림교가 주창하는 건강
운동 창시자 중 한 명이었다. 그는 빵을 먹으면 소화가 안 된다고 호소하는 환
자들을 위해 간편하고 먹기 편한 음식의 개발에 매진하여 시리얼을 개발하는
데 성공했다. 그의 동생 윌리엄 켈로그가 회사를 설립하여 시리얼을 상품화했
고 크게 히트하여 세계적인 브랜드로 성장했다.

3. 이슬람교

이슬람교는 그리스도교에 이은 세계 2위의 종교로, 2021년 현재 세계 인구
의 약 24.7%(19억 명)가 무슬림이다. 서아시아, 북아프리카, 중앙아시아, 파키
스탄, 인도네시아, 말레이시아 등이 이슬람권에 속한다. 그리스도교 우세 지
역인 서유럽에도 다수의 무슬림이 살고 있다*.

이슬람교는 7세기 초에 아랍의 예언자 무함마드가 창시했다. '이슬람Islam'은
히브리어의 '살롬Shalom'과 같은 어근으로 '평화'라는 뜻이며, 종교적 의미는
'복종'이다. 즉 이슬람은 알라(아랍어로 유일신 하나님을 가리킴)에 대한 완
전한 복종을 통해 평화를 얻고자 하는 종교다. 알라의 가르침이 대천사 가브
리엘을 통해 무함마드에게 계시되었고, 이를 집대성한 것이 《코란》이다.

이슬람은 단순히 신앙 체계만을 일컫는 종교가 아니라 정치·경제·사회·
문화 등 인간 활동 전체를 포함하는 생활 그 자체이다. 종교가 생활 속에 완
전히 자리 잡아 삶의 제반 영역들과 일체감을 이루고 있다.

---

* 프랑스에 400만, 독일에 300만, 영국에 400만 명의 무슬림이 살고 있다. 이들 나라뿐만 아니라 서유럽 전역에 무슬
  림이 퍼져 있다.

1) 할랄과 하람

무슬림에게 허용된 것은 '할랄Halal'이라 하고 금지된 것은 '하람Haram'이라고 한다. 무슬림은 하람을 제외한 모든 것을 먹을 수 있다. 어느 것이 하람인지는 《코란》과 《하디스Hadîth》(무함마드의 언행록)에 명시되어 있다(아래 참조).

- 죽은 고기, 피, 돼지고기
- 하나님의 이름으로 잡지 않은 것, 목 졸라 죽인 것, 때려잡은 것, 떨어뜨려 죽인 것, 서로 싸우다 죽은 것, 다른 야생 동물이 먹다 남은 고기, 우상에 제물로 바쳐졌던 고기, 화살로 점을 치기 위해 잡은 것
- 뾰족한 엄니나 독치를 가진 동물과 날카로운 발톱을 지닌 맹수, 독수리, 매, 송골매, 솔개 등 육식성 조류

이슬람의 금기 동물은 유대교와 흡사하다. 단, 낙타는 이슬람에서는 먹을 수 있으나 유대교에서는 금지된다. 또한 허용된 동물이라도 알라(하나님)의 이름으로 기도를 드리지 않고 잡은 고기는 먹을 수 없다. 동물을 한 마리씩 희생시킬 때마다 "비스밀라(알라의 이름으로)"라고 외치고 도살하는데, 목동맥을 잘라 피가 흘러나오게 하여 희생시킨다. 이것이 할랄 방식의 도축법인데, 피가 빠지면서 동물이 서서히 죽게 된다.

유대인과 무슬림이 돼지고기를 기피하는 이유

문화인류학자 마빈 해리스는 돼지고기를 거부하는 편견이 서아시아의 건조한 지역에 살던 유목민들에 의해 생겨났다고 주장한다. 유대인과 아랍 무슬림들의 선조는 팔레스타인 지역에서 양과 염소 등을 키우던 유목민이다. 돼지는 유목 생활에는 부적합하므로 정착 생활을 하는 농경민들이 길렀다. 이 두 집단 간에는 끊임없는 경쟁이 있었고 어쩌다 생긴 병의 원인을 상대방의 음식에서 유래되었다고 간주하고 그 음식을 경멸했다. 편견이 확립되자 그것이 신성 불가침한 글로 기록되고 후대의 사람들은 그대로 믿고 따르게 되었다는 것이다.

해산물은 모두 먹을 수 있지만 정신을 흐리게 하는 술과 마약류, 술이 들어간 음식은 하람이다.

2) 라마단 단식과 이프타르

이프타르의 대표 음식 '대추야자'

라마단은 이슬람력으로 9월을 가리킨다. 이슬람교의 창시자인 무함마드가 알라로부터 코란의 첫 계시를 받은 것을 기려 이달의 시작을 알리는 초승달이 나타난 다음날부터 한 달 동안 무슬림들은 단식과 수행을 한다. 라마단 기간에는 일출 무렵부터 일몰까지(즉 해가 떠 있는 동안) 먹거나 마시거나 담배 피우는 것, 성행위가 금지된다. 일몰 후에는 가족, 친지와 함께 푸짐한 저녁 식사를 하며 금식으로 허기진 배를 달랜다. 라마단 기간 중 하루의 단식을 마치고 일몰 후 먹는 저녁 식사를 '이프타르Iftar'라고 하는데 이는 '금식을 깬다'는 뜻이다.

라마단 단식은 신앙 고백·기도·희사·메카 순례와 함께 무슬림의 5대 의무 중 하나로 어린이와 노약자, 장거리 여행자 등을 제외한 신자들은 반드시 지켜야 한다. 무슬림들은 라마단 단식을 통해 그간 종교적 수행을 게을리했음을 반성하며, 자기 스스로 무슬림의 정체성을 되새긴다. 또한 이슬람으로 맺어진 공동체의 유대감과 결속력을 느낀다.

금식을 하는 라마단 기간이 사업 협상을 하기에는 오히려 좋은 시기라고 한다. 해가 떠 있는 동안에는 모든 외식 업소가 영업을 하지 않지만 일몰 후에는 상점과 식당, 카페가 문을 열고 밤늦게까지 영업을 하므로 축제 분위기가 밤새 계속된다. 함께 음식을 나누며 친분을 쌓고 사업을 협의하기에 좋은 기회다.

3) 이들 피트르와 이들 아드하

이슬람권에서는 매년 두 번의 큰 축제가 열린다. 하나는 9월 라마단 단식이 끝난 후인 10월 1일에 시작되는 '이들 피트르Eid-ul-Fitr' 축제이고, 다른 하나는 이슬람력 12월에 성지 순례를 마치고 치르는 '이들 아드하Id al-Adha' 축제다.

이들 피트르는 3일간 계속된다. 첫날, 무슬림들은 목욕재계하고 아침 일찍 가까운 모스크로 간다. 축제 예배에서 설교를 듣고 집으로 돌아와 성찬을 들며 단식을 마무리한다. 축제 기간 중에 친지들을 방문하여 인사드리고 선물을 주고받으며 조상의 묘를 찾아 추모 예배를 드리는 등 우리나라 명절 분위기와 흡사하다.

이슬람력으로 12월인 '순례의 달' 10일에 순례객들은 메카에서, 그리고 세계의 모든 무슬림들은 가정에서 양이나 염소 등의 가축을 알라의 이름으로 희생시키는데, 이 날을 '이들 아드하'라 하며 무슬림들에게 가장 큰 축제일이다. 이 축제에 소요되는 양의 수는 엄청난데 덕분에 농촌 경제는 큰 활력을 얻는다.

라마단 단식과 이들 피트르, 성지 순례와 이들 아드하는 이슬람 사회를 하나의 거대한 전 지구적 공동체로 묶어 유대감과 결속력을 느끼게 하는 동시에 사회·경제적으로도 지대한 영향을 미치고 있다.

4. 유대교

유대교는 유일신 야훼를 믿는 유대인의 민족 종교로, 후에 나온 기독교와 이슬람교의 모태가 되었다. 유대교·그리스도교·이슬람교는 모두 아브라함을 조상으로 섬기며 구약 성경을 인정한다. 세 종교는 각기 독자적인 종교 의례와 음식 규율을 확립했는데, 그리스도교에는 엄격한 음식 규율이 없지만 유대교와 이슬람교에는 엄격한 음식 규율이 있다. 유대교와 이슬람교의 음식 규율은 구약에 근거한 것이라서 공통점이 많다.

1) 카샤룻과 트라이프

유대교의 음식 규율은 《토라》*와 《탈무드》**에 나와 있다. 《토라》에는 허용된 음식을 '카샤룻Kashrut(영어로는 코셔Kosher라고 함)', 금지된 음식이나 식기는 '트라이프Traif'로 규정한다. 엄격한 신자들은 외식을 할 때도 코셔 인증을 받은 식당에서만 먹는다. 유대교의 음식 규율은 다음과 같다.

- 벌레가 먹거나 썩은 것을 제외한 모든 채소와 과일은 먹을 수 있다.
- 되새김질하면서 발굽이 갈라진 동물은 허용된다. 따라서 소, 양, 염소, 사슴은 허용되나 말, 당나귀, 낙타, 돼지는 금지된다.
- 물고기는 지느러미와 비늘이 있어야 먹을 수 있다. 오징어, 장어, 조개류 및 새우·바닷가재 등의 갑각류***는 이 기준에 맞지 않으므로 금지된다.
- 닭, 칠면조, 집오리, 비둘기 등의 가금류는 코셔(허용음식)이나, 야생 조류와 독수리, 매 등의 육식성 조류는 코셔가 아니다. 새의 알도 코셔 조류의 알만 코셔이며, 코셔 조류의 알이라도 알 속에 피가 있으면 코셔가 아니다.
- 허용된 동물이라도 유대교의 율법에 따라 도살하고 피를 제거해야만 한다. 한 사람의 랍비(유대교의 사제)가 도살 과정에 참석해야만 하고, 도살은 '쇼크헷shochet'이라 불리는 훈련받은 사람에 의해 행해진다. "우리에게 이 일을 명하신 신의 축복이 있을지어다."라는 정해진 기도문을 외우고 도살하는데, 톱날이 없는 칼로 동물의 목동맥을 단숨에 잘라 피가 흘러나오게 한다. 피는 신성한 것으로 여겨지며 피의 섭취는 엄격히 금지된다. 고기를 물에 담갔다가 소금을 뿌려 남아 있는 피를 완전히 제거한다.

닭을 도살하는 쇼크헷

---

* 창세기, 출애굽기, 레위기, 민수기, 신명기의 다섯 권을 말하며 모세 5경 또는 율법서로 불린다.
** 유대교의 율법, 유대인의 전통 관습·축제·민간 전승·해설 등을 집대성한 책으로 유대교에서는 《토라》 다음으로 중요시된다.
*** 갑각류를 먹지 않는 것은 유대인이 애굽을 탈출할 때 바닷가재가 도와줬기 때문이라고 한다.

- 코셔인 고기라 하더라도 유제품(우유, 치즈 등)과 함께 조리하거나 함께 먹으면 안 된다[*]. 유제품을 요리하는 기구와 고기를 요리하는 기구는 따로 분리해서 써야 한다. 유제품을 요리한 그릇에 고기를 요리하면 코셔가 되지 않고, 이렇게 사용한 그릇은 반드시 정화해서 사용해야 한다.
- 코셔가 아닌 음식을 담았거나 닿았던 식기는 반드시 정화해서 사용해야 한다. 정화 방법으로는 끓는 물에 삶거나 더러워진 부분을 불로 지져 소독하는 것 등이 있다. 가연성 제품이라면 하루 동안 격리시켜 놓았다가 깨끗이 세척해야 한다.

2) 안식일 · 속죄의 날 · 유월절의 음식

유대교에서는 안식일Sabbath(금요일 저녁 일몰 몇 분 전부터 토요일 밤하늘에 별 3개가 나타날 때까지의 시간)을 철저히 지킨다. 안식일에는 불을 써서 요리하는 것을 비롯해 모든 일손을 쉬고 야훼께 예배하며 보낸다. 안식일의 기원은 구약의 '창세기'에 나오는 "야훼께서 6일 동안에 우주 창조를 끝마치고 제7일에는 쉬셨다."라는 언급에 근거한다. 모세에게 내린 십계명을 통해 이날에는 모두 쉬도록 명했기 때문에 유대교인들은 안식일을 지킨다.

안식일이 시작되는 금요일 저녁에는 샤밧 디너Sabbath dinner를 먹는다. 안식일 빵인 할라빵hallah bread을 가장인 아버지가 손으로 뜯어 가족들에게 건네면서 식사가 시작된다. 구약 성경 구절을 읽고 아버지-아들-어머니-딸의 순서로 와인을 마시는 의식을 끝낸 뒤 한 주간의 이야기를 나눈다. 안식일이 끝나는 토요일 저녁에는 전통적으로 베이글을 만들어 먹는다.

샤밧 디너에 나오는 할라빵과 와인

욤 키푸르Yom Kippur는 '속죄의 날'이라는 뜻으로 유대교 최대의 명절이다.

---

[*] 고기와 유제품이 혼합되지 않도록 규정한 것은 구약의 출애굽기와 신명기에 근거한다. 과학적으로 풀이해 보면 고기와 우유를 혼합하면 부패의 가능성이 커지기 때문이다. 우유는 세균의 성장에 좋은 배지이며 더운 기후에서 상하기 쉽다.

유대 달력으로 새해의 열 번째 날(그레고리력으로는 9월 또는 10월에 돌아옴)로 모든 유대교인들은 이날 노동을 중지하고 금식하며 야훼께 죄를 회개한다.

속죄일은 유대 민족들의 범죄(금송아지 우상 숭배)로 말미암아 모세가 첫번째 받았던 십계명을 깨뜨려 버리고, 자복과 회개로써 야훼의 용서를 받게 된 유대 민족들을 위해 두 번째 십계명을 받아서 내려온 날에서 유래되었다. 유대교에는 욤 키푸르 외에도 1년에 네 차례의 공식적인 금식일*이 있다.

페사흐Pessah(유월절)는 유대 민족이 모세의 인도로 이집트 왕국의 노예 생활로부터 탈출한 사건을 기념하는 날로(레위기 23:5), 유대교에서 가장 중시하는 명절이다. 기간은 유대 달력 1월 15일부터 일주일 동안(그레고리력으로는 매년 3월 말에서 4월 사이)이다.

페사흐 축제 때 가장 중요한 일은 집안에 있는 발효된 곡물 음식을 없애는 것이다. 이스라엘에서는 페사흐 기간 동안 발효된 곡물 음식을 파는 것도 금지된다. 이는 유대인들이 이집트를 급히 떠나느라 효모로 부풀린 빵을 만들어 먹을 시간이 없었던 일을 기억하기 위함이다.

유대인들은 페사흐 첫날 유대교 회당에 모여 예배를 드리고, 저녁에는 온 가족이 함께 모여 페사흐 세데르seder라는 저녁 만찬을 먹는데 이는 유대인들에게 가장 큰 행사다. 유대인들은 페사흐 세데르를 정성들여 차린다. 축제

유월절에 먹는 맛초트

용 촛대와 꽃으로 식탁을 장식하고 맛초트matzot**, 맵고 쓴 맛이 나는 허브인 마로르maror, 과일과 견과류, 향신료와 와인으로 만든 달콤한 소스인 하로세트charoset, 싱싱한 파슬리, 소금과 소금물, 구운 계란, 어린 양의 고기와 정강이뼈 등 출애굽기를 상징하는 음식들을 차린다***. 어른들은 아이들에게 페사흐의 의미에 대해 묻고 대답하게 한다. 이를 통

* 4월금식: 예루살렘 멸망 관련(왕하 25:3-4), 5월금식: 예루살렘 성전 소실 관련(왕하 25:8), 7월금식: 참혹한 학살 관련(왕하 25:25), 10월금식: 예루살렘 포위 관련(왕하 25:1-2)
** 곡식 가루를 물로만 반죽해서 구운 얇고 바삭한 빵이다.

해 유대인들은 자신들이 유대 민족임을 확인하고 전통을 계승해 간다.

5. 힌두교

힌두교는 신도 수로 볼 때 기독교, 이슬람교에 이어 세계 3위의 종교다. 인도인(2020년 10월 기준 13억 8천만 명)의 80.5%가 힌두교를 신봉하며 인도네시아 발리에도 수백만 명의 신도가 있다. 네팔도 힌두교를 국교로 하며, 스리랑카는 인구의 18%가 힌두교도이다.

힌두교의 모체는 BC 2000년경 인도로 이주해 온 아리아인Aryan들의 종교인 브라만교다. 브라만교가 토착 신앙과 융합하고, 불교 등의 영향을 받아 힌두교로 발전했다. 힌두교에서는 우주 창조신 브라흐마, 유지신 비슈누, 파괴신 시바의 3신을 주신主神으로 받든다. 힌두인들의 궁극 목표는 업보의 굴레로부터 영혼이 해방되어 해탈에 이르는 것이다.

힌두교의 근본 경전은 《베다》와 《우파니샤드》이며 그 외에 《브라흐마나》, 《수트라》 등이 있다. 이 경전들을 통해 힌두인들의 식철학을 엿볼 수 있다.

1) 음식에 대한 경배

힌두교의 세계관에 따르면 우주는 거대한 푸드 체인이자 푸드 사이클이다. 《우파니샤드》에는 "음식에서 생명이 탄생하고, 음식에 의해 생명이 유지되며, 죽음에 의해 생명이 육체로부터 분리되면 다시 생명체(즉 음식) 속으로 스며들어 간다."고 씌어 있다. 이러한 관점에서 보면 모든 생명체는 상호 의존적이며, 음식을 존중해야 하고 조심스럽게 다루어야 한다.

*** 마로르는 이집트 노예 생활의 쓰라림을 의미하고, 하로세트는 이집트에서 벽돌을 쌓을 때 사용하던 모르타르를 상징한다. 마로르와 하로세트를 2개의 맛초트 조각 사이에 끼워 샌드위치처럼 먹는다. 파슬리는 소금물에 담가 먹는데, 이는 거친 음식을 상징하며 소금물은 노예 생활에서 흘린 눈물을 상징한다.

음식에 대한 경배는 산야시*나 숲속의 은둔자에게서 극에 달한다. 음식의 획득과 준비 과정은 본질적으로 폭력적일 수밖에 없다. 이 과정에서 자연과 다른 생명체의 형태와 속성이 뒤틀리고 파괴되고 변형되어 '먹을 수 있는 것', '맛있는 것'으로 변화된다. 산야시는 이런 파괴 과정을 시작하는 존재가 되는 것을 꺼려 음식을 스스로 준비하지 않고 다른 사람의 집에서 남은 음식을 구걸한다. 음식을 구하지 못하면 떨어진 열매나 들판에 남겨진 곡식을 줍는다.

숲속의 은둔자들은 남은 음식조차 구걸하지 않는다. 그들은 사람의 손으로 경작하지 않은 야생에서 저절로 자란 것들(열매, 꽃, 뿌리, 덩이줄기 등)을 먹는다. 자연에서 저절로 얻은 음식은 정淨한 것이고 경작한 음식은 부정不淨한 것으로 여긴다. 심지어 식물의 싹이 다칠까 봐 경작지도 밟지 않으며, 어떤 생명체에도 해를 끼치는 것을 최소화하려고 노력한다.

2) 정·부정 관념

정결한 것과 더러운 것을 분별하는 것은 건강을 지키기 위한 기본 수칙이지만, 힌두교에서는 정淨·부정不淨 관념이 유달리 강하며, 생활 전반을 지배한다. 정·부정 관념은 생명에 대한 경외에서 출발한다. 무엇이든지 생명을 유지하는 것은 정한 것이지만, 그 상태로부터 이탈된 것은 부정한 것이다. 오염물은 동물이 분비하거나 유출하는 물질에서 방출되어 그것에 접촉하는 사람을 부정하게 만들며 이는 다른 사람에게 전염된다고 믿는다. 오염원으로는 시체, 피, 가죽, 똥, 때, 머리카락, 손톱, 침, 땀, 정액 등이 있는데, 이 가운데서 시체가 전염하는 힘이 가장 크고 피가 그 다음이다. 시체 중에서는 소의 시체가 가장 큰 오염을 방사한다고 믿는다. 그래서 소의 가죽을 벗기는 일을 하는 사람은 가장 천한 '불가촉 천민'으로 멸시된다.

---

* 힌두교에서 말하는 삶의 네 단계 중 마지막 단계에 해당하는 유행기를 산야사(sannyāsa)라 한다. 모든 세속적인 것을 포기하고 금욕과 무소유의 삶을 살며 영적 탐구에만 헌신하는 삶을 말한다. 이처럼 포기하는 삶의 단계를 받아들이는 사람을 일컬어 산야신(Sannyasin), 또는 산야시(Sannaysi)라 한다.

정은 오염에 반대되는 개념이다. 정은 부정한 것에 비해 그 영향력이 약하다. 정한 것은 부정한 것 앞에서 오염될 수밖에 없고, 부정해진 것은 스스로 정해질 수 없으며, 정원淨源만이 부정한 것을 정하게 할 수 있다고 믿는다. 정을 발산하는 정원은 살아 있는 소와 그의 다섯 가지 생산물, 즉 소의 분변, 우유, 우유의 기름을 정제한 기ghi, 다히dahi(요구르트)가 있고 그 밖에 공기, 태양, 갠지스강, 베다 등이 있다.

정·부정 관념에 근거하여 인도에는 식재료의 선택, 요리법, 음식을 만들고 먹을 때 부정해지지 않도록 하는 규칙이 있다. 이를테면, 우유나 기를 사용한 음식은 정원으로서의 힘을 갖고 있기 때문에 쉽게 오염되지 않는다고 믿는다. 기에 튀기는 것은 '정'한 것으로 식용유에 튀기는 것과는 비교할 수 없다. 또한 음식에 기를 뿌리면 정화된다고 믿는다. 차를 끓일 때도 찻잎에 우유와 설탕을 넣어 끓인다.

밥, 차파티, 채소와 렌틸콩 요리, 달콤한 후식
(굴랍자문)이 차려진 인도의 채식 식사

음식을 담는 도구로는 접시 대신 바나나 등 큰 나뭇잎을 일회용 식기로 사용한다. 숟가락이나 포크도 부정한 것이므로 오른손을 사용해 음식을 집어 먹는다. 부정해지는 것을 막기 위해 음식은 반드시 각자의 그릇에 담아 먹는다. 한 그릇에 담긴 음식을 숟가락으로 함께 떠먹는 것은 상상할 수도 없다. 침은 오염의 주범이기 때문이다. 흙으로 만든 질그릇은 쉽게 오염되는 부정한 것이므로 자기보다 낮은 카스트가 만져서는 안 된다. 반면에 놋쇠 그릇은 정결한 것으로 여겨져 신에게 제를 지낼 때는 반드시 놋쇠 그릇을 사용한다. 물이나 차를 질그릇에 담아줄 때는 새 것을 사용해야 하며, 한번 사용한 질그릇은 깨뜨려 버린다.

정·부정 관념은 의식주 전반을 지배한다. 인도인들은 바느질한 옷을 부정하다고 생각하여 한 장의 천으로 된 사리를 몸에 감아 입는다.

3) 식생활의 중용 '미타하라'

《우파니샤드》와 《수트라》에서는 적당한 양의 식사, 적절한 영양, 식이요법에 대해 논하면서 음식 섭취를 자제할 것을 강조한다. 넘치지도 모자라지도 않게 먹는 식생활의 중용을 '미타하라Mitahara'라고 하는데, 고대 힌두인들은 이를 덕스러운 자제력으로 보았다.

미타하라는 요가 수행자에게 특히 강조되었다. 요가 수행자는 식사와 수면이 부족해도 안 되고 지나쳐도 안 되며 식사, 수면, 여가 생활의 올바른 습관을 들이는 것을 요가 생활의 필수로 보았다.

4) 아힘사와 채식주의

힌두교에서는 육식을 금하지는 않으나 아힘사Ahimsa(동물을 포함한 모든 생명체에 대해 비폭력을 행사하는 것으로, 간디도 이를 정치 이념으로 삼았음)를 강력히 권고한다. 채식은 몸과 마음을 정화시키는 정결한 것으로 여겨지며 육식은 부정한 것으로 치부된다. 그 결과 많은 힌두인들이 완전 채식주의나 우유 채식주의(유제품은 먹지만 계란·고기·물고기 등 일체의 동물성 식품은 먹지 않는 것)를 선호한다. 우유 채식주의자의 식단은 쌀밥, 콩, 채소, 차파티(통밀가루로 구운 납작한 빵), 요구르트로 구성된다.

최상위 카스트인 브라만들은 대부분 철저한 채식주의자들이다. 채식주의의 유형은 종파에 따라 다르며* 계란과 고기를 먹는 힌두인도 많다. 시바파 힌두인들 중에는 육식을 하는 경우가 많은 반면, 비슈누파 힌두인들은 대부분 육식을 하지 않는다.

암소 숭배는 힌두 신앙의 일부이며 육식을 하는 힌두인도 쇠고기는 대부분 먹지 않는다. 암소는 생존과 풍요의 상징으로 어머니처럼 자애로운 동물로 여겨지며 가족의 일원으로 생각한다. 따라서 힌두인이 먹는 고기는 닭고기와 물고기가 일반적이며 양고기, 염소고기가 그 뒤를 잇는다.

---

* 크리슈나 의식 국제협회(ISKCON)의 추종자들은 육류, 물고기, 가금류를 피하며, 그중 푸쉬티마르기 종파의 추종자들은 양파, 버섯, 마늘이 해롭다고 믿고 먹지 않는다. 스와미나라얀(힌두교의 현대 종파의 하나) 운동가들은 우유 채식주의를 고수한다. 채식주의를 따르는 힌두인은 동물성 지방도 피한다. 물고기를 비슈누신의 화신이라고 믿으며 이를 먹지 않는 사람도 있다.

CHAPTER 4

동북
아시아

일본의 음식문화
중국의 음식문화

동북아시아에는 한국, 중국, 일본이 포함된다. 한·중·일 3국은 한자, 불교, 유교를 공유하며 농경 문화를 바탕으로 한 '쌀'이라는 공통의 문화를 갖고 있다. 식사 도구로 젓가락을 사용하며, 대두를 발효시킨 장류를 조미료로 사용한다는 점도 공통이다.

예로부터 한·중·일 3국은 상호 영향을 주고받으며 민족성과 풍토에 맞는 독자적인 음식문화를 발전시켜 왔다. 그래서 위에 언급한 공통점이 있지만 차이점도 많다. 한국은 김치, 나물을 비롯한 채식 문화가 두드러지고 중국은 강한 화력에 볶는 방법을 즐겨 사용한다. 섬나라인 일본은 해산물 문화가 두드러진다.

음식을 담아내는 법도 서로 다른데, 한국과 중국에서는 한 그릇에 푸짐히 담아 나눠 먹는 방식인 데 반해, 일본에서는 주식은 물론 반찬류도 개인별로 차려내는 걸 선호한다.

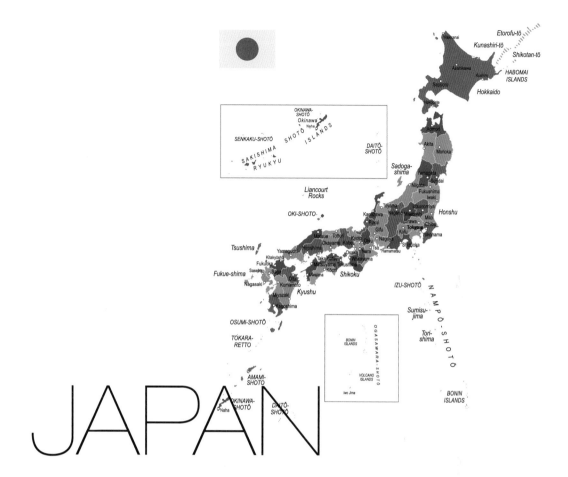

JAPAN

일본의 음식문화

- **면적** 377,970㎢
- **인구** 125,584,839(2022년)
- **수도** 도쿄
- **종족** 야마토(大和)민족, 아이누(アイヌ)민족, 류큐(琉球)민족
- **공용어** 일본어
- **종교** 신도 및 불교(90.2%), 기타(9.8%)
- **1인당 명목 GDP(US 달러)** 39,243(2021년)

* 이 책에 적힌 국가 정보는 두산백과를 참고하였습니다. 단, 1인당 명목 GDP는 나무위키를 참고하였습니다.

일본 음식에는 '자연 존중'의 정신이 배어 있다. 사계절과 산·들·바다가 공존하는 환경에서 살아온 일본인들은 자연 존중의 정신을 이어왔고, 이런 풍토에서 '와쇼쿠(和食)'라는 걸작이 나왔다고 여긴다. 와쇼쿠(일본 음식)의 핵심 철학은 제철 재료로 음식을 만들어 그에 어울리는 식기에 담아 계절의 정서를 느끼는 것이다. 이를 위해 나뭇잎이나 꽃잎 등 자연물로 음식을 장식하고, 식기 또한 봄에는 벚꽃 모양의 접시, 여름에는 대나무 접시 하는 식으로 계절감을 살린다. 와쇼쿠는 자연 존중의 정신을 내세워 2013년 유네스코 세계무형문화유산에 등재되었다.

쌀과 해산물을 중심으로 콩, 채소, 해조류 등이 어우러진 일본 음식은 일본이 세계 최장수국이라는 후광을 업고 글로벌 시장에서 건강식이자 고급 음식으로 인기를 끌고 있다.

1. 일본 음식문화의 형성 배경

1) 자연환경

일본의 기후는 온난다우하여 쌀 재배에 적합하다. 일본인들은 오래 전부터 낱알이 짧고 찰기가 있는 자포니카Japonica종의 쌀을 주식으로 먹어왔으며, 쌀로 밥·죽·떡·과자·술 등 온갖 음식을 만든다.

일본은 4개의 큰 섬(홋카이도, 혼슈, 시코쿠, 규슈)을 비롯하여 수많은 섬으로 이루어진 도서 국가다. 일본의 북방 해역은 세계 3대 어장의 하나로, 일본 영해에는 3,380여 종의 해양 생물이 서식하고 있어 수산 자원이 풍부하다. 이런 까닭에 일본 음식에서 수산물이 차지하는 비중은 가히 절대적이다. 사시미(생선회)와 스시가 일본의 대표 음식이며 가다랑어를 말린 가츠오부시かつおぶし가 맛을 내는 핵심 조미료라는 것이 이를 입증한다. 일본식 식사의 기본은 쌀밥에 제철 채소와 해산물로 만든 반찬おかず(오카즈)을 곁들이는 것이다.

일본은 산지가 국토의 80%를 차지하고 초지도 부족해서 예로부터 목축업은 발달되지 않아 전통적으로 육류와 유제품의 이용은 저조하다.

2) 불교와 신토의 영향

일본에는 AD 6세기 무렵 백제로부터 불교가 전파되었다. 육식을 기피하는 대승불교의 계율에 따라 덴무천황이 육식 금기령(675년)을 내리면서 밥상에서 고기가 사라졌고, 이후 메이지 시대에 이르러 육식을 장려하기까지 무려 1,200년 동안 육식 기피 풍조가 지속되었다. 죽음·도살·피를 부정하게 여기는 신토神道(일본 고유의 민족 신앙)의 영향도 컸다.

가마쿠라 시대인 12세기 후반 중국에서 선종이 도입되면서 쇼진료리精進料理가 나오게 되었다. 쇼진료리는 준비·조리·식사·정리까지 일체가 승려들의 수행 활동의 일환으로 여겨진다. 한국의 사찰 요리처럼 육류·어패류·계란을 사용하지 않고 곡물·콩·채소·해조류 등 식물성 재료만 사용한다. 고마도후ごま豆腐(깨두부), 코리도후凍り豆腐(얼

쇼진료리

예술로 승화된 문화 '일본의 다도'

다도는 손님을 위해 마실 것을 준비하는 간단한 작업이 예술로 승화된 문화다. 엄격한 순서로 진행되는 정교한 일련의 동작이 이어지고, 차를 받는 손님이 이를 감상하는 형태다. 향 감상(향도), 꽃꽂이(화도)와 함께 일본의 고전적인 세련미가 돋보이는 3대 예술의 하나로 꼽힌다.

다도의 역사는 815년으로 거슬러 올라간다. 그해 선종 승려인 에이추 선사가 중국(당)에서 돌아오면서 사가 천황에게 직접 준비한 차를 바쳤다. 이에 깊은 인상을 받은 천황은 간사이(関西) 지역에 차 재배지를 만들 것을 명했다.

일본의 차 문화는 12세기가 되어서야 본격적으로 퍼지기 시작했다. 사찰에서는 종교 의식에 차를 사용했고, 일본 상류층에서도 다회를 열고 차를 마시는 행위가 보편화되었다. 16세기에 이르러서는 모든 계층에서 차를 마시는 일이 일반화되었다.

일본의 다조(茶祖)로 불리는 센노리큐는 '모든 만남은 단 한 번뿐이니 소중히 여겨야 한다'는 '이치고이치에(一期一会)' 철학을 다도의 정신으로 정립했다. 이치고이치에 정신은 음식을 접대하거나 고객을 응대할 때 등 생활문화 전반으로 확산되어 '일본 문화의 진수'를 대변하는 용어가 되었다.

일본 다도에서는 찻잎을 곱게 간 맛차(末茶)를 사용한다. 맛차에 더운물을 붓고 대나무로 만든 차선으로 휘저으면 거품이 이는 녹색 음료가 만들어진다.

맛차

린 두부) 등 두부 요리가 특히 유명하다.

선종은 건축에도 영향을 미쳐 절제와 간소함을 추구하는 '젠' 스타일을 낳았다.

일본의 다도 '차노유茶の湯'도 선종에 뿌리를 두고 있다.

3) 외래 문화의 영향

일본인들은 긴 역사를 통해 외래 문화를 받아들여 자신들의 것으로 재창조하는 기지를 발휘해왔다. 일본의 라멘은 중국에서, 야키니쿠는 한국의 불고기에서 왔다. 16세기 후반 유럽인들이 일본에 대거 들어오면서부터는 서양 요리를 적극 받아들여 서양풍의 음식들을 개발했는데 이렇게 나온 것이 '난반요리'와 '양식洋食'이다.

'난반南蠻'(남쪽의 오랑캐라는 뜻)이란 16세기 말에서 17세기 초(무로마치 시대 말에서 에도 시대 초)에 포르투갈·스페인·네덜란드·영국 등지에서 온 유럽인들을 일컫는다. 당시 일본은 규슈의 나가사키 항구를 열어두고 유럽 인들과 교류하며 서양 문화를 받아들여 서양풍 음식들을 개발했는데 이것이 난반요리다. 덴푸라, 카스테라, 비스킷, 별사탕 등이 있다.

덴푸라

덴푸라는 튀김을 말한다. 17세기 말 나가사키항에 들어온 포르투갈인들이 기름으로 재료를 튀기는 것을 보고 개발한 음식이다. 에도식(도쿄식)은 튀김옷이 두껍고, 교토식은 튀김옷이 얇다. 뜨겁고 바삭한 덴푸라를 차가운 쯔유(간장을 베이스로 한 소스)에 찍어 먹는다.

카스테라castella는 포르투갈의 빵인데, 포르투갈 상인들이 나가사키로 들여온 것을 일본인 제빵사가 제조법을 배워 '카스테라カステラ'를 개발했다. 난반 문화의 중심지였던 나가사키에서 개발된 '나가사키 카스테라'는 지금도 지역 명물로 꼽힌다. パン(빵)이라는 말도 포르투갈어의 '빵pão'에서 온 것이다.

오므라이스

양식은 일본인의 입맛과 식문화에 맞게 개발된 일본식 서양 요리를 말한다. 메이지유신(1868) 이후 일본인들은 서양 문화를 적극 도입하여 밥과 함께 먹을 수 있는 다양한 양식을 만들어냈다. 돈가스, 오므라이스, 카레라이스, 하이라이스, 고로케, 에비프라이(새우튀김), 가키프라이(굴튀김), 햄버그스테이크 등이 메이지 시대(1868~1912)에서 다이쇼 시대(1912~1926)에 나왔다.

2. 일본 음식의 특징

- 일식도 한식처럼 발효 식품이 식생활의 근간을 이룬다. 대두를 발효한 미소(일본 된장)·쇼유(일본 간장)·낫토(일본 청국장)는 일본의 핵심 음식이다. 니혼슈日本酒(일본 청주), 쓰케모노(일본 장아찌)도 발효 식품이다.
- 식재료 본래의 색, 맛, 향을 살려 담백하게 조리한다.
- 물을 매개로 한 요리가 중심이 되며 맛있는 음식을 만들기 위해서는 무엇보다도 맛있는 '다시だし'가 중요하다. 다시는 다시마, 가츠오부시, 표고버섯 등을 우려서 만든다.

한·일 음식의 차이점

구분	한국	일본
양념	강한 양념(마늘, 파, 고추)	양념 사용 최소화 식재료 본래의 맛과 향을 중시
음식의 맛	여러 식재료가 어우러진 맛	식재료 고유의 맛
담음새	푸짐하게 담음	적게 담고 공간을 넉넉히 둠
맛국물 주재료	멸치, 다시마, 쇠고기 등	가츠오부시, 다시마, 표고버섯 등
밥 vs. 면	밥 위주	밥과 면류의 균형
육류 요리 vs. 생선 요리	육류 요리 ≃ 생선 요리	육류 요리 < 생선 요리
장식	오색 고명	자연물을 본 뜬 장식, 나뭇잎, 꽃
차문화	쇠퇴	생활의 일부

- "일본 음식은 눈으로 한번 먹고 입으로 한번 먹는다.", "장식과 그릇은 요리의 내면"이라는 말이 있듯이 음식의 담음새·식기·장식에 정성을 쏟는다. 일본 음식을 먹을 때는 음식뿐 아니라 그릇도 찬찬히 감상하는 것이 음식의 맛을 제대로 음미하는 것이다.
- 요리의 모양이 작고 아기자기한데 이는 일본인의 축소 지향적 성향을 반영한다. 이러한 성향은 밥상을 축소한 벤또(도시락) 문화를 낳았다.

3. 대표 음식

사시미刺見 생선회를 말한다. 스시와 더불어 일본을 대표하는 음식으로 생선 요리 중 최고의 진미로 꼽힌다. 스가타모리는 생선 한 마리를 통째 썰어서 본래 모습처럼 모양을 내어 담아내는 것이고, 우스츠쿠리는 밑의 그릇이 비칠 정도로 생선살을 얇게 써는 것으로 복어회가 대표적이다. 사시미에 와사비를 조금 발라 쇼유(간장)에 찍어 먹으며, 기름이 적고 맛이 담백한 것에서 시작하여 기름지고 맛이 진한 것 순으로 먹는다. 회를 먹는 중간에 분홍색으로 절인 쇼가しょうが(생강절임)로 입가심을 하면 한층 맛있게 즐길 수 있다.

스시 스시는 식초로 맛을 낸 밥에 반찬을 더해 일체화한 음식을 말한다. 스시의 재료로는 생선이 많이 쓰이지만 유부스시처럼 식물성 재료만의 스시도 있다. 니기리즈시나 김말이스시와 같이 손으로 집어 먹는 스시도 있지만, 치라시즈시와 같이 젓가락으로 떠먹는 스시도 있다.

스시

스시의 원형인 나레즈시는 소금에 절인 생선에 밥을 섞어 발효시킨 것으로 시가현의 후나스시*는 천 년의 전통을 자랑한다. 현재와 같이 밥을 뭉쳐 생선살을 얹은 니기리즈시는 19세기 초 에도(현재의 도쿄)에서 처음 등장했다**. 당시에는 서민들이 즐겨 찾던 길거리 음식이었으나 현재는 고급 음식이 되었다.

야키도리·스키야키·야키니쿠 야키燒き는 '구이'를 말한다. 야키도리는 닭이나 새고기를 작게 잘라 꼬챙이에 꿰어 양념을 발라 구운 것이다. 전문점이 있을 정도로 인기가 많다.

스키야키

스키야키는 간장·맛술·설탕을 넣은 육수에 얇게 저민 쇠고기와 두부, 채소 등을 자작하게 익혀 먹는 전골 요리로 우리나라의 불고기와 비슷한 맛이 난다. 냄비에서 건져 올린 고기와 채소가 뜨거울 때 날계란을 푼 것에 찍어 먹는다. 규나베牛鍋***에서 발전된 요리로 다이쇼 시대 중엽(1918~1919)에 나왔는데 처음에는 양식당에서 내놓는 메뉴였다고 한다.

야키니쿠는 한국의 숯불 구이를 일본화한 음식으로 쇠고기, 돼지고기 등을 도톰하게 잘라 숯불이나 그릴에 구워 소스에 찍어 먹는다.

오코노미야키 일본식 빈대떡이다. 밀가루, 전분, 계란 등을 섞어 반죽을 만들고 그 위에 파, 양배추, 숙주나물, 돼지고기, 각종 해물, 소바 등 자신이 좋아하는 재료를 올려 철판에서 노릇노릇 구워 소스를 발라 먹는다. 오사카식, 히로시마식 등 지역에 따라 다양한 스타일이 있다.

돈부리 간을 맞춘 다시를 밥 위에 자작하게 붓고 여러 가지 토핑을 얹어 먹는 음식이다. 토핑에 따라 오야코동(닭고기계란덮밥), 가츠동(돈가스덮밥), 우나동(장어덮밥), 덴동(튀김덮밥) 등으로 불린다.

**일본인들이 여름 보양식으로
즐겨 먹는 우나동**

---

* 붕어의 모양이 흐트러지지 않게 입으로 내장을 꺼낸 뒤 3개월간 소금에 절였다가 깨끗이 씻어 하루 이틀 정도 말린 다음, 붕어 안에 고슬고슬하게 지은 쌀밥을 꽉꽉 채워 큰 통에 넣고 돌로 눌러 쌀알의 형체가 없어질 때까지 6개월 정도 발효시킨다. 숙성되면 톡 쏘면서 시큼한 맛이 난다.

** 그 당시는 도쿠가와 이에야스가 수도를 교토에서 에도로 천도하고 그곳에 신도시를 건설하는 중이었다. 집을 떠나 에도에 홀로 와서 살게 된 장인·상인·무사 등은 간편하게 사 먹을 수 있는 음식이 필요했는데 니기리즈시는 이들의 요구에 맞춰 나온 음식이다. 식초로 맛을 낸 밥을 즉석에서 작게 뭉쳐 생선살을 얹어 내는, 말하자면 생선을 시큼하게 발효시키는 과정을 생략한 '간편화된 스시'였다.

*** 메이지 정부는 왜소한 일본인의 체격을 개선하기 위해 1872년 육식 금기를 해지하고 육식 장려 정책을 폈는데 이에 부응하여 개발된 요리가 규나베(일본식 된장으로 조미한 쇠고기 전골)였다. 규나베는 후에 간장으로 맛을 내는 스키야키로 발전했다.

소멘·우동·소바·라멘 밀가루 국수는 가락이 가는 소멘素麵과 가락이 굵은 우동으로 구분되며, 소바는 보통 메밀국수를 일컫는다. 라멘은 밀가루로 만든 중국식 면에다 간장이나 미소, 소금으로 간을 맞춘 국물을 부어 돼지고기 조각과 죽순 등의 고명을 얹어 낸 것이다.

소멘

소바

라멘

4. 식사의 구성과 음료

1) 식사의 구성

일본식 식사는 쌀밥·국·쓰케모노가 기본이 되고 여기에 채소, 두부, 생선구이, 생선회, 고기 요리 등이 곁들여진다. 국 하나에 반찬 세 가지를 더한 '일즙삼채一汁三菜'가 일반적이다. 국은 미소시루(일식 된장국)와 스마시지루すましじる(채소나 계란을 넣고 소금·간장으로 간을 맞춘 맑은 장국)가 있다.

일즙삼채

　아침으로는 밥과 미소시루, 두부, 김, 생선구이, 쓰케모노, 계란찜 등이 나온다. 점심은 남은 음식을 먹기도 하고 때로는 오차즈케라고 하여 뜨거운 차 혹은 다시를 밥에 부어 먹는다. 저녁에는 밥과 국, 쓰케모노, 생선구이, 채소 무침 등이 나오며 종종 육류나 해산물 요리가 더해진다. 후식으로는 과일과 차가 나온다.

　밥뿐 아니라 우동, 라멘, 소면, 소바 등의 면류도 즐겨 먹는다.

과거에는 개인별로 상을 차렸지만 현재는 큰 상이나 식탁에서 가족이 다 함께 식사를 한다. 나베 등 일부 요리를 제외하고는 개인별로 음식을 담아내며, 공동의 음식은 반드시 앞접시에 덜어 먹는다.

간식으로는 모치·만쥬·양갱·와가시 등의 단과자류나 과일을 먹는다. 오후 세 시경에 먹는 간식을 '오야츠'라고 한다.

녹차와 와가시

2) 음료

일본인들이 가장 즐겨 마시는 음료는 녹차다. 식사 후나 모임이 있을 때마다 녹차를 즐겨 마신다. 차만 마시기도 하지만 과자를 곁들이기도 한다. 일본에는 단과자류가 발달했는데 이는 녹차의 쓴맛을 과자의 단맛이 중화시켜 주기 때문이다.

술은 맥주가 가장 대중적이다. 맥주는 밥을 먹으면서 마시고, 전통주인 사케는 요리나 안주와 마시며 밥이랑은 먹지 않는다. 그 밖에 쌀이나 잡곡에 누룩을 섞어 발효하여 증류한 소주, 각종 과일로 만든 과실주 등이 있다.

FOOD TALK TALK

일본요리의 정수 '가이세키'

일본요리의 정수로 흔히 가이세키가 언급된다. 가이세키는 '懷石'와 '会席' 두 가지로 표기한다. 발음이 '가이세키'로 똑같아서 헷갈리는 경우가 많은데 이 둘은 엄연히 다르다.

懷石 요리는 일본 다도에서 차를 마시기 전에 허전한 속을 달래기 위해 먹는 식사를 말한다. '懷石'라는 말은 선승들이 공복의 허기를 달래기 위해 따듯한 돌을 가슴에 품고 수행했다는 고사에서 유래했다. 절제와 간소함을 지향하는 선종의 정신을 담고 있으며, '茶'를 붙여 '茶懷石(차가이세키)'라고도 한다. 제철 재료를 버리는 부분 없이 되도록 다 사용해 담백하게 조리한다. 보통 일즙삼채가 나온다.

가이세키(会席)

会席는 연회에서 술을 마시며 먹는 코스 요리를 말한다. 여러 요리들이 순차적으로 나온 뒤 밥과 국은 맨 나중에 나온다. 懷石는 차를 즐기기 위해 먹는 식사이고, 会席는 술을 즐기면서 먹는 식사다. 会席는 료칸(旅館)이나 료테이(料亭), 고급 음식점 등에서 제공되는데, 제대로 나오는 가이세키는 최상의 재료로 예술품을 만들 듯 조리하므로 가격이 상당히 비싸다.

5. 식사 예절

일본의 식사 예절은 까다로운 편이다.

- 식사 전후에는 반드시 인사를 한다. 주인 또는 초대자가 "도조 메시아갓테 쿠다사이どうぞ、めしあがってください(잘 드시기 바랍니다)" 또는 "도조どうぞ"라고 하면 "이타다키마스いただきます(잘 먹겠습니다)"라고 답례한다. 식사를 마치면서 "고치소사마데시타ごちそうさまでした(맛있게 먹었습니다)" 또는 "고치소사마ごちそうさま"라고 감사를 표하면, "오소마츠사마데시타おそまつさまでした(별로 차린 게 없었습니다)" 또는 "오소마츠사마おそまつさま"라고 답례한다.
- 젓가락으로 먹으며, 계란찜이나 뜨거운 우동 국물 등을 먹을 때만 숟가락을 사용한다.
- 밥공기는 양손으로 들어 왼손에 놓고 오른손에 젓가락을 들고 먹는다. 국그릇도 왼손에 들고 먹으며, 젓가락을 사용하여 국을 한 바퀴 저어 건더기를 젓가락으로 누른 채 국그릇에 입을 대고 국물을 마시고 건더기는 젓가락으로 건져 먹는다.

 일본의 젓가락 예절

일본은 한국·중국·베트남과 더불어 젓가락 문화권에 속하지만 젓가락 사용 예절은 다른 나라와 다르다. 일본 외의 나라에서는 젓가락을 우측에 세로로 놓는 반면 일본에서는 식기 앞쪽에 가로로 둔다. 이때 젓가락 끝에 젓가락 받침을 받혀 입이 닿는 부분이 바닥에 닿지 않게 한다. 1회용 나무젓가락은 가로로 눕혀 분할해야 하며(세로로 세워서 하면 예절에 어긋남), 나무젓가락을 포장한 종이를 접어 젓가락 받침을 만든다.

일본 젓가락

상대방이 젓가락으로 건넨 음식을 젓가락으로 받는 행위는 금물이다. 일본에서는 화장을 한 뒤 긴 젓가락으로 유골을 맞잡아서 옮기는데 이 장면을 연상시키기 때문이다.

- 식사를 할 때는 소리를 내지 않고 먹는다. 단, 면류는 후룩후룩 소리를 내며 먹어야 맛있다는 표현이 된다.
- 공동 접시에 담긴 음식을 먹을 때는 반드시 도리바시取り箸(덜음용 젓가락)를 사용해 앞접시에 덜어 먹는다. 도리바시가 없을 때는 자기 젓가락을 뒤집어서 음식을 덜어 온다.
- 밥과 반찬이 한 그릇에 담겨 나오는 음식을 먹을 때는 섞지 말고 먹는다. 음식의 모양을 중시하기 때문이다. 카레는 밥에 카레를 살짝 묻혀 한 숟가락씩 떠먹고, 돈부리는 밥을 한입 먹고 토핑을 한 점 먹는다.
- 손님에게 차를 낼 때는 찻잔의 정면(그림이 그려진 부분)이 손님을 향하게 해서 낸다. 차를 마실 때는 찻잔의 정면이 상대방을 향하게 해서 예를 표한다. 찻잔은 오른손으로 들어 왼손 바닥에 올려 마신다. 차를 마실 때도 "오사키니おさきに(먼저 마실게요)"라고 예를 표한 후, "오테마에 쵸우다이 이타시마스おてまえ ちょうだい いたします(잘 마시겠습니다)"라고 인사를 한 후 마신다.

CHINA

중국의 음식문화

- **면적** 약 960만㎢
- **인구** 1,448,741,404(2022년)
- **수도** 베이징
- **종족** 한족(91.5%), 기타(8.5%)
- **공용어** 한어(漢語, Mandarin Chinese)(이외 다수의 방언 및 소수 민족 언어 존재)
- **종교** 무종교 및 민간신앙(73.56%), 불교(15.87%), 도교(7.59%), 기독교(2.53%), 이슬람교(0.45%)(2014년)
- **1인당 명목 GDP(US 달러)** 14,096(2021년)

중국 음식은 역사가 유구하고 조리법 또한 매우 다양하다. 한대에서 아열대에 이르는 기후대를 배경으로 다양한 산물이 산출되며 식재료의 종류가 매우 풍부하다. 중국에는 한족을 비롯해 56개 민족이 살고 있으며, 이들의 축적된 조리 지식과 경험의 총화가 곧 '중국 음식'이라고 할 수 있다.

　　세계 3대 요리를 꼽을 때 중국요리가 빠지지 않는 것은 그것이 중국인들만의 음식에 머무르지 않고 다른 지역의 음식문화에도 큰 영향을 주었기 때문이다. 중국에서 발명된 젓가락은 한국·일본·베트남 등지로 전파되었고, 손잡이가 구부러진 숟가락과 중화팬은 동남아시아 등지에서도 사용한다. 중국에서 나온 음양 사상과 식의동원(食醫同源) 사상 역시 주변국에 전파되어 음식 철학의 형성에 절대적인 영향을 주었다.

　　해외 각지로 이주하여 정착한 화교들은 중국 음식의 전파에 선도자 역할을 했고, 중국 음식은 세계 어디서나 접할 수 있는 음식이 되었다.

1. 중국 음식문화의 형성 배경

1) 다양한 민족 구성

중국에는 인구의 대다수를 차지하는 한족 외에 55개의 소수 민족이 살고 있다. 동북부의 조선족을 포함하여 북쪽의 몽골족, 서쪽의 위구르족, 서남 고원 지대의 티베트족 등의 소수 민족은 자신들의 전통 문화를 이어오며 중국 음식의 다양성에 기여하고 있다. 일례로 페르시아·인도 문화권의 전통 빵인 난은 위구르족을 통해 신장 지역에서 중국으로 전파되었다. 필라프, 라그만(우육탕면과 비슷한 면 요리), 빤미엔(넓적한 국수에 양고기·토마토·양파·고추 등을 넣고 비벼 먹는 비빔면) 등의 위구르요리도 중국 내에서 미식으로 유명하다.

2) 외국과의 교역

중국은 일찍이 실크로드를 통해 서아시아 및 유럽과 교역을 했고, 티베트를 경유해 인도 및 파키스탄과도 교류했다. 이 과정에서 포도, 석류, 호두 등 서역의 작물들이 중국으로 들어왔다. 해상 실크로드를 통해 동남아시아 국가들과 교역을 하며 정향을 비롯한 각종 향신료와 농산물을 들여와 토착화시켰다.

3) 음양오행 · 식의동원 사상

고대 중국인들은 우주에 있는 모든 것에는 음과 양이라는 두 가지 성질이 있으며, '木, 火, 土, 金, 水' 다섯 가지 요소가 전체 세계를 구성한다고 생각했는데 이를 '음양오행 사상'이라고 한다. 음양오행 사상은 식생활에도 적용되어 식단을 구성함에 있어 음양의 균형, 오색과 오미의 조화를 강조한다.

중국인들은 예로부터 음식 섭취를 통해 몸을 보양하고 병을 치료하며 무명장수를 누리고자 했다. 이는 "음식과 약은 근원이 같다"는 식의동원食醫同源 사상에 기초한다. 식의동원 사상은 제비집, 곰 발바닥 같은 이색 식재료를 추구하는 식문화를 낳기도 했다. 약으로 사용되는 재료*가 식재료가 되기도 한다.

2. 중국 음식의 특징

1) 쌀문화와 밀문화의 공존

자오쯔

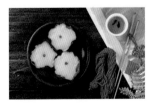
녠가오

중국인들의 주식은 쌀과 밀이며 이 둘의 비중은 엇비슷하다. 전통적으로 창장長江(양쯔강) 이남 지역은 온난다우하여 쌀이 주식으로 자리 잡았고, 황허黃河 이북 지역은 겨울이 빨리 오고 혹독한 추위로 인해 밀이 주식으로 자리 잡았다. 오늘날에는 화북 지방에서도 쌀을 많이 먹고, 화중·화남 지방에서도 밀을 많이 먹는다. 하지만 뿌리 깊은 차이는 여전히 존재하는데, 설음식을 보면 확연한 차이가 드러난다. 북방에서는 설날에 '자오쯔餃子'라는 만두를 먹는데, 남방에서는 쌀로 만든 '녠가오年糕(찹쌀떡의 일종)'와 '탕위안湯圓(찹쌀가루에 소를 넣어 새알 모양으로 빚은 것)'을 먹는다.

---

* 일례로, 박쥐의 똥인 야명사(夜明砂)는 안질·암내 등의 치료제로도 쓰이고, 모기 눈알 수프에도 쓰인다. 한약서에는 야명사의 약효가 모기의 눈에서 나오는 것이라고 기술되어 있다. 박쥐가 모기를 잡아먹으면 모기 눈은 소화되지 않아 변으로 나온다. 변에서 눈알만 골라 수프를 끓인다.

2) 色·香·味·形·意·養의 중시

중국인들은 색, 향, 맛, 형태, 의미, 영양의 여섯 가지 요소를 갖춰야만 비로소 훌륭한 요리가 된다고 생각한다. 색이 조화롭고 아름다워 눈길을 끌어야 하고, 좋은 향이 나야 하고, 맛이 있어야 한다. 모양도 중요하므로 칼 쓰는 솜씨가 중시된다. 색과 형태를 통해 의미를 담아내야 하며, 몸에 영양을 공급하는 것이어야 한다. 중국인들은 음식 섭취를 통해 몸을 보補하려는 생각이 강하다.

3) 광범위한 식재료

"하늘에서는 비행기 빼고 다 먹고, 바다에서는 잠수함 빼고 다 먹는다."는 말이 있을 정도로 중국 음식은 식재료의 범위가 매우 넓다. 뱀, 전갈, 쥐는 물론이고 닭 벼슬, 오리 혀까지도 맛있는 음식이 된다.

식재료가 이토록 다양한 까닭은 넓은 영토에서 온갖 종류의 동식물이 나오기 때문이기도 하지만 식량 부족도 중요한 원인의 하나였다. 빈번한 홍수나 가뭄, 전쟁 등으로 식량이 부족하다 보니 이것저것 찾아 먹게 된 것이다. 또한 식의동원 사상에 의거한 불로장생의 추구는 '장수의 묘약'을 찾게 했고, 이렇게 찾아낸 갖가지 진귀한 식품들은 지배층의 식탁에 오르게 되었다. 제비집燕窩, 상어지느러미魚翅 등이 대표적이다.

제비집과 제비집 수프

4) 숙식熟食과 기름의 이용

중국인들은 과일을 제외하고는 날것을 거의 먹지 않는다. 물도 찻잎을 넣고 끓여 마신다. 날 음식은 건강에 좋지 않다고 생각하기 때문이다.

가장 흔한 조리법은 중화팬에 기름을 두르고 재빨리 볶아내는 것인데, 이를 '차오炒'라고 한다. 볶음밥은 차오판炒飯, 볶음면은 차오몐炒面이다. 중국에서 볶음 요리가 발달한 것은 콩기름·땅콩기름·돼지기름 등 식용 기름을 쉽게 얻을 수 있고, 기름에 볶으면 좋은 향이 나기 때문이다.

차오판

전분을 풀어 걸쭉하게 마무리하는 요리법인 '리우溜' 역시 중국인의 발명품이다. 리우 방법을 쓰면 기름과 수분이 융화되고, 음식이 잘 식지 않으며, 음식이 걸쭉한 소스로 코팅되어 먹음직스러워 보인다.

5) 풍부한 조미료와 향신료
중국요리는 여러 종류의 조미료와 향신료를 조합하여 무궁무진한 맛을 만들어 낸다. 조미료는 콩을 발효시킨 간장·된장·해선장·검은콩소스, 굴을 발효시킨 굴소스, 매운 고추가 들어간 두반장 등이 있다. 향신료도 마늘·파·고추·생강·팔각·계피·정향·후추·사천후추 등 그 종류가 매우 다양하다. 지역별로 식재료가 다르고 조미료와 향신료가 다양하다 보니 중국에서는 같은 맛의 음식을 다른 지역에서 접한다는 것 자체가 어렵다. 그만큼 맛의 범위가 풍부하다는 뜻이다.

6) 푸짐하게 차려 나눠 먹는 문화
중국요리는 기본적으로 여럿이 나눠 먹는 것을 전제로 한다. 식당에서도 음식 가격이 한 상桌당 가격으로 책정되어 있는 경우가 많다. 한 상은 보통 10~12명분을 말하며 예산에 따라 메뉴의 종류와 가격대를 선택한다.

3. 4대 지역 요리와 대표 음식

중국은 영토가 넓어 지역별로 기후, 풍토, 산물이 다르고 민족 구성과 문화, 사회, 경제, 역사가 다르다. 이런 차이로 인해 각 지역별로 특색 있는 요리 스타일이 나오게 되었다. 중국요리는 8개 지역 요리*로 분류할 수 있는데 이 중

* 산둥성, 장쑤성, 광둥성, 쓰촨성, 안후이성, 푸젠성, 후난성, 저장성 지역의 요리를 말한다.

황허 유역의 산둥요리, 양쯔강 하류의 장쑤요리, 주강 유역의 광둥요리, 양쯔강 상류의 쓰촨요리가 제일 유명하다. 이들은 각각 북부, 중동부, 남부, 서부 지역의 요리를 대표한다.

지역별 맛의 특징을 논할 때 북은 짜고, 동은 시고, 남은 달고, 서는 맵다고 말한다.

중국의 4대 요리 계통

1) 산둥요리

산둥요리山東菜는 중국 북방을 대표하는 황허 유역의 요리로 '누차이魯菜'라고도 한다. 차이菜는 '요리'를 뜻한다.

산둥성은 중원의 농업 지대와 황해 바다를 앞에 두고 있어서 농산물과 해산물이 모두 풍부하다. 산둥요리의 특징은 향이 좋고, 씹는 맛은 부드럽고, 색이 선명하다. 파를 많이 사용하며 날 파를 양념장에 찍어 먹기도 한다. 돼지의 대장을 삶은 다음 튀겨서 다시 조리하는 주좐다창九轉大腸, 황허에서 나는 잉어를 소금으로 간한 뒤 땅콩기름에 튀긴 탕추황허리위糖醋黃河鯉魚가 유명하다.

탕추황허리위

우리가 즐겨 먹는 짜장면은 본래 산둥요리로, 구한말에 인천항으로 들어온 산둥성 노동자들이 들여왔다.

산둥성의 취푸曲阜는 공자의 고향으로, 공자묘가 있는 공자 신앙의 본고장이다. 취푸에서는 공자에게 바치는 요리를 만들기 위한 독특한 조리법이 발달했는데 이를 '취푸차이孔府菜'라고 한다. 취푸차이는 정교하기로 이름 높다.

베이징요리 '징차이京菜'

베이징요리는 산둥요리의 대표 주자다. 베이징은 원·명·청의 수도로 오랫동안 정치·경제·문화의 중심지였고 고급 요리가 발달하여 사치스런 음식문화를 갖고 있다.

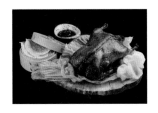

베이징카오야

가장 널리 알려진 요리는 베이징카오야北京烤鸭(북경오리구이)다. 살집 좋게 키운 오리를 양념에 재웠다가 그늘에 말려, 몸속에 공기를 빵빵하게 불어 넣어 장작불 위에 매달아 놓고 양념을 발라가며 짙은 갈색이 날 때까지 오래 굽는다. 요즘엔 오븐에 굽기도 한다. 바삭한 껍질을 저며서 얇은 밀전병에 단맛이 나는 티엔미엔장甛麵醬을 바르고 채 썬 파와 오이를 넣고 싸 먹는다.

베이징은 양고기를 주식으로 하는 내몽골자치구와 접해 있어서 양고기 요리도 많다. 양고기 샤브샤브인 촨양러우涮羊肉와 양꼬치구이羊肉串가 대표적이다.

2) 장쑤요리

장쑤요리江蘇菜는 중국 중동부 지방을 대표하는 요리로 장쑤성의 양저우揚州, 화이안淮安, 전장鎭江, 난징南京, 쑤저우蘇州 등지의 요리를 총칭한다. 오랜 옛날부터 풍부한 물고기와 쌀을 바탕으로 한 식생활이 화려하여 '어미지향魚米之鄕'이라 불렸다. 유구한 역사를 자랑하는 장쑤요리는 비옥한 평야의 농산물과 양쯔강 하구의 수계, 동중국해의 해산물을 바탕으로 발달했다.

장쑤요리의 특징은 짙은 맛 속에 담백한 맛이 있고 식재료의 원래 맛을 살리며, 짠맛과 단맛이 중심을 이룬다. 장쑤요리 중 화이양요리淮揚菜는 화이안과 양저우, 전장 지역의 요리를 말하는데, 식재 선별이 까다롭고 조리법이 정교하며 모양이 우아하다. 귀한 손님의 접대나 국빈의 연회 음식으로 화이양요리가 즐겨 오른다. 화이양요리를 대표하는 청돈해분사자두淸燉蟹粉獅子頭는 고소한 돼지고기와 싱싱한 게로 완자를 빚어서 맑은 국물을 곁들인 완자찜이다. 쏘가리로 다람쥐 모양을 낸 송서궐어松鼠鱖魚는 맛·모양·소리를 두루 갖춘 쑤저우의 명물 요리다. 칼자국을 세밀하게 내야 다람쥐 모양이 제대로 난다. 송서궐어는 모양이 이채로울 뿐 아니라 뜨거운 소스를 뿌리면 뿌지직 소리가 나서 다람쥐가 움직이는 듯하다.

송서궐어

쏸양러우와 신선로

쏸양러우를 영어로는 'Mogolian hot pot'이라고 부른다. 유목민인 몽골족이 개발한 음식이기 때문이다. 우리나라의 신선로는 쏸양러우를 우리식으로 발전시킨 요리라고 볼 수 있다. 신선로에 대한 기록은 18세기 중엽에 통역관으로 일하던 이표가 쓴 책에 처음 나타난다. 당시에는 '입을 즐겁게 해주는 탕'이라고 하여 '열구자탕(悅口子湯)'이라 불렸다.

'소통과 화합'의 상징 만한취엔시

만한취엔시(滿漢全席)는 한족요리와 만주족요리의 정수를 결합시킨 중국 최고의 대연회식(中華大宴)을 말한다. 만주와 한토의 진기한 요리를 다 모은 중국 음식 최대의 고급스러움과 호사스러움의 극치다. 청나라 건륭제 때 만주족과 한족의 화합을 위해 개최된 대연회에서 비롯된 것으로 알려져 있다. 날짐승, 해산물, 들짐승, 야채류 별로 각각 여덟 가지 진귀한

쏸양러우
숯불을 피워 육수를 끓여 얇게 썬 양고기를 살짝 담가 익혀서 참깨소스에 찍어 먹는다

것을 추려 요리를 만든다. 이를테면 해산물로는 제비집, 상어지느러미, 검은 해삼(烏蔘), 물고기 부레, 전복 등이 팔진미(八珍味)에 속한다. 연회는 보통 하루 두 차례씩 사흘에 긴거 진행되며, 모두 100여 종이 넘는 요리가 나온다. 연새는 식재료 자체를 구하기 힘들고 요리법의 전수가 단절되어 만한취엔시의 전통이 끊어진 것으로 알려져 있다.

3) 광둥요리

광둥요리廣東菜는 중국 동남부의 광둥성을 중심으로 푸젠성福建省, 광저우廣州, 차오저우潮州 등지의 요리를 통칭한다. 이 지역은 중국 5대 강의 하나인 주강珠江을 끼고 있으며 산지와 함께 긴 해안선이 발달해 있다. 아열대의 고온다습한 기후라 벼의 3모작이 가능하고 물산이 풍부하기로 유명하다. 일명 웨차이娛菜로 불리는 광둥요리는 식재료의 범위가 매우 넓어 "네 발 달린 것과 하늘을 나는 것은 무엇이든 요리로 만들어진다."는 말이 이곳에서 나왔다.

광둥요리 중에서도 광둥성의 성도인 광저우廣州의 음식을 으뜸으로 친다. "미식은 광저우에 있다食在廣州."라는 말이 있을 정도다. 광저우는 이색 음식으로도 유명한데, 시장에서는 개·고양이·뱀·쥐 등이 일상적으로 팔린다. 특히 뱀 요리는 보양식으로 인기가 높다.

광둥요리는 어패류를 사용한 요리가 많고 아열대성 채소를 사용하여 맛이 신선하고 담백하다. 조미료도 굴기름, 어장魚醬 등 어패류를 발효한 것을 써서 감칠맛을 낸다. 면류로는 밀국수보다는 쌀국수를 많이 먹는다.

완탕면

광둥 출신의 화교가 많았던 까닭에 광둥요리가 세계에 널리 퍼졌다. 잘 알려진 요리로는 닭고기를 부드럽게 튀겨 새콤달콤한 레몬소스에 버무린 시닝지西檸雞, 계란면에 만두를 넣은 완탕면雲吞麵, 광둥식 탕수육* 등이 있다. 상어지느러미와 제비집으로 만드는 요리는 광둥의 미식으로 꼽힌다. 비둘기 요리, 쌴쓰서껑三絲蛇羹(뱀수프), 췌이피루주脆皮乳猪(껍질을 바삭하게 구운 새끼돼지 통구이) 등도 유명하다.

광둥 지역은 청나라 말 아편 전쟁의 결과 서구 열강에 의해 가장 먼저 개방된 지역의 하나로 일찍이 서양 문화를 받아들였다. 포르투갈의 조차지였던 마카오, 영국의 조차지였던 홍콩은 서양 요리와 인도요리, 말레이시아요리, 태국요리, 베트남요리 등의 기법이 유입되어 독특한 퓨전 음식이 발달했다.

광둥의 별미 딤섬

차를 마시며 딤섬으로 식사를 하는 것은 광둥 지역의 일상이다. 광둥 사람들은 아침에 일어나면 "오늘은 무얼 먹을까?"라는 행복한 고민을 하며 딤섬집으로 간다. 거기서 향기로운 차와 딤섬으로 아침을 먹는다. 점심도 딤섬으로 해결하는 경우가 많다. '얌차'는 '음차(飲茶, 차를 마신다는 뜻)'의 광둥식 발음이고, 딤섬은 '디엔신**'의 광둥식 발음이다. 딤섬은 만두·면류·죽·경단·떡·전병 등 폭넓은 메뉴를 가지고 있어 그 수를 헤아리기 어려울 정도다. 광둥 지역에서 딤섬이 발달한 것은 중국의 밀가루 문화와 홍콩과 마카오를 통해 들어온 서양의 제과 기술이 만나 화려한 꽃을 피웠기 때문이다.

여러 종류의 딤섬

---

* 탕수육은 산둥성이 원조이나 이를 대중화한 곳은 광저우다. 산둥식 탕수육은 고기를 많이 사용하는 반면, 광둥식은 각종 채소와 과일을 많이 사용하고 소스에 토마토케첩을 넣는다. 청나라 초기 서양에 문호를 개방하면서 들어온 토마토케첩을 탕수육에 접목한 것이다.

** 디엔신(点心)은 스낵이나 간식류, 혹은 가벼운 식사 거리를 말하는데, 광둥에서는 点心을 '딤섬'이라고 발음한다.

커스터드크림을 넣은 에그타르트, 중화풍 비프스테이크 등이 그것이다. 커리 가루나, 토마토케첩, 땅콩소스(사테소스) 같은 조미료도 즐겨 사용된다.

4) 쓰촨요리

중국 서부 양쯔강 상류 내륙 산악 지대의 요리를 대표하는 쓰촨요리四川菜는 좁게는 쓰촨성의 요리를, 넓게는 쓰촨성의 일부였던 충칭重庆 및 쓰촨요리와 유사점이 많은 후난성, 윈난성, 구이저우성 등의 요리를 총칭한다. 일명 촨차이川菜라고도 불리며 중국 내에서 인기가 높다.

쓰촨 지방은 여름에는 습하고 기온이 40도까지 올라가 몹시 무더우며, 촨시베이고원을 제외하고는 겨울에도 따뜻하고 습도가 높다. 이런 악천후를 이기기 위해 고추, 화자오花椒(사천후추), 두반장, 파, 마늘 등과 같은 매운 향신료를 많이 사용한다. 쓰촨요리의 특징인 '얼얼한 매운맛 麻辣(마라)'은 화자오와 매운 고추의 조합에서 나온다. 매운 요리가 발달한 것은 향신료가 음식의 부패를 막고, 매운 음식으로 땀을 내서 이열치열의 원리로 건강을 지키기 위한 지혜로 볼 수 있다. 쓰촨식 절임 음식인 자차이榨菜*도 유명하다.

화자오

한국인에게도 친숙한 마파두부는 쓰촨성 성도현에서 곰보 할머니麻婆가 처음 만들어 팔기 시작했다고 한다. 돼지고기를 삶은 다음 다시 볶아낸다고 해서 이름 붙여진 후이궈러우回鍋肉, 고추기름을 넣은 탕 속에다 육류·채소·내장·두부·버섯 등 갖은 재료를 데쳐먹는 훠궈火锅 등도 손꼽히는 쓰촨요리들이다. 궁바오지딩宮保鷄丁(닭고기에 땅콩·고추 등을 넣고 매콤하게 볶은 요리), 단단미엔担担麵(매운맛의 뜨거운 국물을 부어 먹는 면 요리) 등도 유명하다. 마라탕은 얼얼하고 매운맛으로 국내에서도 인기를 끌고 있다. 화자오·팔각·정향·회향 등을 가열하여 향

훠궈

---

* 갓의 한 종류인 자차이의 뿌리를 채 썰어 소금물에 절여 물기를 짜낸 뒤, 굵게 빻은 고춧가루와 사천후추를 넣고 버무려 병에 담아 숙성시켜서 먹는다. 국내 중국 음식점에서도 반찬으로 나온다. 짜사이, 짜차이라고도 불린다.

을 낸 기름에다 고춧가루와 두반장을 넣고 육수를 부은 다음 채소·고기·국수·두부·완자 등 원하는 재료를 넣어 끓인 탕 요리로 밥과 함께 먹거나 면을 넣어 먹는다.

4. 식사의 구성과 음료

1) 식사의 구성

중국식 식사는 '주식'과 '차이菜'로 구성된다. 주식에는 쌀밥을 비롯해 식사가 될 만한 모든 음식(볶음밥, 면류, 죽, 전병, 찐빵, 만두 등)이 포함된다. 차이는 고기, 채소, 생선, 두부 등 온갖 재료를 써서 만든 요리나 반찬을 말한다. 평소에는 쌀밥에 몇 가지 요리菜를 곁들이거나 볶음밥, 면류, 만두류 등으로 간단히 먹는다. 회식이나 연회 때는 차이 위주로 나오고 밥·면·찐빵·만두 등은 코스의 마지막에 소량 제공된다.

또우지앙과 요우티아오

중국에서도 세 끼가 일반적이다. 아침으로는 쌀죽에 고기나 생선, 야채 반찬을 곁들이거나 혹은 또우지앙豆浆(콩물)이나 순두부와 함께 요우티아오油条(밀가루 반죽을 발효시켜 길게 늘여 기름에 튀긴 것)를 먹거나 고기만두 등으로 간단히 때운다. 점심은 도시락을 싸가거나 직장에서 도시락을 제공하는데, 쌀밥에 간단한 볶음 요리 한두 가지를 곁들인다. 혹은 면류를 먹기도 한다. 저녁 식사가 가장 푸짐하다. 세 식구라면 서너 가지의 볶음 요리를 만들어 밥, 국과 함께 먹는다. 밥 대신 만두나 국수, 찐빵을 먹기도 한다.

2) 음료

(1) 차

중국에서 차는 식사 때는 물론이고 일상생활의 음료이면서 손님 접대의 기본이 되는 음료다. 식당에서도 요리를 주문할 때 반드시 차를 주문한다[*]. 다관_{茶壺}에 담긴 차를 다 마시고 뚜껑을 열어 위에 살짝 걸쳐 놓으면 종업원이 와서 물을 부어준다.

중국차는 발효 정도에 따라 불발효차, 반발효차, 발효차, 후발효차의 네 종류로 나뉜다. 불발효차는 찻잎을 따서 바로 증기로 찌거나 솥에서 덖어 발효되지 않도록 하여 녹색이 그대로 유지되게 한 차로 흔히 '녹차'로 불린다. 반발효차는 10~70% 정도를 발효시켜 만든 차로 백차, 우롱차 등이 있다. 발효차는 발효 정도가 85% 이상인 차로 홍차가 대표적이다. 후발효차는 찻잎을 덖거나 쪄서 효소를 파괴한 뒤 찻잎을 퇴적하여 미생물의 번식을 유도해 다시 발효가 일어나게 한 차다. 황차, 흑차가 대표적이다.

흑차의 대표인 '보이차'

가장 대중적인 차는 녹차인 철관음이며, 재스민차와 우롱차도 많이 마신다. 차를 즐기는 만큼 다도도 고도로 발달되어 있다. 차도 좋아야 하지만 물도 좋아야 하고, 다관과 찻잔도 아름다워야 한다. 차를 우려내는 기술도 중요한데, 차 종류에 따라 재질이 다른 다관과 찻잔을 사용하고, 물의 온도도 달리한다. 손님에게 차를 대접할 때는 연속 세 번 권하는데 이를 '헌다_{獻茶}'라고 한다. 헌다는 손님에 대한 존경을 표시하는 것으로 중국 다도의 핵심이다. 주인은 손님의 찻잔이 비지 않도록 첨잔을 해준다.

헌다(獻茶)

차를 즐기는 문화로 인해 중국에는 찻집이나 다관이 곳곳에 있다.

---

[*] 대중식당에서는 차를 무료로 내주기도 하지만, 고급 식당에서는 차는 물론 물도 돈을 내고 사야 한다.

(2) 술

중국은 역사가 오랜 만큼 술의 역사도 깊어 6,000년 이상의 역사를 지닌다. 술은 손님 접대나 각종 모임, 사업상의 식사 자리 등에서 절대 빠지지 않는다.

주종을 이루는 술은 곡식으로 양조하여 증류한 바이주白酒다. 무색투명한 독주로 각 지역에서 나는 바이주는 종류를 헤아릴 수 없이 많고 품질과 가격도 천차만별이다. 수수로 빚은 바이주를 고량주高粱酒(일명 빼갈白乾)라고 한다. 최고급 고량주로는 중국의 국주로 통하는 구이저우성의 마오타이지우茅台酒, 쓰촨성의 우량예伍粮液와 수이징팡水井坊, 산시성의 펀지우汾酒 등이 손꼽힌다. 한국에서 인기 있는 공부가주孔府家酒는 공자의 고향인 산둥성에서 생산되는 고량주로 중간급에 속한다. 동북 지방에서 인기 있는 얼궈터우二锅头(두 번 증류를 했다는 뜻임)는 대중적인 바이주다.

붉은색이 나는 황주는 주로 양쯔강 이남에서 생산되며 저장성의 사오싱주紹興酒가 가장 유명하다. 맥주도 많이 생산되며 칭다오 맥주, 베이징의 옌징 맥주, 하얼빈 맥주 등이 유명하다. 그 밖에 와인을 비롯한 과실주도 다양하다.

중국 음식에 곁들이는 음료는 차와 바이주가 일반적이지만, 취향에 따라 와인이나 맥주, 탄산음료, 과일주스 등을 마시기도 한다.

술을 마실 때 보통 첫잔은 '간베이干杯'를 한다. 간베이는 원샷을 뜻한다. "간베이!"라고 외치고 술잔을 부딪힌 뒤 술잔을 다 비워야 한다. 상대와 거리가 떨어져 있을 때는 가볍게 눈만 마주친 뒤 원샷을 한다. 술을 따를 때는 가득 따르고, 상대방의 술잔이 1/3 가량 줄어들면 첨잔을 해주는 것이 예의다. 술을 받을 때나 따를 때 모두 한손으로 한다. 술잔을 돌리는 문화는 없다.

5. 식사 예절

중국은 유교 사상에 입각해 예절을 중시해 온 터라 테이블 매너를 갖추는 것은 교양인의 필수 덕목이다.

- 가정에서는 연장자에게 먼저 좋고 맛있는 음식을 권하는 것이 예의다.
- 식사에 초대받았을 경우에는 초대자가 인사를 건넨 뒤에 먹기 시작한다.
- 주요리는 식탁의 중앙에 놓되 주빈의 시선 방향에 맞추어 배치한다.
- 음식은 젓가락으로 먹는다. 국물이 있는 면류를 먹을 때도 젓가락으로 면을 건져 먹은 다음, 국물은 후루룩 마신다. 숟가락은 뜨거운 국물이나 젓가락으로 집기 어려운 음식을 먹을 때만 사용한다. 밥그릇 위에 젓가락을 가로질러 올려놓는 것과 떨어뜨리는 것은 불행을 가져오는 것으로 생각한다. 젓가락을 밥그릇에 수직으로 꽂아 놓는 것은 제사 음식을 상징하므로 피해야 한다.
- 연회나 회식을 할 때는 10~12명이 앉을 수 있는 회전 원탁에 앉아 회전 원판을 천천히 돌려가며 접시에 담긴 음식을 조금씩 앞접시에 덜어 먹는다.
- 손님 접대를 하거나 연회를 열 때는 대개 식당을 이용한다. 중국인들은 손님을 푸짐하게 대접해야 잘 대접한 것으로 여기기 때문에 음식은 먹고 남을 정도로 넉넉히 주문한다.

회전 원판에 차려진 음식

- 식당에서 음식을 주문할 때는 따뜻한 요리와 찬 요리를 골고루 주문하고, 재료와 조리법이 중복되지 않게 한다. 육류, 가금류, 해산물, 채소, 두부 요리 등을 고루 주문하고, 주식류와 탕류를 선택한다. 주문하는 요리의 가짓수는 인원수에다 두세 가지를 더하면 알맞다. 중국인에게는 짝수를 선호하고, 홀수를 기피하는 문화가 있기 때문에 요리는 되도록 짝수로 주문한다.

동남
아시아

동남아시아는 인도차이나반도와 그 남동쪽에 있는 말레이 제도를 일컫는다. 태국, 미얀마, 라오스, 캄보디아, 베트남, 말레이시아, 브루나이, 싱가포르, 인도네시아, 필리핀 등이 포함된다. 동남아시아는 중국과 인도 사이에 위치하여 예로부터 이 두 거대 문화의 영향을 받아왔다. 화교들은 동남아 각지에 면, 만두, 볶음 요리 등 중국 음식을 전파했다. 인도의 영향으로 동남아시아에서도 커리를 즐겨 먹는다.

13세기에는 아랍 상인들이 동남아시아 향신료 무역을 독점하면서 말레이반도와 인도네시아에 이슬람교를 전파하고 이슬람 왕국을 세웠다. 그 결과 말레이시아와 인도네시아 국민의 대다수는 이슬람교를 신봉한다. 나머지 나라들은 불교 국가이다.

16세기 이후에는 태국을 제외한 모든 나라들이 서구 열강의 식민 지배를 받았으며, 이 시기에 유럽음식이 전해져 서양풍의 새로운 음식들(예를 들면 베트남의 반미)이 많이 나왔다. 이러한 배경을 바탕으로 동남아시아의 음식문화는 토착 문화에 여러 지역(중국, 인도, 아랍, 유럽)의 문화가 더해진 양상을 보인다.

동남아시아는 열대 혹은 아열대의 몬순기후에 속해 벼의 2~3모작이 가능하며, 쌀을 주식으로 한다. 육류보다는 어패류의 이용이 많으며, 생선을 발효한 어장(魚醬)을 우리의 간장처럼 사용한다. 향이 강한 허브와 향신료, 코코넛밀크도 즐겨 쓰인다. 길거리 음식과 야시장이 발달했다는 점도 공통된다.

THAILAND

태국의 음식문화

- **면적** 513,120㎢
- **인구** 70,078,198(2022년)
- **수도** 방콕
- **종족** 타이계(85%), 중국계(12%), 말레이계(2%)
- **공용어** 타이어(Thai language)
- **종교** 불교(94.6%), 이슬람교(4.3%), 기독교 및 천주교(1%), 기타(0.1%)
- **1인당 명목 GDP(US 달러)** 7,449(2021년)

태국을 세계적으로 알린 것 중 하나는 '문화와 삶의 결정체'라 불리는 음식이다. 예로부터 태국은 세계적인 곡창 지대였으며 열대 과일과 향신료, 강과 바다에서 나는 어패류가 풍부하여 식생활이 풍족했다. 2002년부터는 태국 정부의 주도하에 '태국 음식 세계화 프로젝트'를 수행하고 있다. 'Kitchen of the world'라는 프로젝트 명이 암시하듯 태국 정부는 태국을 '세계인의 부엌'으로 만들겠다는 야심찬 계획 아래 식자재의 생산과 가공에서부터 식당에서 '요리'로 판매되기까지 전 과정을 유기적으로 연결하고, 품질 관리를 함으로써 농가도 살리고 국익과 국가 이미지 재고를 꾀하고 있다.

이 프로젝트의 일환으로 'Thai Select Certificate(태국 정부가 해외에 있는 태국 식당에 대해 음식 품질과 정부 공인 식자재 사용 여부 등을 평가하고 인증해주는 제도)'도 시행 중이다. 2020년 현재 국내에는 25곳의 Thai Select 식당이 있다.

쌀과 수산물, 풍부한 야채와 열대과일, 향기로운 허브와 향신료, 코코넛밀크를 바탕으로 한 태국요리는 독특한 맛과 향기로 아시아는 물론 서구에서도 인기가 높다.

1. 태국 음식문화의 형성 배경

1) 식생활의 중심 '쌀과 어패류'

태국인들의 주식은 쌀인데 찰기가 없고 낱알이 길쭉한 인디카Indica종의 쌀을 주로 먹는다. 낱알이 잘고 길쭉한 찹쌀은 산간 지역에서 주식으로 먹거나 떡 등의 후식에 사용된다.

태국 하면 수상시장, 수상 가옥이 떠오르듯이 내륙에는 강이 많아 물고기가 지천에 널려 있고, 태국인들은 단백질의 50%를 물고기에서 섭취한다. 태국어로 '쁠라'는 물고기를 뜻하는데, 쁠라천(가물치)과 쁠라둑(메기)은 어디서나 볼 수 있고 청어와 비슷한 물고기를 말려서 훈제하여 밥 위에 뿌려 먹기도 한다. 삼면이 바다라서 해산물도 풍부한데, 특히 새우는 맛이 좋기로 유명하다.

두리안, 망고, 망고스틴, 람부탄, 용과 등 열대과일도 풍부하다. 과일은 열량과 비타민을 보충해주고 더위와 갈증을 식혀준다.

수상시장의 열대과일

어장 문화권 vs. 두장 문화권

한국·중국·일본은 대두를 발효시킨 두장을 사용하는 '두장(豆醬) 문화권'인 데 반해, 중국 남부와 동남아 지역은 어류를 발효시킨 '어장(魚醬) 문화권'에 속한다.

남쁠라

어장은 새우나 멸치 등의 생선에 소금을 넣고 발효시켜 맑은 국물만 걸러낸 것이다. 우리나라의 액젓과 비슷한데 맛이 부드럽고 비린 맛이 덜하다. 어장을 태국에서는 '남쁠라', 베트남에서는 '느억맘', 인도네시아에서는 '케찹이칸', 말레이시아에서는 '소스이칸', 캄보디아에서는 '뜩뜨러이', 태국 동북부의 이산 지역과 라오스에서는 '남빠', 필리핀에서는 '파티스'라고 부른다. 동남아에서는 어장 외에도 다양한 형태의 수산 발효 식품을 반찬이나 조미료로 사용한다.

과일의 여왕 두리안

두리안이라는 이름은 말레이어로 가시를 뜻하는 '두리'에서 나왔다. 열대과일 중 가장 비싸고 귀한 대접을 받아 '과일의 여왕'으로 불린다. 복숭아·실구·벨론 향이 뒤섞인 오묘한 향이 나며, 과육은 푸딩처럼 부드럽다. 두리안을 보면 세 번 놀란다고 한다. 고슴도치 같은 모양에 놀라고, 지독한 암모니아 냄새에 놀라고, 마지막으로 그 맛에 놀란다고 한다.

두리안

향신료 vs. 허브

향신료는 요리에 맛, 색, 향을 내기 위해 사용하는 식물의 씨앗, 열매, 꽃, 잎, 껍질, 뿌리, 구근 등을 가리킨다. 허브(herb)는 '향기 나는 풀'로 옥스퍼드 사전에는 "잎이나 줄기가 식용, 약용으로 쓰이거나 향미가 이용되는 식물"이라고 나와 있다.

일반적으로 향신료라고 하면 허브를 포함하여 일컫는 경우가 많지만, 때로는 향신료와 허브를 구분하기도 한다. 향신료는 식물의 뿌리, 줄기, 껍질, 씨앗 등 딱딱한 부분으로 비교적 향이 강한 반면, 허브는 잎이나 꽃잎 등 비교적 연한 부분으로 향도 비교적 연하다.

더운 지역에서 향신료가 많이 쓰이는 까닭

기후가 더운 동남아시아나 인도 등지에서는 음식에 향신료를 많이 넣는다. 향신료는 음식에 풍미를 부여할 뿐 아니라 부패를 억제한다. 또한 벌레를 쫓고 땀을 나게 해서 몸을 시원하게 해준다. 기후가 더운 곳에서 향신료를 많이 사용하는 데는 이처럼 과학적인 이유가 있다.

태국 레드 커리에 들어가는 향신료와 허브
(왼쪽 위부터 시계 방향으로) 레몬그라스, 여주, 고추, 고수, 마늘, 타이바질, 고량강, 샬롯, 새눈고추, 라임, 라임 잎

2) 이민족의 영향

태국 국민의 약 75%는 타이족이다. 이들은 본래 중국 쓰촨四川·윈난雲南 등지에 살던 민족으로, 언어와 기타 문화에서 중국의 영향을 많이 받았다. 타이족은 1238년 짜오프라야 강 중부에 최초의 통일 왕국인 쑤코타이 왕국을 세우고 미얀마에서 상좌불교를 받아들였으며 중국, 인도와 활발히 교류했다.

태국의 전통적인 요리법은 뭉근히 끓이기와 굽기인데, 중국요리의 영향으로 기름에 지지거나 볶거나 튀기는 요리도 많다.

인도의 영향으로 커리가 발달했다. 코코넛오일, 코코넛밀크, 어장, 타이바질, 라임 잎, 레몬그라스, 고량강, 고수 뿌리 등을 넣기 때문에 인도 커리와는 맛이 크게 다르다. 커리는 밥 혹은 바삭하게 튀긴 쌀국수 등과 함께 먹는다. 태국 커리는 색에 따라 세 가지로 구분한다.

깽까리(옐로우 커리) 부드럽고 맛이 순하며 노란색 향신료인 강황이 들어간다.
깽펫(레드 커리) 건더기가 있고 붉은 고추가 들어가서 약간 맵다.
깽키여우완(그린 커리) '달콤한(완) 녹색의(키여우) 커리(깽)'라는 뜻이다. 매운 풋고추를 넣은 커리로 단맛이 나며 향이 아주 강하다.

17세기에는 포르투갈, 네덜란드, 프랑스, 일본 사람들과 접촉하면서 이들 나라의 음식문화를 받아들였다. 태국요리의 필수 양념인 고추는 포르투갈의 선교사들이 1600년대 후반 태국으로 들여왔다. 태국식 샤브샤브인 '수끼'는 일본 음식 '스키야키'에서 이름을 따온 것이다.

옐로우 커리

레드 커리

그린 커리

19세기 말에는 화교가 대거 유입되었다. 이들은 국수류, 만두류, 삭힌 오리알, 볶음 등의 중국 음식을 들여왔고, 테이크아웃 형태의 음식점을 열어 가정에서 조리하는 대신 밖에서 사다 먹는 문화를 정착시켰다.

3) 불교의 영향

태국은 전 국민의 95%가 불교도인 불교 국가다. 현재도 남자가 만 20세 이상이 되면 반드시 한번은 출가하여 잠시(보통 3개월)라도 승려 생활을 하는 관습이 있으며 국왕도 예외는 아니다.

태국은 찬란한 불교 유산을 바탕으로 일찍부터 관광 산업이 발달했다. 타이인의 문화와 정신이 깃든 사원과 불상을 보려고 연간 4천만 명(2019년 기준)에 달하는 사람들이 세계 각지에서 몰려든다. 이들의 다양한 입맛에 맞추기 위해 활발한 음식 개발이 이루어졌고, 이는 태국 음식의 발달을 촉진했다.

2. 태국 음식의 특징

태국 음식은 맵고, 시고, 달고, 짠맛이 조화를 이루는 가운데 강렬하면서도 오묘한 향이 난다. 태국 음식 특유의 맛과 향은 다음의 식재료들에서 나온다.

• 짠맛을 내는 기본 조미료는 한국의 멸치 액젓과 비슷한 남쁠라nam pla이다. 남쁠라로 간을 맞추고 남쩜도 만든다. 남쩜은 남쁠라에 다진 마늘, 다진 고추, 설탕, 라임즙 등을 섞은 소스로 우리의 양념 간장쯤에 해당한다. 음식에 따라 곁들이는 종류가 각기

태국 식당에는 고춧가루, 설탕, 식초, 남쁠라가 들어 있는 양념통이 늘 비치되어 있다.

* 1957년에 방콕에 문을 연 '코카(Coca)'라는 식당에서 중국의 훠궈를 태국식으로 변형하여 '수끼'라는 이름을 붙여 처음 내놓았는데 크게 히트했다고 한다. 이후 태국에 수끼 식당이 줄줄이 생겨났다.

다르며 30여 종 이상이 있다.

- 라임즙과 타마린드로 상큼한 신맛을 낸다. 카피르라임 잎kaffir lime leaf과 레몬그라스는 커리나 수프에 향을 내는 재료로 사용된다.
- 고추를 많이 사용하므로 음식이 맵다. 태국요리에 많이 쓰이는 새눈고추(타이어로는 프릭키누)는 매운맛이 매우 강하다.
- 감미료로는 설탕과 야자 설탕이 즐겨 쓰인다.
- 코코넛밀크도 자주 이용된다. 코코넛밀크는 독특한 향과 부드러운 맛을 지녀 향신료들의 강한 향을 어우러지게 한다. 태국 음식에는 남쁠라의 짠맛, 라임즙의 시큼한 맛, 고추의 매운맛, 야자 설탕의 단맛, 코코넛밀크의 고소한 맛, 강렬한 허브 향이 어우러져 있다.
- 육류로는 주로 돼지고기와 닭고기를 먹으며, 돼지고기로 만든 소시지도 다양하다. 오리고기도 선호된다.
- 채소를 깎아 꽃이나 동물 모양을 만들어 음식을 아름답고 화려하게 꾸미는데, 음식의 장식성은 왕실 요리 같은 고급 요리에서 두드러진다.
- 길거리 음식이 발달했다. 간단한 간식거리인 카놈khanom(스낵과 디저트류를 합쳐서 부르는 말)에서부터 한 끼 식사가 될 만한 것까지 메뉴의 폭이 매우 넓다.

 열대의 우유 코코넛밀크

코코넛은 열대 식물인 코코스 야자나무의 열매다. 태국 등 동남아시아의 농장에서 대규모로 재배된다. 덜 익었을 때는 껍질이 녹색이며, 즙이 많아 음료로 마신다. 부드러운 과육은 그대로 먹거나 기름을 짠다. 다 익으면 껍질이 갈색이 되고 살이 단단해지는데, 살을 긁어내 물을 넣고 곱게 갈아 체에 거른 것이 코코넛밀크다. 이때 물을 적게 넣으면 농도가 진하고 지방 함량이 많은 코코넛크림이 얻어진다. 코코넛밀크는 요리에, 코코넛크림은 디저트에 넣는다. 단단해진 과육을 깎아서 말린 코프라(copra)는 스낵이나 술안주로 먹는다.

코코넛밀크

3. 대표 음식

팟타이phat thai 태국의 국민 음식으로 불리는 볶음 쌀국수다. 쌀국수에 닭고기, 새우, 숙주, 계란 등을 넣고 새콤달콤 매콤하게 볶아서 땅콩 가루를 뿌려낸다. 고소한 땅콩 가루와 쫄깃한 쌀국수가 조화를 이루고, 라임즙과 타마린드의 상큼한 신맛이 가미되어 그 맛이 일품이다.

카오팟khao phat 태국식 볶음밥이다. '카오'는 쌀을 뜻하고 '팟'은 볶는다는 뜻이다. 기본적으로 밥에다 고기와 계란을 넣고 남쁠라와 간장으로 간을 한다. 들어가는 부재료에 따라 여러 종류가 있다. 카오팟 뒤에 재료명을 붙여 명명한다. 돼지고기를 넣으면 카오팟무, 파인애플을 넣으면 카오팟사파롯이다.

꾸웨이띠여우kuay teow 국물을 부어 먹는 태국식 쌀국수를 말한다. 쌀국수에 고기(돼지고기·닭고기 등), 어묵, 채소 등의 고명을 얹고 뜨거운 국물을 부어 남쁠라, 고춧가루, 송송 썬 고추, 고수 등을 넣어 먹는다. 주문할 때 면 종류와 고명을 선택할 수 있다. 가는 면은 쎈미, 중간 굵기는 쎈렉, 넓은 면은 쎈야이다.

똠얌꿍tom yam kung '똠얌'은 맵고 신 수프를 일컬으며 '꿍'은 새우를 뜻한다. 새우를 주재료로 맵고 시큼하게 끓인 수프다. 카피르라임 잎이 들어가 진한 향기가 난다. 첫맛은 달착지근하면서 시큼하지만 곧 톡 쏘는 매운맛과 향이 입과 코를 자극한다. 새우 대신 닭고기를 넣은 것은 똠얌까이tom yam kai라고 한다.

뿌팟퐁까리poo phat pong kari 껍질이 연한 게에 커리가루 등으로 양념한 계란을 넣어 볶은 것이다. 한국인들에게도 인기가 많으며 밥과 함께 먹는다.

팟타이

카오팟사파롯

똠얌꿍

얌운센yum woon sen 얌은 '섞다'라는 뜻으로, 고추·남쁠라·라임즙으로 버무린 맵고 새콤한 샐러드를 가리킨다. 운센은 녹두로 만든 가늘고 투명한 면을 말한다. 얌운센은 운센에 데친 새우, 잘게 썬 돼지고기, 채소 등을 넣고 매콤새콤하게 버무린 샐러드이다.

수끼suki 닭 육수에 새우, 조개, 채소, 버섯, 얇게 썬 고기 등을 데쳐서 소스에 찍어 먹는 태국식 샤부샤부로 담백한 국물 맛이 일품이다. 데쳐 먹는 재료는 기호에 따라 선택할 수 있다.

남프릭nam prik 한국의 쌈장 같은 되직한 형태의 다용도 소스다. 남프릭의 기본 재료는 남쁠라, 새눈고추, 라임즙이고, 여기에 건새우, 새우 페이스트 등을 추가해 수많은 남프릭을 만든다. 태국식 볶음고추장이라 할 수 있는 남프릭파오nam phrik phao는 고추, 라임즙, 마늘, 샬롯에 건새우나 새우 페이스트를 넣고 찧어서 기름에 되직하게 볶아 남쁠라, 야자 설탕, 타마린드로 조미한 것이다. 맵고 시고 달고 짭잘한 맛이 난다. 조리할 때 남프릭을 양념으로 넣기도 하고 각종 음식(데친 채소, 생채소, 국수, 소시지, 굽거나 튀긴 요리)을 남프릭에 찍어 먹기도 한다. 채소에는 남프릭옹nam phrik ong, 돼지껍질 튀김에는 남프릭눔nam phrik num 하는 식으로 음식에 어울리는 남프릭을 곁들인다.

솜땀som tam 푸른빛이 도는 풋파파야를 채 썰어 건새우, 고추, 마늘, 다진 땅콩, 라임즙, 남쁠라, 야자 설탕 등을 넣어 무친 것으로 한국의 김치처럼 태국인들이 즐겨 먹는 반찬이다. 고기나 생선 요리 등에 곁들이기도 한다. 풋파파야는 무와 맛이 비슷하다. 태국인들은 솜땀을 주문할 때 새눈고추를 추가로 넣어 달라고 해서 아주 맵게 먹는다. 맵고 신맛은 더운 날씨에 입맛을 북돋우는 데 제격이다.

랍laab 잘게 다진 돼지고기를 살짝 데쳐서 남쁠라, 고추, 마늘, 민트, 고수 등과 함께 버무린 음식이다. 매콤하고 짭조름한 양념이 밴 고기와 향긋한 민트가 씹히는 맛이 일품이다. 랍무laap moo라고도 한다. 카오니아오khao niao(찹쌀밥)와 함께 먹는다.

| 솜땀 | 랍과 찹쌀밥 | 까이양 |

까이양kai yang 통닭을 반으로 갈라 남쁠라와 마늘 등으로 맛을 낸 양념장에 재웠다가 꼬챙이에 꿰어 숯불에 구운 것이다. 길거리 음식의 대표 주자로 솜 땀, 찹쌀밥과 함께 먹거나 생채소를 곁들여 먹는다.

똠쌥tom sap 돼지갈비에 고추, 고량강(생강의 일종), 레몬그라스 등의 향신료를 넣고 푹 끓여 맛을 우려낸 뒤 버섯, 토마토, 라임 잎, 마른 고추, 라임즙을 넣어 한 소끔 끓여낸 수프다. 매운맛과 시큼한 맛이 어우러져 있다. 이산 지방의 전통 음식으로 찹쌀밥과 랍, 솜땀, 까이양과 함께 먹으면 찰떡궁합이다.

 FOOD TALK TALK　**태국의 부엌 '이산'**

태국 동북부의 이산(Isaan) 지방은 맛의 고장으로 이름 높다. 독특하고 맛있는 음식이 많아 '태국의 부엌'이라 불린다. 이산요리는 매운 고추와 향이 강한 허브를 듬뿍 사용하므로 맵고 스파이시하다. 이 지역의 주식인 찹쌀밥(카오니아오)에 각종 요리를 곁들여 먹는다.

태국의 이산 지방은 라오스와 국경을 맞대고 있으며 주민의 대다수는 라오족이다. 라오족은 라오스와 이산 지방에 살고 있다. 그래서 라오스와 이산 지방은 음식이 서로 비슷하다. 랍은 본래 라오스 음식인데 라오족이 많이 사는 이산 지방에서도 즐겨 먹는다. 솜땀과 까이양은 본래 이산 라오족의 음식인데 라오스에서도 많이 먹는다. 솜땀을 라오스에서는 땀솜 혹은 땀막홍이라고 한다. 여기서 보듯이 음식은 '민족과 불가분의 관계를 맺고 있다. 라오족은 어디서 살든(이산 지방에 살든 라오스에 살든) 라오족의 음식을 먹고, 한국인은 어디서 살든 김치를 만들어 먹는다.

4. 식사의 구성과 음료

1) 식사의 구성

태국식 식사
(왼쪽 위부터 시계 방향으로) 계란 요리, 생선튀김, 밥,
깽, 채소와 남프릭

아침은 죽이나 식빵 등으로 가볍게 먹는다. 일부 젊은층과 근로자들은 쌀밥에 커리를 얹은 카오깽을 먹기도 한다. 점심은 볶음밥이나 면류, 만두류 또는 밥과 간단한 반찬을 먹는다.

저녁이 가장 푸짐하다. 쌀밥에 국, 각종 채소, 생선튀김이나 생선구이, 요리를 찍어 먹기 위한 남찜과 남프릭이 기본이고 그 외에 볶음, 깽(태국식 커리), 계란 요리, 염장어 등이 형편에 따라 추가된다.

깽은 만들기가 까다롭다. 깽에는 각종 향신료와 코코넛밀크가 들어가며, 향신료를 작은 돌절구에 빻아서 쓰는데 어떤 종류의 향신료를 얼마나 넣었는지와 찧는 강도, 횟수에 따라 맛이 달라지기 때문이다.

태국에서도 모든 음식을 한 상에 차려낸다. 맵고 시고 달고 짠 맛이 조화를 이루고, 시각·후각·미각을 모두 만족시킬 수 있어야 이상적인 식단이라고 생각한다.

식사 후에는 과일이나 단맛의 후식인 컹완을 먹는다. 태국에서는 예로부터 가난한 사람들도 컹완을 반드시 챙겨 먹었다고 한다.

태국인들도 하루 세 끼를 먹지만 더운 날씨로 인해 소화에 부담을 느껴 식사량은 적은 편이다. 그 대신 과일이나 간식을 즐긴다.

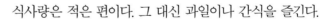

태국의 북부와 동북부는 산간 고원지대로 토양이 척박하여 찹쌀 경작에 적합하다. 따라서 찹쌀밥(카오니아오)이 주식이며 매끼마다 찹쌀밥을 먹는다. 대나무 바구니에 꼬들꼬들하게 찐 찹쌀밥은 손으로 떼도 달라붙지 않는다. 찹쌀밥을 손으로 조금씩 떼어 반찬과 함께 먹는다. 반찬으로는 솜땀, 랍, 까이양, 냄naem(돼지고기로 만든 발효 소시지),

찹쌀밥, 랍, 냄, 돼지껍질 튀김, 채소, 남프릭이 차려진 태국 북부 지방의 전통 밥상

FOOD TALK TALK

태국의 디저트 '컹완'

태국에서는 디저트를 '컹완' 또는 '카놈완'이라고 한다. 완은 '달다'는 뜻이다. 컹완은 전통이 오래되었을 뿐 아니라 식사 후에 먹는 후식 이상의 의미를 갖는다. 불교 의식이나 기념식에 쓰이기도 하고 특별한 행사 때 선물로 주고받기도 한다.

(왼쪽부터) 카놈브앙(태국식 팬케이크로 코코넛과 황련이 들어감), 카놈크록(밀가루, 설탕, 코코넛밀크로 만든 풀빵), 끌루어이삥(작은 몽키바나나를 숯불에 구운 것), 카놈춘(정육면체 모양의 레이어드 떡으로 중요한 행사에 꼭 등장함)

돼지껍질 튀김, 데친 채소 등을 먹는다. 돼지껍질 튀김은 남프릭눔에, 데친 채소는 남프릭옹이라는 걸쭉하고 매운 소스에 찍어 먹는다. 각종 곤충과 개구리도 즐겨 먹는데 개구리로 끓인 깽은 고급 요리로 통한다.

2) 음료

더운 날씨로 인해 음료는 대개 얼음을 넣어 차게 마신다. 가판대에서는 각종 음료를 빨대가 달린 비닐봉지에 담아 얼음을 넣어 팔기도 한다. 대중적인 음료로는 차옌(홍차에 연유, 설탕, 우유, 얼음을 넣은 태국식 아이스티), 놈옌(우유에 시럽과 얼음을 넣은 음료로 어린이와 청소년들에게 인기 있으며, 찐빵, 코코넛잼과 함께 먹음), 사탕수수즙, 코코

차옌

코코넛워터

넛워터, 라임즙을 넣은 음료 등이 있다. 태국의 음료는 그 맛이 매우 달다. 단맛을 원하지 않으면 주문할 때 "Mai waan(설탕을 빼주세요)"라고 말한다.

남타끄라이nam ta krai는 레몬그라스로 만든 차다. 레몬그라스 줄기를 가볍게 으깨 물을 붓고 끓여서 뜨겁게 혹은 차게 마시는데, 소화를 돕고 기침과 콧

물을 완화하는 등 치료 효과가 있어 건강차로 통한다.

술은 시원한 맥주가 가장 대중적이다. 날이 더워 맥주를 잔에 따르면 금방 미지근해지므로 얼음을 넣어 마시기도 한다. 싱하 맥주, 창 맥주가 유명하다.

사탕수수와 당밀에 약간의 쌀을 더해 주조한 위스키는 가격이 저렴해서 인기가 있다. Sang Som과 Mekhong 브랜드가 널리 알려져 있다.

5. 식사 예절

태국의 식사 도구

태국의 전통 식사법은 낮은 상이나 마룻바닥에 음식을 차려 놓고 여럿이 빙 둘러 앉아 손으로 먹는 것이다. 손으로 먹는 관습은 쭐라롱껀 대왕(재위 1868~1910)의 근대화 정책으로 서구 문화가 유입되면서 숟가락과 포크를 사용하는 방식으로 바뀌었다. 오른손에 숟가락, 왼손에 포크를 쥐고 사용한다. 숟가락으로 떠먹으며 포크는 숟가락에 음식을 밀어 넣는 보조 도구로 사용한다. 혹은 포크로 음식을 누르고 숟가락으로 자르기도 한다. 캄보디아와 라오스에서도 포크와 숟가락으로 먹는다. 면류를 먹을 때는 젓가락과 중국식 숟가락을 사용한다. 공동의 음식을 먹을 때는 앞접시에 덜어 먹는다.

그 밖의 식사 예절로는 음식을 먹을 때 빨리 먹지 말 것, 소리를 내지 말 것, 음식을 씹을 때 입술을 오므리고 씹을 것, 음식을 입에 넣고 말하지 말 것, 국물이 있는 음식은 마시지 말고 숟가락으로 떠먹을 것 등을 강조한다.

VIETNAM

베트남의 음식문화

- **면적** 331,210㎢
- **인구** 98,953,535(2022년)
- **수도** 하노이
- **종족** 킨족(85.7%), 기타(14.3%)
- **공용어** 베트남어
- **종교** 불교(7.9%), 가톨릭(6.6%), 까오다이교(0.9%), 무교(약 80%) 등
- **1인당 명목 GDP(US 달러)** 4,122(2021년)

베트남의 역사는 전쟁과 외세의 지배로 점철되어 왔다. 이 과정에서 베트남의 식탁에 가장 큰 영향을 미친 나라는 베트남을 1,000년 간(BC 111~AD 972)이나 지배했던 중국이다. 기름에 볶고 튀기는 조리법과 젓가락을 사용하는 것, 국수류와 만두류, 식단을 구성할 때 음양의 조화를 고려하는 것 등은 중국의 영향을 받은 것이다.

프랑스도 베트남을 100년 가까이 지배하면서(1862~1954) 지대한 영향을 미쳤다. 바게트에서 나온 '반미(banh mi)'가 베트남인들의 주식의 하나가 되었고, 파테(pâtes)*, 커피, 페이스트리, 타르트, 크림캐러멜, 아스파라거스 등의 프랑스 음식이 베트남 음식이 되었다. 이 시기 가톨릭과 불어도 전파되었다. 현재도 나이든 지식인들은 불어를 사용한다.

중국, 프랑스 등 외세의 지배를 받는 동안 베트남 음식은 중국적인 요소와 프랑스적인 요소가 가미되어 더욱 매력적인 음식으로 발전했다. 게살 수프에 아스파라거스를 넣고 느억맘(베트남의 魚醬)으로 간을 한 게살아스파라거스 수프는 토착 문화와 중국 문화, 프랑스 문화의 융화를 잘 보여준다.

1. 베트남 음식문화의 형성 배경

1) 긴 국토와 해안선

인도차이나 반도의 동부에 위치한 베트남은 중국, 라오스, 캄보디아와 국경을 맞대고 S자 모양으로 길게 뻗어 있다. 남북의 총 길이가 1,600km에 달하여 남북 간의 기후 차가 뚜렷하다. 북부는 우기의 여름(5~10월, 평균기온 24~33℃)과 건기의 겨울(11~4월, 평균기온 16~23℃)이 있는 반면, 남부는 연중 무덥다.

북부의 홍강 유역과 남부의 메콩강 유역은 쌀의 주산지로, 쌀은 베트남인들의 주식이자 베트남 경제의 버팀목이다**. 쌀로 쌀국수, 반짱(라이스페이퍼 rice paper), 쌀가루(고소한 맛을 내는 양념으로 이용함), 쌀식초 등 온갖 음식을 만든다. 찹쌀로는 떡이나 쏘이xoi(찹쌀에 콩, 닭고기 등을 넣고 뭉친 주먹밥)를 만든다.

* 고기, 생선, 채소 등을 갈아 파이 반죽으로 감싸거나 혹은 틀에 넣어 구운 것이다.
** 2020년 베트남의 쌀 수출량은 1.4billion 달러로 인도, 태국, 미국에 이어 세계 4위다.

퍼보(쇠고기 쌀국수)

라이스페이퍼와 월남쌈

쏘이

남부 지방에서는 열대과일과 채소가 연중 생산되며, 긴 해안선을 따라 해산물도 풍부하다. 게, 새우, 오징어, 대합, 뱀장어, 조개류 등 각종 해산물은 베트남인들의 주요 단백질 급원이다. 내륙에는 약 2,860개의 강이 있어서 민물고기도 흔하다.

어패류보다는 이용이 적지만 각종 육류도 다양하게 이용된다. 돼지고기, 닭고기가 대중적이고 오리고기도 즐겨 먹는다. 목축할 땅이 적어 쇠고기는 비싼 편이다. 북부에서는 개고기도 즐겨 먹으며 요리법도 다양하다. 뱀, 거북이, 곰, 원숭이, 박쥐, 쥐 등의 야생 동물과 각종 곤충도 식용된다.

쌀과 어패류, 채소, 열대과일이 어우러진 베트남 음식은 '웰빙 푸드'로 세계적으로 각광받고 있다.

2) 중국과 인도의 영향

베트남은 지정학적 위치와 남북으로 긴 지형으로 인해 남북 간에 문화 차가 크다. 북부는 중국의 영향을 크게 받은 반면, 남부는 캄보디아, 라오스, 태국, 그리고 이들 나라를 통해 인도 문화의 영향을 많이 받았다. 종교도 북부 지방은 대승불교와 유교, 도교가 혼합된 형태인 반면, 남부 지방은 힌두교와 상좌불교(소승불교의 일파)가 대세를 이룬다.

북부에서는 중국에서처럼 기름에 볶는 음식과 죽, 국이 발달했고 향신료도 많이 쓰지 않는다. 반면 남부에서는 고추와 향신료를 많이 사용한다. 베트남 음식은 태국 음식과 식재료가 비슷하지만 태국 음식처럼 맵거나 스파이시하지 않다.

인도 음식이 전파되어 커리도 즐겨 먹는다. 커리는 밥, 반미banh mi(베트남식 바게트), 분bun(단면이 둥근 가느다란 쌀국수) 등과 먹는다.

2. 베트남 음식의 특징

- 생선을 발효시킨 느억맘(어장)을 기본 조미료로 사용한다. 느억쩜nuoc cham 은 느억맘에 레몬즙, 라임즙, 식초 등의 산미료와 설탕, 다진 마늘, 고추 등을 넣어 만든 양념장으로 각종 음식을 느억쩜에 찍어 먹는다.
- 거의 모든 음식에 고수가 들어가며, 고수가 없으면 음식을 만들지 못할 정도다.
- 밥상에는 신선한 라임 조각이 빠지지 않는데, 라임즙을 음식에 짜 넣으면 잡내가 사라지고 상큼한 신맛과 향기가 난다.

공심채볶음

- 베트남요리에서는 향이나 맛 못지않게 '씹는 맛'을 중시한다. 이를 위해 질감이 대비되는 재료를 함께 사용한다. 다진 땅콩을 부드러운 쌀국수 위에 뿌리거나, 아삭한 샐러드를 바삭한 새우칩에 담아 식감의 변화를 꾀한다. 공심채(줄기 속이 대나무처럼 비어 있는 메꽃과의 잎채소)와 숙주를 즐겨 사용하는 것도 씹는 맛이 좋기 때문이다.
- 생채소를 많이 먹는다. 동남아시아의 다른 지역에서는 오이를 제외한 다른 채소들을 전부 익혀 먹는 것과는 대조적이다. 연중 신선한 채소를 구할 수 있으므로 김치, 장아찌 같은 채소 발효 식품은 발달하지 않았다.
- 쌈과 숯불 구이를 즐겨 먹는 점도 우리와 비슷하다. 우리나라에서는 상추에 고기와 밥을 싸 먹는데, 베트남에서는 라이스페이퍼에 고기, 해산물, 반쎄오(쌀가루와 녹두가루로 만든 부침개), 채소 등을 싸 먹는다.
- 식단을 구성할 때 음양의 조화를 고려한다. 이를테면 짠 음식은 양이고 단

음식과 신 음식은 음에 해당한다. 신맛의 과일에 소금을 뿌려 먹으면 음양의 조화가 맞는다고 생각한다.

- 베트남 음식은 중국의 영향을 많이 받았지만 중국 음식보다 담백하다. 요리에 기름을 적게 쓰고, 돼지기름보다는 식물성 기름을 많이 사용하고 진한 소스를 많이 쓰지 않기 때문이다.

3. 대표 음식

퍼pho 납작한 모양의 쌀면(이것도 퍼라고 함)에 육수를 붓고 고명을 얹은 음식으로 베트남 사람들이 가장 즐겨 먹는 주식의 하나다. 소뼈, 돼지뼈, 닭뼈를 푹 고아 만든 육수를 쌀면 위에 붓고 숙주, 타이바질, 고수, 라임, 다진 고추를 따로 내서 취향에 맞게 넣어 먹는다. '어떤 뼈를 우려냈느냐'와 '어떤 고기를 얹느냐'에 따라 종류가 나뉜다. 쇠고기를 얹으면 퍼보pho bo, 닭고기를 얹으면 퍼가pho ga이다. '보'는 쇠고기, '가'는 닭고기를 뜻한다.

퍼의 기원

쌀국수 '퍼'는 베트남을 대표하는 음식으로 알려져 있다. 하지만 그 기원에 대해서는 의견이 분분하다. 광둥지방에서 온 화교들이 베트남에 쌀면을 전했다는 주장이 있는가 하면, 퍼에 들어가는 육수는 프랑스 식민지 시기에 프랑스의 육수 조리법에서 나온 것이라는 주장도 있다. 이 같은 외부 전래설과는 달리, 베트남 북부 도시인 남딘(하노이 남동쪽 90km에 위치한 농산물 집산지)에서 개발되어 베트남 전역으로 퍼졌다는 주장도 있다.

퍼

퍼가 전 세계에 알려진 계기는 1970년대에 베트남 난민들이 미국 등 서구에 정착하면서부터다. 베트남 전쟁에 참전했던 미군들도 미국 사회에 쌀국수를 알린 일등 공신이었다. 퍼를 전문으로 하는 체인 레스토랑이 전 세계로 퍼지면서 퍼는 글로벌 푸드로 등극하게 되었다.

분

분bun은 단면이 둥글고 굵기가 가는 쌀면으로 분에 육수를 부어 먹기도 하고, 구운 고기 등을 얹어 느억쩜을 뿌려 먹기도 한다.

분보후에bun bo hue '후에식(hue) 쇠고기(bo) 쌀국수(bun)'라는 뜻으로 베트남 중부 후에 지방*의 전통 음식이다. 분에 숙주나물, 바나나꽃 등의 채소와 허브(타이바질·민트), 쇠고기 고명을 얹고 레몬그라스·고추기름·느억맘 등으로 맛을 낸 얼큰한 쇠고기 육수를 부어 낸 것이다. 돼지 선지, 족발, 돼지 소시지를 넣기도 한다.

분짜bun cha 새콤달콤하게 맛을 낸 차가운 느억맘 국물에 분bun과 숯불에 구워 낸 돼지고기를 적셔 먹는 음식이다. 숙주, 신선한 허브, 짜조 등을 곁들여 먹는다.

짜조cha gio 라이스페이퍼에 잘게 다진 돼지고기, 새우, 각종 채소 등을 넣고 돌돌 말아 기름에 튀긴 것으로 베트남 사람들이 쌀국수, 고이쿠온(월남쌈)과 더불어 가장 즐겨 먹는 음식이다.

껌com '껌'은 쌀밥을 말한다. 껌 위에 고기나 해산물 등의 토핑을 얹으면 간단한 식사가 된다. 느억맘을 조금씩 뿌려 가며 먹는다. 쇠고기를 얹으면 껌보com bo, 닭고기를 얹으면 껌가com ga라고 한다.

분보후에

분짜

껌가

* 후에 지방은 베트남 마지막 왕조의 수도로 장식성이 뛰어나고 세련된 왕실 요리로 유명하다.

반미banh mi 베트남식 바게트로 프랑스의 식민 지배가 남긴 음식이다. 밀가루로 만드는 프랑스식 바게트와는 달리 반미는 밀가루로 만들거나 밀가루와 쌀가루를 섞어서 만든다. 반미는 보통 샌드위치로 먹는데 채 썬 당근, 피클, 오이, 파테, 마요네즈, 고기 등을 넣고 느억맘을 뿌린다. 닭고기, 오믈렛, 돼지 껍질, 미트볼 등을 넣기도 한다. 반미를 연유에 찍어 먹거나 커리 혹은 스튜랑 먹기도 한다.

베트남 음식 중에는 '반banh'자가 붙은 것이 많다. 빵, 찐빵, 샌드위치, 케이크, 쌀피, 만두, 떡, 전병 등 쌀가루, 밀가루 등의 곡분이나 곡식으로 만든 음식을 '반'이라고 두루 일컫는다.

고이쿠온goi cuon 한국에서 월남쌈이라 불리는 음식이다. 라이스페이퍼(반짱)를 뜨거운 물에 담가 부드럽게 하여 고기, 새우, 숙주, 생채소, 가는 쌀국수 등을 넣고 돌돌 말아서 느억맘이나 느억쩜에 찍어 먹는다. 한국에서는 월남쌈을 애피타이저로 먹지만, 베트남에서는 든든한 한 끼 식사가 된다.

라이스페이퍼는 쌀을 곱게 갈아 묽은 반죽을 만들어 팬에 얇게 부쳐 발에 널어 말린 것으로, 더운 물에 10~20초만 담그면 금방 부드러워진다.

고이쿠온을 기름에 튀기면 짜조가 된다. 짜조는 베트남 북부 지방의 전통 음식으로 가족 행사나 명절, 손님 접대 시 빠지지 않는다.

반쎄오banh xeo 쌀가루에 울금(커리에 들어가는 노란색이 나는 향신료)과 코코넛밀크를 넣고 묽은 반죽을 만들어 팬에 얇게 부쳐서, 익힌 돼지고기, 새우, 숙주 등을 넣고 반으로 접은 것이다. 반쎄오를 손으로 뜯어 채소와 허브에 싸서 느억쩜에 찍어 먹는다.

고이쿠온

반쎄오

고이응오센과 반뽕똠

고이응오센goi ngo sen 새우, 고기, 당근, 오이, 연꽃 줄기, 레몬즙 등을 버무려 다진 땅콩을 얹은 샐러드이다. 아삭하게 씹히는 맛과 매콤새콤한 맛이 입맛을 당긴다. 반뽕똠banh phong tom이라는 바삭한 새우칩에 얹어 먹기도 한다.

반꾸온banh cuon 쌀가루를 물로 반죽하여 찜기에 얇게 펴서 익힌 다음, 볶은 돼지고기와 버섯 등을 넣고 돌돌 말아낸 것이다. 오이, 숙주, 허브(타이바질·민트·고수 등)를 고명으로 얹어 베트남식 소시지와 느억쩜을 곁들여 낸다. 아침 식사로 즐겨 먹는다. '꾸온cuon'은 한자 '卷(말 권)'에서 나온 말로, 반꾸온은 '쌀반죽 말이'라는 뜻이다.

고이가goi ga 닭살과 양배추로 만든 샐러드이다. 양배추의 아삭한 질감이 고기의 쫄깃한 질감과 대비를 이룬다.

4. 식사의 구성과 음료

1) 식사의 구성

베트남의 전형적인 식사는 쌀밥에 채소국, 생선·고기·계란 등으로 만든 요리와 채소 요리를 곁들이는 것이다. 느억맘과 느억쩜은 밥상에 늘 오른다. 밥에는 꼭 국이 따라 나온다. 잔치나 특별한 날에는 공들인 국을 낸다.

쌀밥, 채소국, 생선구이가 차려진 베트남의 점심 식사

베트남 사람들은 하루를 일찍 시작한다. 아침은 보통 6~7시에 먹는데 죽이나 쏘이(찹쌀밥), 쌀국수를 먹거나 길거리에서 파는 반미 샌드위치, 혹은 반미와 쇠고기 스튜를 먹기도 한다. 점심은 농촌에서는 집에 가서 가족과 함께 먹지만, 도시에서는 직장 근처의 식당에서 먹거나 도시락을 싸오기도 한다. 저녁 식사는 가족과 함께 하며 쌀밥에 국, 생선이나 고기 요리, 채소 요리를 차린다.

후식은 주로 과일을 먹으며, 식당에서는 커스터드크림이 즐겨 나온다. 아이스크림, 과자, 케이크, 바나나튀김, 설탕에 절인 건과, 연실 등도 후식이나 간식으로 인기 있다.

잔치나 연회 때는 평소에 먹기 힘든 음식들을 공들여 차린다. 음식을 낼 때도 한번에 다 내지 않고 몇 개의 코스로 나눠 낸다. 첫 번째 코스는 전채와 음료를 내고, 그 다음에는 수프와 주요리, 그리고 정성 들여 지은 밥이 나온다.

2) 음료

베트남 사람들은 차를 즐긴다. 하루 중 어느 때고 차를 마시며, 식사 중에도 차를 마신다. 손님에게도 차를 대접하며 환대를 표한다.

녹차를 가장 선호하는데, 녹차는 몸을 식혀주는 효과가 있어 무더운 기후에 제격이다. 홍차나 녹차에 허브나 국화·재스민·연꽃 등을 섞은 화차도 즐겨 마신다. 생수, 사탕수수즙, 코코넛주스, 과일주스도 대중적이다.

프랑스 식민 지배 시기에 고원 지대에 대규모 커피 농장이 개발되면서 커피도 대중적인 음료가 되었다. 베트남은 인도네시아에 이어 아시아 2위의 커피 수출국이다. 드립 커피에 연유를 듬뿍 넣은 베트남식 카페오레와 아이스커피를 많이 마신다.

베트남 드립 커피
아이스커피로도 마실 수 있게
얼음과 함께 나온다.

노점에서 파는 쩨che도 빼놓을 수 없다. 빙수, 버블티, 화채 등 단맛이 나는 냉음료류를 통틀어 쩨라고 하는데 종류가 매우 다양하다.

날씨가 덥다 보니 술 중에서는 맥주를 가장 즐겨 마신다. 베트남 현지에서 생산되는 맥주의 종류만도 20종이 넘는다. 거리의 카페에서 커피나 맥주를 마시며 담소하는 풍경은 베트남의 일상이다.

결혼식이나 축제 때는 찹쌀로 빚은 한국의 청주와 유사한 맑은 술을 마신다. 농촌에서는 찹쌀을 쪄서 효모와 설탕, 밀가루를 섞어 발효시킨 우리의 막걸리와 비슷한 술을 마신다.

FOOD TALK TALK

베트남의 차 문화

베트남은 2,000년 전부터 차를 생산해 온 세계에서 가장 오래된 차 생산국 중 하나이다. 차를 빼고 베트남의 문화를 얘기할 수 없을 정도로 차는 베트남인들의 삶에 깊이 자리하고 있다. 공기나 물을 마시듯 차를 마신다고나 할까? 일본의 다도처럼 까다로운 격식을 차리지 않고 편안하게 차를 즐긴다.

　차는 특히 농촌 지역의 삶에서 빼놓을 수 없다. 마을 사람들이 동네 어귀에 삼삼오오 둘러 앉아 차를 마시며 담소를 나누는 모습은 베트남 농촌의 전형적인 풍경이다. 차 고유의 쌉싸름한 맛과 향을 즐기는 베트남 사람들은 찻잎을 따서 덖거나 찌지 않고 그대로 더운 물에 우리거나 끓여서 마신다. 차에 우유나 설탕을 넣지 않고 그대로 마신다.

베트남 북부 목쩌우 고원의 차밭

베트남의 전통 다과
차와 함께 렌틸콩으로 만든 과자를 낸다.

5. 식사 예절

베트남의 식사 예절은 다른 아시아 지역과 공통점이 많으며, 연장자를 높이는 유교식 예절이 생활화되어 있다.

- 밥은 개인별로 담고 나머지 음식은 식탁의 가운데에 두고 먹고 싶은 대로 덜어서 먹는다. 여럿이 회식을 할 때는 밥이 공동으로 담겨 나오기도 한다. 이럴 때는 다른 사람에게 음식을 덜어 주는 것이 매너다.
- 젓가락과 숟가락으로 식사를 한다. 식사 중에는 젓가락을 그릇 옆에 가지런히 놓아둔다. 그릇에 젓가락을 꽂아 두면 안 된다. 제사상을 연상시키고 음식이 쏟아질 수 있기 때문이다.

- 밥은 남기지 않고 다 먹는 것이 예의다. 농사부터 시작해서 밥이 되기까지 기울인 노력을 무시하는 행동이 될 수 있어서이다. 공동으로 차린 요리와 반찬은 약간 남기는 것이 배부르다는 것을 나타내는 공손한 표현이 된다.
- 유교식 예절에 따라 연장자가 자리에 먼저 앉고 나머지 사람들은 나이순에 따라 자리가 정해진다. 제일 윗사람이 음식을 덜어 자기 그릇에 담으면 식사가 시작된다. 손님을 초대했을 때는 주인이 음식을 덜어 손님의 접시에 담아준다.
- 식당에서 회식을 할 때는 각자 음식을 주문해서 먹기보다는 공동으로 여러 가지 음식을 주문해서 나눠 먹는 것을 선호한다.
- 팁 문화가 있다. 계산은 보통 카운터에서 하지 않고 직원이 테이블로 와서 계산을 도와준다. 계산서에 팁이 적혀 있지 않으면 팁으로 1만~2만 동(1만 동은 한화로 570원 정도)을 내면 된다. 고급 식당에서는 계산서에 음식 가격 외에 10%의 VAT와 5%의 서비스료(팁)가 찍혀 나온다.

INDONESIA

인도네시아의 음식문화

- **면적** 1,919,440㎢
- **인구** 279,134,505(2022년)
- **수도** 자카르타
- **종족** 자바인(45%), 순다인(14%), 마두루인(7.5%), 말레이인(7.5%) 등
- **공용어** 인도네시아어(Bahasa Indonesia) 외 700개 이상의 지역어
- **종교** 이슬람교(88%), 개신교(5%), 가톨릭(3%), 힌두교(2%)
- **1인당 명목 GDP(US 달러)** 4,691(2021년)

인도네시아는 인도 동쪽에 펼쳐진 1만 3,667개의 섬으로 구성된 세계 최대의 도서 국가이자 세계 4위의 인구 대국이다. 전형적인 다인종·다종교 국가로 자바족, 순다족을 비롯해 300여 종족이 살고 있다. 종교도 이슬람교를 비롯해 힌두교, 불교, 기독교, 토속 신앙 등이 공존한다.

인도네시아는 동서를 잇는 해상 교통의 요지에 위치한 데다가 향신료와 천연자원이 풍부하여 예로부터 국제 교역의 중심지로서 문화와 인종의 교류와 이동이 활발했다. 이 과정에서 동서양의 다양한 문화가 전파되어 인도네시아의 종교·사회·문화에 지대한 영향을 미쳤다. 1세기경 인도와 교역을 시작하며 힌두교, 불교 등이 전래되었고, 송나라 말기인 12세기부터는 화교들이 진출하면서 중국 문화도 본격적으로 들어왔다. 13세기에는 아랍 상인들이 향신료 무역에 적극 참여하면서 인도네시아에 이슬람 왕국을 세우고 이슬람교를 전파했다. 현재 인도네시아는 신도 수로 볼 때 세계 최대의 이슬람 국가다.

15세기 이후 대항해 시대에는 포르투갈·스페인·영국·네덜란드 등 서구 열강의 각축장이 되었고, 이 중 네덜란드는 동인도회사를 설립해 인도네시아를 350년 이상 지배했다. 이 시기 스페인과 포르투갈 사람들을 통해 고추·땅콩·카사바 등 아메리카의 식재료들이 전해져 인도네시아요리의 필수 재료가 되었다.

인도네시아의 음식문화는 이슬람 문화가 지배적인 가운데 인도 문화(커리), 중국 문화(면류·만두류·볶음류), 유럽 문화(디저트류), 토착 문화가 뒤섞여 있다.

1. 인도네시아 음식문화의 형성 배경

1) 향신료의 주산지

인도네시아의 국토는 동서로 5,200km, 남북으로 1,900km에 걸쳐 적도상에 길게 뻗어 있다. 기후는 우기(5~10월)와 건기(11~4월)가 있는 열대 몬순 기후로 고산 지대를 제외하고 전국이 연중 고온다습하다.

400개가 넘는 화산이 만든 비옥한 화산재 토양으로 일찍이 농경 문화가 발달했고 많은 향신료의 기원지이기도 하다.

인도네시아 동쪽 끝에 있는 몰루카Molucca 제도(말루쿠Maluku 제도라고도 함)는 밀림에 뒤덮인 화산 지대로, 예로부터 '향신료의 섬spice island'이라 불렸다. 정향과 육두구는 이곳이 원산지로 세계적으로 독점 생산되고 있다. 고대에 이미 인도(후추, 강황, 레몬그라스, 샬롯, 계피, 고수씨, 타마린드 등)와 중

| 정향 | 육두구 | 고수씨 | 타마린드 |

국(생강, 실파, 마늘 등)으로부터 다양한 향신료가 들어와 재배되었다. 향신료가 풍부한 환경은 음식에 향신료를 듬뿍 넣는 식문화를 만들어냈다.

2) 이슬람의 영향

인도네시아는 인구수로 볼 때 세계 최대 이슬람 국가다. 2020년 기준 총 인구 2억 7,352만 명 중 약 88%가 무슬림이다. 무슬림들은 이슬람 율법에 따라 할랄은 먹을 수 있으나 하람은 금지된다(3장 종교와 식철학 참조). 식당 메뉴판에는 '할랄'이라는 표시를 해두고, 식품 포장지에도 'Dijamin Halal(할랄 보증)' 혹은 '100% Halal'이라고 표기한다. 이는 "그 음식에 돼지고기와 돼지기름이 포함되지 않았고 할랄 의식을 거쳐 도살한 고기"라는 뜻이다.

무슬림들은 이슬람력으로 9월 한 달 동안 라마단 단식을 한다. 해가 뜨는 5시경부터 해가 지는 18시까지 물을 포함한 어떤 음식도 먹지 않는다. 금식을 해제하는 사이렌이 울리면 그때부터 꿀맛 같은 식사를 할 수 있다. 대추야자, 콜락피상kolak pisang*, 등을 먹는데 지역별로 라마단 별미 음식이 있다. 발리의 무슬림들에게는 암소의 가슴고기를 꼬치에 꿰어 구운 사테수수sate susu가 이프타르의 필수 음식이다.

라마단이 끝나면 금식의 종료와 새로 태어남을 다짐하는 성대한 축제를 여는데 이를 르바란(중동에서는 '이들 피트르'라고 함)이라고 한다. 르바란 이틀간은 가족들이 모여 즐거운 시간을 보내며 끄뚜빳ketupat을 나눠 먹는다. 자바에서는 염소를 희생하여 알라에게 바치고 그 고기로 굴라이깜빙gulai

* 익혀 먹는 바나나인 피상라자(pisang raja)에 코코넛밀크와 코코넛슈가를 넣고 끓인 것으로 단맛이 강하다. 판단(pandan)이라는 나뭇잎을 넣어 향을 낸다.

끄뚜빳에 담긴 의미

끄뚜빳은 코코넛 잎을 엮어 만든 망에 쌀을 넣어 떡처럼 찐 것이다. 인도네시아인들은 명절이나 르바란 축제 때 끄뚜빳에 반찬을 곁들여 먹는다.

끄뚜빳은 '잘못을 인정하다'라는 뜻의 자바어 '꾸빳(kupat)'에서 나왔다. 이름부터가 르바란의 의미와 일맥상통한다. 끄 뚜빳을 감싼 녹색의 야자 잎은 '사람이 살면서 저지르는 죄'를 상징한다. 야자 잎을 벗기면 하얀 쌀떡이 나오는데 이는 '순수

끄뚜빳

함'을 뜻한다. 즉 죄를 씻고 순수함으로 돌아간다는 의미가 담겨 있다. 인도네시아 사람들은 끄뚜빳을 나눠 먹으며 르바란의 의미를 되새긴다.

론똥(lontong)은 끄뚜빳과 비슷한 음식인데 코코넛 잎 대신 바나나 잎을 갸름한 원통형으로 말아 찐 다. 명절에는 끄뚜빳을 먹고 평소에는 론똥을 먹는다.

kambing(염소고기로 만든 커리)을 만들어 먹는다.

인도네시아 무슬림들이 가장 선호하는 육류는 염소고기다. 이슬람의 본향인 아랍에서는 양고기를 많이 먹지만, 기후적으로 양 사육이 어려운 인도네시아에서는 양 대신 염소를 키워 희생 제물로 쓴다. 염소고기 다음으로는 닭고기, 쇠고기의 순으로 선호된다.

3) 이민족의 영향

말레이반도 남부와 인도네시아 수마트라섬 사이에 위치한 말라카Malacca 해협(믈라카Melaka 해협이라고도 함)은 동서의 바닷길을 잇는 해상 실크로드의 요충지였다. 이 바닷길을 통해 여러 민족이 드나들면서 인도네시아의 종교·사회·문화에 지대한 영향을 미쳤다. 인도인, 아랍인, 중국인, 유럽인들이 들여온 음식문화는 인도네시아의 음식에 막대한 영향을 미쳤고, 토착 문화와 결합하여 다양한 지역 요리를 낳았다.

인도와 아랍 무슬림들의 영향을 받은 수마트라와 자바 해안에서는 염소고기와 쇠고기를, 중국 화교들이 많은 자카르타와 자바(수라바야, 카리만탄

등)에서는 오리고기와 돼지고기를, 힌두교도들이 많은 발리에서는 닭고기와 생선이 선호된다.

한편 인도네시아의 음식은 이웃한 말레이시아, 싱가포르, 태국, 오세아니아의 섬 지역(미크로네시아, 멜라네시아), 오키나와의 류큐 왕국 등으로 전해져 이들 나라 음식에 영향을 주기도 했다. 특히 말레이시아는 지리적으로 가깝고 아랍인들에 의해 비슷한 시기에 이슬람화가 이루어졌기 때문에 인도네시아와 공통적으로 먹는 음식이 많다.

인도네시아를 지배했던 네덜란드에도 인도네시아 음식이 널리 알려져 있다. '레이스타펄Rijsttafel(네덜란드어로 'rice table'이라는 뜻)'은 네덜란드인들이 인도네시아 음식을 본국으로 들여가 유럽식으로 변형시킨 요리를 말한다.

(1) 인도인과 아랍 무슬림의 영향

인도인들은 고대부터 인도네시아로 대거 이주하여 7세기부터 16세기 중반까지 여러 왕조를 세우며 번영을 누렸다. 이들을 통해 인도 음식(커리, 로티, 비리야니 등)이 인도네시아로 전해져 인도네시아 식문화에 큰 영향을 주었다.

인도 음식의 영향을 받아 개발된 음식으로는 수마트라에서 나온 굴라이gulai가 대표적이다. 굴라이는 쉽게 말해 인도네시아식 커리다. 향이 진한 향신료(강황, 고수씨, 후추, 고량강, 생강, 고추, 샬롯, 마늘, 패널, 레몬그라스, 계피 등)를 돌절구에 찧어 되직한 페이스트로 만들어 고추, 코코넛밀크, 주재료와 함께 약한 불에서 뭉근히 끓인 것이다. 향신료의 향이 푹 배서 맛이 진하고, 강황tumeric(커리가루에 들어가는 향신료의 하나로 울금이라고도 부름)이 들어가므로 노란색이 난다. 어떤 재료로 만들었는지에 따라 염소고기면 '굴라이깜빙', 닭고기면 '굴라이아얌' 하는 식으로 이름을 붙인다.

굴라이는 보통 밥이랑 먹으며, 염소고기나 양고기로 만든 것은 로티 차나이roti canai(인도계 이민자들이 들여온 빵으로, 팬에 기름을 두르고 둥글납작하게 구워 커리에 찍어 먹음)와 먹기도 한다.

인도네시아의 국민 음식으로 통하는 사떼satay(숯불 꼬치구이)는 19세기 초

굴라이깜빙

로티 차나이

사떼

에 인도와 아랍의 무슬림들이 자바섬으로 대거 이주해 왔을 때 자바의 노점 상들이 무슬림들이 먹는 케밥에서 힌트를 얻어 개발한 것으로 알려져 있다.

(2) 화교의 영향

화교들이 많이 진출한 자바의 음식에는 중국의 영향이 녹아든 것이 많다. 박미bakmi(밀국수), 박소bakso(어묵 완자), 박빠우bakpau(찐빵), 나시고렝nasi goreng(볶음밥), 미고렝mi goreng(볶음면), 룸삐아lumpia(춘권), 소또soto(국류) 등은 중국에서 전해졌지만 현지에 완전히 동화되어 인도네시아 음식이 되었다.

계란프라이, 사떼, 끄루뿍(새우칩)을
곁들인 나시고렝

　인도네시아에서는 기름에 볶거나 튀기는 조리법을 즐겨 사용하는데 이를 고렝goreng이라고 한다. 나시고렝은 볶음밥, 아얌고렝은 닭튀김을 말한다.

(3) 네덜란드인의 영향

네덜란드인들은 빵, 버터, 치즈, 햄, 샌드위치, 스테이크, 네덜란드식 팬케이크, 잼 등의 서양 음식을 들여왔다. 이 음식들은 동인도회사의 상류층이 먹는 음식으로 여겨졌고, 인도네시아의 지식인과 상류층이 받아들이면서 인도네시아 문화 속으로 깊숙이 들어왔다.

비스띡자와

　그 후 인도네시아의 식재료와 조리법이 가미된 서양 요리들이 줄줄이 나오게 되었는데, 비스띡자와bistik jawa(자바식 스테이크), 스무르semur(고기, 간 등으로 끓인 스튜), 숩분뜻sop buntut(쇠꼬리로 끓인 수프) 등이 있다.

입맛대로 골라 먹는 빠당 식당

인도네시아의 미식을 언급할 때 빠지지 않는 것이 빠당(padang)요리다. 빠당은 서부 수마트라의 주도로 이곳에서 빠당요리가 나왔다. 현재는 수마트라섬뿐만 아니라 인도네시아 도처에 빠당요리 전문점이 있다.

빠당요리는 렘파를 기초로 한 진하고 스파이시한 맛이 특징이다. 서부 수마트라의 미낭카바우 지역에 사는 미낭카바우족의 전통 음식인데 빠당 식당을 통해 널리 알려졌다.

빠당 식당에서는 따로 주문을 받지 않고, 손님이 자리에 앉으면 미리 만들어 둔 10여 가지의 요리를 작은 접시에 담아 바로 내온다. 요리가 다 나오면 쌀밥을 담은 접시가 나온다. 나온 요리 중에서 먹고 싶은 것만 골라 밥과 함께 먹는다. 손을 안댄 음식은 도로 가져가므로 먹은 것만 계산하면 된다.

인도네시아에는 여러 종교가 공존하고 종교별로 금기 음식도 다르다. 인종에 따라 입맛도 가지각색이다. 빠당요리는 눈으로 음식을 확인한 후 원하는 것을 골라 먹는 방식이라서 고객들의 다양한 취향을 효과적으로 만족시킬 수 있다. 음식이 나올 때까지 기다릴 필요가 없으므로 배고픈 사람에게도 제격이다. 대표 메뉴는 굴라이와 른당*(렘파로 맛을 낸 고기조림)이다.

빠당 식당   른당

2. 인도네시아 음식의 특징

• 기후가 덥고 습해 음식이 상하기 쉬우므로 보존성을 최대한 높이기 위해 기름에 바싹 튀기거나 향신료를 듬뿍 넣는다. 고추를 비롯한 여러 향신료를 절구에 찧어 만든 렘파rempah는 인도네시아요리의 핵심 양념이다. 렘파는 고추, 마늘, 샬롯을 기본으로 강황, 고량강, 레몬그라스, 타마린드, 어류,

* 2011년 〈CNN International〉은 전 세계 35,000명을 대상으로 온라인 투표를 통해 '세상에서 가장 맛있는 음식 베스트 50'을 선정 발표했다. 이 중 인도네시아요리가 3개나 뽑혔는데, 른당이 1위, 나시고렝이 2위, 사떼가 14위를 차지했다.

젓갈 등을 섞어 절구에 찧어 되직한 페이스트로 만든 것이다. 흔히 '인도네시아식 커리 페이스트'라고 부른다. 기름 두른 팬에 렘파를 넣고 약한 불에서 천천히 볶아 향이 어우러지게 한 다음 원하는 재료를 넣어 익히면 맛있는 요리가 된다.

- 동남아시아에서는 대부분 짠맛을 내기 위해 어장을 사용하는데, 인도네시아에서는 어장보다 간장을 많이 쓴다. 케찹마니스kecap manis는 흑대두를 발효시켜 야자 설탕과 여러 향신료를 넣은 단간장甘醬으로 나시고렝(볶음밥), 사떼(꼬치구이) 등 온갖 요리에 들어간다.

- 코코넛밀크도 즐겨 사용된다. 굴라이(인도네시아식 커리), 른당(고기조림), 소또(국), 각종 디저트 등 인도네시아를 대표하는 음식에는 코코넛밀크가 빠지지 않는다. 인도네시아 음식에는 렘파의 스파이시한 맛, 코코넛밀크의 향, 케찹마니스의 달착한 맛이 어우러져 있다.

- 음식의 색이 화려하다. 밥도 강황이나 꽃으로 물들이고, 색색의 열대 과채류를 요리에 사용하기 때문이다.

- 땅콩을 즐겨 사용한다. 사떼를 땅콩소스에 찍어 먹고, 가도가도gado gado를 땅콩소스에 버무리는 등 인도네시아를 대표하는 요리에는 거의 모두 땅콩(혹은 땅콩소스)이 들어간다. 가장 많이 쓰이는 기름도 땅콩기름이다.

3. 대표 음식

나시nasi 쌀밥을 말하며, 어떻게 지은 밥인가에 따라 '나시' 뒤에 설명을 붙인다.
나시푸티nasi putih 흰쌀밥을 말한다.
나시고렝nasi goreng 고렝은 볶거나 튀긴 것을 말한다. 인도네시아에는 '고렝'이 붙은 음식이 많다. 나시고렝은 볶음밥이다. 케찹마니스(인도네시아의 단간장)가 들어가서 약간 달짝지근하고, 향신료와 매운맛이 강하지 않아 먹기 좋다.

나시케라부 나시짬뿌르 나시뚬뼁

계란프라이나 사떼(꼬치구이), 끄루뿍(새우칩)을 곁들인다.

나시케라부nasi kerabu 꽃잎으로 파랗게 물들인 밥으로 손님 접대용으로 낸다.

나시짬뿌르nasi campur 쌀밥과 몇 가지 사이드 디시를 한 접시에 담아 먹는 음식을 말한다. 인도네시아어로 짬뿌르는 '섞다'라는 뜻이다. 식당에서는 여러 음식을 준비해 놓고 손님이 자기 취향대로 골라 담을 수 있게 한다. 나시짬뿌르를 바나나 잎에 포장해 주는 것은 나시붕쿠스nasi bungkus다.

나시뚬뼁nasi tumpeng 코코넛밥(강황을 넣어 노란색을 내기도 함)이나 흰쌀밥을 고깔 모양 대나무 통에 넣어 원뿔 모양으로 만든 다음, 커다란 대나무 채반에 올리고 윗부분을 바나나 잎으로 감싸 여러 가지 음식을 둘러 내는 요리다. 인도네시아인들은 통과 의례(출생·결혼·사망) 때나 이슬람교의 기념일 등에 축연을 열고 나시뚬뼁을 만들어 나눠 먹는다. 2014년, 인도네시아 관광창조경제부는 나시뚬뼁을 인도네시아의 국민 음식으로 선정했다. 인도네시아의 다양한 요리 전통을 하나로 묶는 대표 음식으로 보았기 때문이다.

미mi 면류를 말한다. 면류는 빈부와 인종, 종교에 관계없이 모두가 즐기는 음식이다. 면을 삶아 미지근하게 식힌 국물을 부어 먹는데, 닭고기를 넣은 미아얌mi ayam이 가장 대중적이다. 미고렝mi goreng은 볶음면으로 삼발을 넣어 매콤하게 먹기도 한다.

삼발sambal 여러 종류의 고추에 샬롯, 마늘 등을 넣어 갈아 만든 소스이자 양념이다. 매운 고추를 기본으로 하여 새우 페이스트, 어장, 마늘, 생강, 샬롯, 야자 설탕, 라임즙 등을 넣어 만든다. 넣는 재료에 따라 여러 종류가 있다. 전

삼발   소또아얌   구라메고렝

통적으로는 돌절구에 재료를 찧어 만든다. 나시고렝(볶음밥), 아얌고렝(닭튀김), 사떼, 각종 수프 등에 넣어 먹거나 찍어 먹는다. 삼발이 없는 인도네시아인의 밥상을 상상하기 어려울 만큼 매끼 식사에 올라온다. 인도네시아에서는 피자집에서도 핫소스 대신 삼발을 내준다. 인도네시아의 전통 소스인데 말레이시아, 싱가포르 등 인근 동남아시아 지역에서도 즐겨 먹는다.

끄루뿍kurupuk 타피오카 전분에 새우나 생선 분말을 넣어 짭짤하게 튀긴 칩으로 나시고렝이나 미고렝 위에 얹어 나온다. 우리나라의 알새우칩과 거의 비슷한 맛인데 인도네시아에서는 반찬으로 먹는다.

름뻬엑rempeyek 끄루뿍과 비슷한데 땅콩, 새우 등을 밀가루 반죽에 섞어 둥글고 바삭하게 튀긴 칩이다.

소또soto 맑은 육수에 고기, 채소, 향신료 등을 넣어 끓인 국(수프)이다. 쌀밥에 소또 한 그릇이면 간단한 식사가 된다. 소또아얌은 닭고기를 넣어 끓인 수프로 맛이 부드러워 한국의 된장국처럼 컴포트 푸드comfort food(마음을 편하게 하는 음식)로 통한다.

사떼sate 숯불 꼬치구이를 말한다. 닭고기, 양고기, 생선살 등을 한입 크기로 잘라 양념에 재웠다가 꼬챙이에 꿰어 숯불에 구운 것으로 대중적인 길거리 음식의 하나다. 닭고기로 만든 사떼아얌이 가장 흔하다. 땅콩소스에 찍어 시원한 맥주와 함께 먹으면 금상첨화다. 반찬으로도 먹는다. 나시고렝, 가도가도, 소또와 더불어 인도네시아의 국민 음식으로 꼽힌다.

아얌고렝ayam goreng 닭튀김을 말한다. 닭고기는 무슬림이나 힌두교도 모두에게 허용된 육류라서 인도네시아에서 가장 많이 소비되는 육류이다.

구라메고렝gurame goreng 넙치과의 물고기인 구라메를 기름에 튀긴 것으로 인기 있는 해산물 요리의 하나다. 삼발과 함께 낸다.

오딱오딱otak-otak 생선살을 곱게 다져 코코넛밀크와 향신료로 양념해서 바나나 잎이나 야자 잎에 싸서 익힌 것이다. 어묵과 비슷한데 어묵보다 부드럽고 담백하다. 반찬으로도 먹고 스낵으로도 먹는다.

템페tempe 대두를 바나나 잎에 싸서 속성 발효시킨 것으로 향이 강하지 않고 맛이 고소하다. 하얗게 굳어진 것을 잘라서 튀기거나 볶아 먹는다. 최근 건강식품으로 떠오르며 한국에도 이름을 알리고 있다.

가도가도

가도가도gado gado 양배추, 오이, 양상추 등의 채소와 튀긴 두부, 템페, 삶은 계란, 감자 등을 넣고 땅콩소스를 넣어 버무린 것이다. 재료는 일정하지 않다. 가도가도는 '마구 섞는다'라는 뜻이다.

4. 식사의 구성과 음료

1) 식사의 구성

인도네시아식 식사

인도네시아인들의 주식은 밥이다. 인디카종의 쌀로 밥을 푸슬푸슬하게 지어 반찬과 함께 먹는다. 인도네시아인들은 뜨거운 음식을 좋아하지 않으며 밥도 미지근한 것을 선호한다. 이는 다른 열대기후 지역에서도 마찬가진데 날씨가 덥기 때문이다. 밀로 만든 면류나 만두류도 있지만 밥보다는 훨씬 덜 먹는다.

전형적인 식단은 쌀밥에 국과 채소 반찬(샐러드나 볶음), 주요리(닭튀김이나 생선 요리) 한두 가지를 내는 것이다. 여기에 한 종류 이상의 삼발을 곁들인다. 인도네시아의 중심지인 자바섬에서는 끄루뿍(새우칩)이 반찬으로 항상 나온다.

가정에서는 밥과 반찬을 식탁의 가운데 혹은 돗자리 위에 한꺼번에 차려

주스알푸캇

볼루꾸꾸스

쿠에 푸트리 살주

각자 앞접시에 덜어 먹는다. 전통적으로는 점심이 주된 식사이며, 저녁에는 점심에 먹다 남은 음식을 데워 먹거나 필요에 따라 몇 가지 요리를 추가한다.

후식으로는 열대과일을 즐겨 먹는다. 에스첸돌es cendol(코코넛밀크에 야자 설탕을 넣고 찹쌀경단과 젤리를 넣은 것), 주스알푸캇jus alpukat(아보카도 스무 디)도 인기가 많다. 볼루꾸꾸스bolu kukus(밀가루·계란·설탕으로 만든 찐 케이크)는 따듯한 차와 함께 먹는다. 인도네시아에는 네덜란드인들을 통해 일찌감치 서양식 디저트가 들어와 현지화되었다. 한입 크기의 스낵 또는 디저트를 쿠에kue라고 하는데 종류가 매우 다양하다. 쿠에 푸트리 살주kue putri salju는 '눈의 공주'라는 뜻으로 밀가루, 옥수수전분, 계란 노른자, 버터로 만든 반죽으로 쿠키를 구워 슈가파우더를 뿌린 달콤한 과자다. 르바란, 설날, 크리스마 등 축일에 꼭 챙겨 먹는다.

인도네시아 어디를 가나 작고 허름한 노점 식당 와룽warung을 만닐 수 있다. 이곳에서 간단한 스낵부터 든든한 식사까지 저렴한 값으로 해결할 수 있다. 작은 수레에 음식을 싣고 다니며 파는 포장마차도 흔하다. 즉석에서 만드는 볶음류나 음료, 스낵, 국수, 어묵 완자 등 대개 한 종류만 전문으로 판다.

2) 음료

가장 대중적인 음료는 차와 커피다. 네덜란드가 지배하던 시절 동부 지역에 대규모 플랜테이션 농업이 시작되면서 차, 커피, 설탕이 인도네시아의 주요 작물이 되었고 서민들도 차와 커피를 마시게 되었다.

코피 루왁

차와 커피는 보통 뜨겁게 마시지만 아이스티와 아이스커피도 즐겨 마시며, 커피에 연유를 넣은 카페오레도 있다. 코피 루왁 kopi luwak*은 인도네시아의 특산품으로 값비싼 고급 커피로 알려져 있다.

코코넛워터에 시럽과 말랑한 코코넛 과육을 넣은 음료도 많이 마신다. 망고, 구아바, 아보카도 등 열대과일로 만든 주스도 대중적이다.

이슬람에서는 술을 하람(금지된 음식)으로 규정한다. 하지만 인도네시아에는 다양한 종교와 문화가 공존하고 있어 술을 마시는 사람도 있다. 고대부터 중국의 주조법을 배워 술을 빚어 온 전통이 있어 다양한 전통주가 있다. 야자 수액으로 빚은 뚜악tuak, 쌀로 만든 발리의 찹쌀술 브룸발리brem bali, 증류주인 짭띠쿠스cap tikus 등이 유명하다. 빈땅 맥주, 앙케르 맥주도 널리 알려져 있다.

5. 식사 예절

인도네시아의 식사 예절은 동남아시아의 다른 나라들과 대체로 유사하다.

- 전통적으로 손으로 식사를 하며 지금도 농촌에서는 수식의 전통을 이어 온다. 수식을 하므로 식사 전에 손을 잘 씻는다. 국이나 죽을 먹을 때는 야자 잎을 적당한 크기로 잘라 숟가락 대용으로 쓴다. 도시의 가정과 식당에서는 숟가락과 포크를 쓰며, 젓가락은 중식당에서 사용한다. 스테이크 등의 서양 요리는 포크와 나이프로 먹는다.

* 사향 고양이에게 커피콩을 먹여 장내에서 발효되어 변으로 나오면, 이를 수거하여 볶은 것으로 맛과 향이 뛰어나다.

- 식사는 오른손으로 하며, 왼손으로 음식을 집거나 건네면 결례가 된다.
- 숟가락과 포크를 동시에 사용해야 할 경우는 숟가락은 오른손으로, 포크는 왼손으로 잡는다.
- 연장자가 식사를 시작하기 전에는 먹지 않는다. 남자에게 먼저 주고 여자는 나중에 준다.
- 커다란 접시에 요리를 담아 식탁의 가운데에 두고 각자 앞접시에 덜어 먹는다. 이때 한번에 음식을 너무 많이 덜면 무례하다고 여긴다.
- 식사 도중 트림을 하는 건 매너에 어긋난다.
- 각자 시킨 음식을 나눠 먹을 때는 상대방에게 먼저 덜어주고 먹는다.
- 다른 사람과 식당에 갔을 때는 주문한 음식이 다 나올 때까지 기다리는 것이 예의다. 자기가 시킨 음식이 다른 사람 것보다 아주 빨리 나왔거나 매우 시장하여 먼저 먹어야 할 경우에는 "제가 먼저 먹어도 될까요?"라고 양해를 구한다.
- 식사를 시작하기 전에 "맛있게 드세요."라고 권하고 먹는다.
- 접시에 남은 마지막 음식을 먹고자 할 때는 양해를 구한다. 아무도 먹고 싶어 하지 않음을 확인한 후에 먹어야 하고, 원하는 사람이 있으면 나눠 먹거나 양보하는 것이 미덕이다.
- 충분히 먹었음을 나타내기 위해 음식이나 음료를 조금 남긴다.
- 인도네시아에는 팁 문화가 있다. 음식값을 낸 후 잔돈으로 나온 거스름 중 1만 루피아(한화로 870원 정도) 이하는 테이블에 놓고 나오는 것이 예의다. 카드로 결재했을 때도 테이블마다 서비스를 전담했던 직원이 있었다면 2만 루피아 정도 두고 나오는 게 매너다.

CHAPTER 6

남아시아

인도의 음식문화

**남아시아의
음식문화**

남아시아에는 인도반도에 위치한 인도, 파키스탄, 방글라데시, 네팔, 부탄, 스리랑카, 몰디브 등 7개국이 포함된다. 인도반도는 면적이 대륙에 버금가고 히말라야산맥, 힌두쿠시산맥 등을 경계로 다른 지역과 지리적으로 분리되어 있어서 인도 아대륙이라고도 부른다. 지리적 차단은 남아시아 특유의 문화가 꽃 필 수 있었던 중요한 요인의 하나였다.

남아시아 지역은 인도의 영향을 크게 받아 인도와 공유하는 문화가 많다. 밥에 커리를 얹어 먹는 것, 납작한 빵(flatbread), 힌두교·불교 등의 종교가 그것이다.

남아시아는 2022년 기준 세계인구의 24.89%(약 17억 8,400만 명)가 집중된 세계 최고의 인구를 가 진 권역이다. 이 중 인도는 최근 경제 성장과 함께 세계 무대에서 급부상하고 있다.

INDIA

인도의 음식문화

- **면적** 3,287,263㎢
- **인구** 1,406,631,781(2022년)
- **수도** 뉴델리
- **종족** 인도-아리안(72%), 드라비다(25%), 몽골계 및 기타(3%)
- **공용어** 힌디어, 영어
- **종교** 힌두교(79.8%), 이슬람교(14.2%), 기독교, 시크교, 불교, 자이나교
- **1인당 명목 GDP(US 달러)** 2,342(2021년)

향신료의 주산지이자 역사적인 교역로였던 인도는 고대로부터 수많은 인종들의 각축장이었다. 인더스 문명을 일군 드라비다인, 아리아인, 투르크인, 몽골인 등이 인도를 자신들의 영토로 만들고자 했다. 이들은 자신들의 종교, 건축, 음식 등을 인도 땅에 심어 놓았는데 한 민족이 물러가고 그 자리를 다른 민족이 차지하는 순환이 이어지면서 인도에는 다른 어느 나라에서도 볼 수 없는 독특한 문화가 만들어졌다.

인도는 종교의 나라로도 불린다. 4개의 종교(힌두교, 불교, 자이나교, 시크교)가 인도에서 나왔고 여기에 이슬람교, 조로아스터교, 그리스도교 등이 영향을 미쳐 인도의 다양한 종교 문화를 만들었다. 이 같은 역사는 인도를 다양한 인종, 언어, 종교가 공존하는 다문화 사회로 만들었다.

인도의 음식문화는 지역, 종족, 종교, 계층에 따라 매우 다양하다. 공통점이라면 음식에 향신료(마살라)를 듬뿍 사용한다는 것이다.

1. 인도 음식문화의 형성 배경

1) 넓은 국토와 다양한 지형

인도는 남북의 길이가 3,219km에 이르는 광대한 영토를 가진 나라다(영토 면적 세계 7위). 지역 차가 있기는 하나 대부분 지역이 열대 몬순 기후로 혹서기(3~6월), 우기(7~9월), 건기(10~2월)로 이루어진다. 이는 쌀과 밀 경작에 최적의 조건을 제공한다. 쌀은 인도의 거의 전역에서 재배되며, 밀의 주산지는 북부와 중서부에 집중되어 있다.

인도의 지형은 5대 지형구로 나뉜다. 동부와 북동부의 국경 지역은 히말라야산맥이 지나간다. 북동부의 아삼주와 히말라야 산속에 있는 다르질링은 세계적인 홍차 산지다. 아삼 홍차는 깊고 진한 맛이고, 다르질링은 머스캣 포도 향과 섬세한 맛으로 인기가 높다. 북부와 중부에는 비옥한 힌두스탄평야가 펼쳐져 있고, 남부의 거의 전역은 사바나 기후의 데칸고원이 차지한다. 북서부에는 타르사막이 있다. 동부와 남부의 해안과 도서 지역에서는 해산물의 이용이 두드러진다.

FOOD TALK TALK

북인도 요리의 대표 주자 '탄두르 요리'

탄두르는 가운데가 불룩한 항아리 모양의 진흙 화덕으로 뜨거운 숯이나 장작을 바닥에 넣어 가열하면 내부 온도가 480℃에 이른다.

탄두르에서 익힌 요리를 '탄두르 요리'라고 하는데 탄두리치킨이 널리 알려져 있다. 난, 쿨차 등의 플랫브레드(flatbread)도 탄두르에서 굽는다.

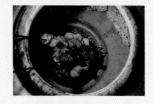

탄두르

탄두르는 인도 북서부 라자스탄 지역에서 나온 것으로 보고 있다. 이곳에서 BC 2600년 무렵의 탄두르 유적이 발견되었다.

길가메시(BC 2000년 바빌로니아에서 지어진 인류 최고(最古)의 서사시)에도 탄두르가 나온다. 이로 미루어 탄두르는 인류의 가장 오래된 조리 기구의 하나로 볼 수 있다. 최초의 탄두르는 플랫브레드를 굽는 데 사용된 것으로 보고 있다. 이후 인근 지역으로 전파되어 현재는 남아시아, 중앙아시아, 서아시아, 캅카스 남부 등지에서 사용된다.

2) 드라비다인의 농경 문화와 아리아인의 유목 문화

인도 문화의 기틀은 드라비다인과 아리아인*에 의해 이루어졌다. 선주민인 드라비다인은 BC 2500년경부터 약 1,000년간 인더스 문명을 일구었다. 그러다가 BC 2000년 무렵 투르키스탄** 등지에서 유목생활을 하던 아리아인이 아프가니스탄을 넘어 펀자브 지역으로 침입하여 선주민인 드라비다인을 몰아내고 북인도 지역에 정착했다. 이들의 신분 제도는 카스트 세도로 확립되었고, 이들의 종교인 브라만교는 토착 신앙과 융합되어 힌두교가 되었다.

아리아인들을 피해 남부로 이주한 드라비다인들은 그곳에서 힌두 문화를 꽃피웠다. 현재 인도 인구의 70%를 차지하는 아리아인은 북부와 중부에 살고, 25%를 차지하는 드라비다인은 독자적인 문화를 일구며 남부에 산다. 음식문화도 북부와 남부 간에 큰 차이를 보인다.

---

* 드라비다인은 드라비다어족으로 피부색이 검고 체구가 작으며, 아리아인은 인도유럽어족으로 피부색이 희고 체구가 크다.
** 파미르 고원을 중심으로 한 중앙아시아 지역을 말한다.

3) 이슬람 왕조와 무굴 제국의 영향

1206년 델리에 투르크족에 의한 노예 왕조(1206~1290)가 성립된 이후 인도 북부와 중부는 줄곧 이슬람 왕조의 지배를 받았다. 1526년에는 몽골족의 왕 바부르(티무르의 5대손)가 델리를 점령하고 무굴 제국을 세워 1857년 영국에 의해 패망할 때까지 300여 년간 인도를 지배했다. 이 기간 동안 이슬람교는 인도의 제2 종교로 자리를 굳혔다*.

무굴 궁정에서는 중앙아시아·몽골·페르시아·북인도요리가 융합된 무굴요리가 나왔다. 치킨 티카chicken tikka(닭고기 살을 작게 잘라 양념하여 꼬치에 끼워 탄두르에 구운 것), 코르마korma(육류나 채소에 육수, 요구르트, 크림 등을 넣어 끓인 것), 비리야니biryani(찐 밥의 일종), 굴랍자문gulab jamun(우유 고형물과 밀가루로 만든 과자) 등이 대표적이다. 무굴요리의 특징은 페르시아(현재의 이란)의 식재료인 사프란과 장미수rose water 및 육류, 유제품, 견과류를 즐겨 쓴다는 것이다.

치킨 티카   코르마   비리야니

4) 카스트 제도

카스트 제도는 인도 사회 특유의 신분 제도이다. 카스트는 크게 브라만, 크샤트리아, 바이샤, 수드라의 4개 범주와 불가촉천민으로 구성되며 직업에 따라 수백 가지로 세분된다. 법적으로는 폐지된 제도이지만 관습적으로는 엄존하며 인도인의 일상생활과 풍습, 사상을 지배하고 있다. 출생과 동시에 부

---

* 2020년 현재 인도 국민의 79.8%는 힌두교를 신봉하며 무슬림(14.2%%)이 그 뒤를 잇는다.

여반은 카스트는 공동체 내에서의 지위를 결정하며 직업과 결혼에도 엄격히 적용된다.

인도인들은 자기보다 상위 혹은 동일한 카스트의 사람이 만든 음식은 정淨한 음식으로 여기며 그렇지 않은 경우 부정不淨한 것으로 간주한다. 식사할 때도 같은 카스트끼리만 동석한다.

5) 정 · 부정 관념

힌두교인의 생활 전반은 정淨·부정不淨 관념에 의해 지배된다(3장 종교와 식철학 참조). 음식도 淨한 것은 먹어도 되지만 不淨한 것은 금기시되거나 정화를 해야 먹을 수 있다. 암소가 생산하는 유제품은 그 자체가 성스러운 음식일 뿐더러 다른 음식을 정화하는 기능을 갖는다고 믿는다. 우유의 기름인 기ghee가 들어간 음식은 정한 음식으로 여기며, 음식에 기를 뿌리면 정화된다고 믿는다. 반면 구웠거나 물에 익힌 것, 날음식은 다른 사람이 손대면 쉽게 오염된다고 생각한다.

먹다 남긴 음식과 부패한 음식은 날것보다 더 낮은 등급의 음식으로 간주된다. 따라서 인도인들은 음식을 남기지 않는다. 힌두교에서는 육식은 부정하고 채식은 정하다고 여기므로 인도 인구의 30% 정도가 채식을 한다. 이들 대부분은 유제품은 먹지만 그 밖의 동물성 식품(알류·육류·어패류 등)은 일체 먹지 않는다. 식기도 인위적인 것은 부정하고 자연에서 얻은 것은 정하다고 여겨 바나나 잎이나 야자 잎을 일회용 접시로 사용한 뒤 버린다.

6) 영국의 지배

인도는 1858년 영국의 직할지로 편입되어 1947년 독립할 때까지 약 90년간 영국의 지배를 받았다. 1830년대에 영국인들은 중국에서 차 나무를 들여와 아삼주에 최초의 차 생산 단지를 만들었다. 당시 중국이 독점하고 있던 시장 구조를 탈피하기 위해 차 재배를 장려한 것이다. 이때부터 차는 인도인들의 대중적인 음료로 자리하기 시작했고, 인도산 홍차가 영국으로 대량 수입되어 영국인들이 가장 즐겨 마시는 음료가 되었다. 현재 인도는 세계적인 차 생산국이며 차 산업은 인도 경제에서 큰 부분을 차지한다. 주요 차 재배지는 아삼 계곡, 다르질링, 케랄라, 타밀나두 등이다.

한편 영국인들에 의해 인도 향신료를 넣어 만든 스파이시한 요리가 '커리'라는 이름으로 유럽 등지에 널리 알려졌다.

2. 인도 음식의 특징

1) 마살라의 예술

인도요리에 쓰이는 향신료들

인도 음식은 다양한 향신료로 특유의 맛을 낸다. 여러 종류의 향신료를 곱게 갈아 혼합한 것을 '마살라 masala'라고 하는데, 어떤 종류의 향신료를 어떤 비율로 배합하느냐에 따라 무한한 맛의 창조가 가능하다. 인도요리에 사용되는 향신료는 수십 가지가 넘는데, 흔히 쓰이는 것은 고추, 후추, 강황, 계피, 카다멈, 고수의 잎과 씨, 커민, 육두구, 호로파, 정향, 겨자씨, 월계수잎, 팔각 등이다.

인도인들은 요리는 물론 홍차나 각종 음료에도 향신료를 넣고, 식사 후에도 향신료를 씹어 입가심을 한다. 향신료를 많이 사용하는 것은 더운 기후와 밀접한 관련이 있다. 혹서기에는 최북단 지역도 40℃까지 오르는 무더운 날씨에서 향신료는 천연 방부작용을 하기 때문이다. 날씨가 더운 남부에서는 고추·후추·생강 등 매운 향신료를 북부보다 많이 사용하므로 음식 맛이 훨씬 맵다.

2) 신성한 음식으로 간주되는 우유

인도에서 우유는 순결하고 신성한 음식으로 간주되며 유제품이 널리 이용된다. 유제품의 이용이 많다는 점에서 인도 음식은 동북아시아나 동남아시아의 음식과 큰 대조를 이룬다.

다히dahi 우유에 유산균을 넣어 시큼하게 발효시킨 걸쭉한 요구르트이다. 요구르트는 소스, 양념, 음료, 디저트 등으로 다양하게 이용되며, 인도(특히 북인도)인의 기본 식품이다. 라이타raita는 요구르트에 향신료와 채소·과일·허브 등을 다져 넣은 소스인데, 음식에 얹어 먹거나, 고기를 재울 때 넣거나, 그 자체를 스낵으로 먹기도 한다. 인도인들이 즐겨 마시는 라씨lassi는 요구르트에 물을 넣고 희석해서 소금·향신료 등을 넣은 시큼한 음료인데, 망고 등의 과일을 갈아 넣어 달콤하게 만들기도 한다.

기ghi, ghee 우유의 지방만을 모은 정제 버터로 수분이 적어 더운 기후에서도 오래 보존된다. 난에도 발라 먹고, 밥이나 디저트 등에도 넣는데 고소하고 부드러운 향이 일품이다. 과거에는 물소젖 버터로 만들었으나 요즘에는 거의 소젖 버터로 만든다.

파니르paneer 우유에 산을 넣고 가열하여 단백질을 엉기게 해서 틀에 눌러 굳힌 비숙성 치즈다. 날씨가 더운 인도에서는 세균이나 곰팡이로 발효·숙성한 치즈를 만들기 어려우므로(발효되기 전에 부패해 버림) 비숙성 치즈를 만든다. 파니르를 요리에 넣기도 하고, 향신료로 양념해서 먹기도 한다.

라이타·밥·치킨커리

라씨

파니르커리

힌두교에서 암소를 신성시하는 진짜 이유

힌두교에서는 암소를 신성시하며 쇠고기를 금기시한다. 쇠고기 금기에 담긴 진짜 이유는 무엇일까? 문화인류학자 마빈 해리스는 《음식문화의 수수께끼》라는 책에서 다음과 같이 설명했다.

인도에서 소를 신성하고 쇠고기를 금한 것은 아리아인들이 인도를 침공한 이후이다. BC 2000년 무렵 아리아인들이 인도에 침입해 올 때 자신들의 소를 가져왔다. 반농반목의 유목민이었던 이들은 가축의 젖과 고기가 생명줄이나 다름없었다. 하지만 그들이 데려온 소들은 인도의 풍토에 적응하지 못해 번성하지 못했다. 이에 살아남은 소들을 보호하기 위해 소를 신성한 동물로 규정함으로써 도살을 방지했다는 것이다. 소를 잡아 고기를 먹는 것보다는 살려두고 우유와 유제품을 이용하는 것이 훨씬 많은 사람들을 먹일 수 있었기 때문이다. 아리아인의 경전인 베다에는 "소를 먹는 것은 조상에 대한 반역을 저지르는 것"이라고 명시되어 있다.

소는 수레를 끌어 짐을 나르고 밭을 가는 등 농업 노동력을 제공하며, 쇠똥은 연료로 쓰인다. 따라서 오래도록 살려두고 이용하는 것이 더 가치가 있었기 때문이다.

3) 사트 라자스

인도 음식은 여섯 가지 필수 요소(단맛, 신맛, 짠맛, 얼얼한 맛, 매운맛, 쓴맛)를 갖춰야 한다. 이를 사트 라자스shat rasas라고 하는데, 이 규칙은 고대 베다 시대에 확립되었다. 인도인은 건강을 위해 여섯 가지 맛을 균형 있게 섭취해야 된다고 믿는다.

4) 단과자의 발달

인도는 설탕의 종주국이다. 근세에 이르기까지 설탕이 귀한 식재료였던 타 지역과는 달리 인도에서는 고대부터 사탕야자나 사탕수수의 즙으로 설탕을 만들어 이용해 왔으며 이는 단과자의 발달을 촉진시켰다.

단과자류를 미타이mithai라고 하는데 디왈리Diwali(힌두교의 빛 축제) 같은 축제일에는 가족, 친구, 이웃에게 미타이를 선물하는 것이 오랜 전통이다. 식후에는 단맛의 후식이 꼭 나오며 신에게 바치는 제물에도 미타이는 빠지지 않는다. 인도의 단과자들은 혀를 내두를 정도로 굉장히 단데, 열량이 높아 더위를 이기는 데 도움이 된다.

굴랍자문gulab jamun 밀가루와 우유 고형분을 기본 재료로 사용해 만든 반죽을 공 모양으로 빚어 기름에 튀긴 뒤 설탕시럽에 담근 과자로 맛이 매우 달다. 평소에도 먹지만 생일과 결혼식 피로연에는 꼭 나온다. 힌두스탄어로 굴랍은 '장미꽃물'을, 자문은 '자문Java plum'이라는 과일을 일컫는다. 장미수로 향을 내고 과자의 모양과 크기가 자문과 비슷하기 때문에 이런 이름이 붙었다.

굴랍자문

잘레비jalebi 밀가루 반죽을 나선형이나 둘둘 감긴 납작한 원형 모양으로 튀겨 설탕시럽에 담갔다가 먹는 스낵으로, 디왈리 축제 때는 꼭 챙겨 먹는다. 겉에 뿌린 왕설탕이 오도독 씹히고 식감은 꽈배기처럼 쫄깃하다. 서아시아(페르시아, 아라비아)에서 나와 무굴 제국 시기에 인도로 전파되었다. 인도 아대륙에 널리 퍼져 있다.

3. 대표 음식

1) 인도 전역에서 먹는 음식

커리curry 많은 사람들이 커리를 인도 음식으로 알고 있지만, 아이러니하게도 인도에는 커리라는 단어도 커리라는 음식도 없다. '커리'라는 음식명은 외국인이 드나드는 식당의 메뉴판에서나 볼 수 있다.

커리는 인두의 향신료를 넣어 만든 스파이시한 요리를 총칭하는 '영어식' 명칭이다. 커리의 어원에 대해서는 의견이 분분하지만 남인도 타밀어로 '소스'를 뜻하는 '카리kari'가 영어화하여 생긴 용어라는 설이 유력하다.

외국인들이 '커리'라고 총칭하는 인도요리에는 각각의 이름이 있다. 예를 들어 고기나 야채에 마살라를 넣어 볶은 후 육수·요구르트·크림 등을 넣어 푹 끓인 요리는 '코르마korma'이고, 고추·마늘·커민을 으깬 반죽에 고기나 새우를 넣어 맵고 걸쭉하게 끓인 것은 '빈달루vindaloo'이다.

빈달루

달

여러 종류의 달

달dhal 달은 힌두어로 콩을 일컫는 말로, 마른 콩에 물과 향신료를 넣고 끓인 수프나 스튜도 달이라고 한다. 즐겨 사용되는 콩은 녹두, 병아리콩, 렌틸콩, 편두콩 등이다. 달은 채식인의 중요한 단백질 공급원이다. 가난한 인도인들은 하루 세 끼 모두를 쌀밥과 달 혹은 로티(돌로 간 통밀가루로 만든 납작한 빵)와 달만으로 해결한다.

2) 북인도 음식 vs. 남인도 음식

인도는 영토가 넓고 지역마다 종족·역사·종교·산물 등이 달라 지역별로 식문화가 다르다. 인도는 데칸고원을 기준으로 북인도와 남인도로 나뉘는데, 지역 간 차이는 북부와 남부에서 두드러진다. 북인도 음식은 밀과 육류, 유제품에 의존하는 비 채식 문화의 색채가 강하다. 밀의 주산지가 북부와 중서부에 집중돼 있고, 역사적으로 아리아인, 투르크인, 몽골인 등 유목민의 영향을 크게 받았기 때문이다. 반면, 드라비다인에 의한 힌두 문화와 농경 문화의 전통을 이어온 남인도 음식은 쌀과 콩, 야채에 의존하는 채식 문화의 색채가 강하다. 음식의 맛은 기름에 의해 크게 좌우되는데 북부에서는 기를 많이 쓰고, 남부에서는 코코넛오일, 참기름, 땅콩기름을 많이 쓴다.

북인도에서는 빵을 많이 먹으며, 홍차와 짜이(인도식 밀크티)를 많이 마신다. 즐겨 쓰이는 향신료는 커민, 고수, 계피, 카다멈, 가람 마살라, 말린 호로파 잎이며 망고 가루로 신맛을 낸다.

남인도에서는 쌀(낟알이 짧고 찰기가 없는 쌀)을 많이 먹고, 차보다는 커피를 즐겨 마신다. 즐겨 쓰이는 향신료는 겨자씨, 삼바르 파우더, 커리 잎이며, 타마린드로 상큼한 신맛을 낸다. 유제품의 이용이 적으며 우유보다는 코코넛밀크를 즐겨 사용한다.

(1) 북인도 음식

한국을 비롯해 세계 각지의 인도 음식점에서 팔리는 음식의 대부분은 펀자브요리와 무굴요리에서 유래한 북인도 음식이다.

빵류

인도 빵은 곡식 가루를 반죽하여 납작하게 밀어서 화덕이나 철판에 굽는 플랫브레드flatbread 형태로 인류의 가장 오래된 주식의 하나다. 플랫브레드는 중동과 중앙아시아에도 널리 퍼져 있다. 빵에 달이나 커리류를 곁들이면 간단한 식사가 된다.

로티roti 돌로 간 통밀가루로 만든 플랫브레드로 가장 대중적인 빵의 하나. 발효된 빵인 난과는 달리 로티는 비발효 빵이다. '차파티'라고도 부르며 파키스탄, 네팔, 스리랑카, 방글라데시에서도 먹는다.

푸리puri 밀가루 반죽을 얇고 둥글게 밀어 기름에 튀겨 부풀린 바삭한 빵. 로티와 더불어 가장 대중적인 빵이다. 푸리의 윗면에 구멍을 내고 뭉달(녹두로 만든 달)과 국물을 채워 먹는 파니푸리pani puri는 길거리 간식으로 인기 있다.

난naan 정제된 밀가루에 효모를 넣고 발효시켜 넓은 잎사귀 모양으로 늘여 탄두르에 구운 빵. 난 그 자체만 먹기도 하고, 기를 바르거나 깨를 뿌려 먹기도 하고, 손으로 뜯어 커리나 달에 찍어 먹기도 한다. 나이라는 명칭은 페르시아어로 빵을 낫하는 '난nān'에서 왔다. 펀자브 지역의 전통 빵이다.

로티

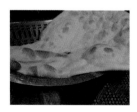

난

쿨차

파라타

쿨차kulcha 밀가루에 효모를 넣고 발효시켜 적당한 크기로 떼어 둥글 납작하게 밀어서 탄두르나 무쇠 팬에 구워 낸 플랫브레드. 감자·양 파·치즈·양고기 등으로 속을 채워 굽기도 한다. 갓 구워 낸 쿨차에 기를 발라 매콤한 촐레(병아리콩 치킨커리)와 함께 먹는다. 펀자브 지역에서 아침으로 많이 먹는다. 반죽에 기름과 요구르트가 들어가 므로 빵 맛이 부드럽다.

파라타paratha 밀가루 반죽에 기를 발라 페이스트리처럼 층이 생기게 하여 팬에 구운 빵. 곱게 간 통밀가루로 만들며 감자를 넣은 알루파 라타는 아침으로 즐겨 먹는다.

밥류

바스마티basmati는 인도 아대륙이 원산지인 쌀로 낱알이 길고 찰기가 없으 며 향기가 난다. 북인도에서는 이 쌀로 흰쌀밥이나 풀라오, 비리야니 등을 만든다.

풀라오pulao 쌀을 기름에 볶다가 양념을 한 육수를 붓고 수분이 다 흡수될 때 까지 끓여서 만든 밥으로 북인도 지역에서 고대부터 먹어왔다. 볶은 양파와 향신료를 넣기도 하고 고기·생선·채소·말린 과일 등을 넣기도 한다. 이란, 아랍, 튀르키예, 발칸, 중앙아시아, 유럽, 남미 등에도 비슷한 음식이 있다. 영어로는 필라프pilaf라고 한다.

비리야니

비리야니biryani 생쌀에 향신료로 양념한 고기, 생선 또는 계란, 채소를 넣어서 찌거나 고기 등의 재료를 미리 볶아 반쯤 익힌 쌀과 함께 찐 것이다. 사프란을 첨가해 노란색과 향을 낸다. 비리야니에 다히, 처트 니, 라이타, 코르마, 삶은 계란, 샐러드 등을 곁들여 먹는다.

기타

탄두리치킨tandoori chicken 닭을 요구르트와 향신료에 재웠다가 생강과 레몬즙

탄두리치킨

사모사

알루고비

을 섞은 매콤한 양념을 발라 탄두르에 구운 요리로 스모키한 향이 일품이다.

사모사samosa 밀가루 피에 양고기나 닭고기, 감자, 채소 등으로 만든 소를 넣고 싸서 삼각형으로 빚어 튀긴 만두로 민트 처트니 혹은 타마린드 처트니에 찍어 먹는다. 스낵이나 애피타이저로 먹는다. 처트니는 과일이나 채소에 향신료와 요구르트 등을 넣어 만든 소스로 음식을 찍어 먹거나 반찬처럼 먹는다.

알루고비aloo gobi 마살라를 넣은 토마토소스에 콜리플라워(겨자과 채소의 일종)와 감자를 넣어 국물이 졸아들게 익힌 것으로 북인도에서 일상적으로 먹는다. '알루'는 감자를, '고비'는 콜리플라워를 뜻한다. 로티, 푸리 등의 빵에 싸 먹거나 비리야니 등의 밥과 함께 먹는다.

(2) 남인도 음식

남인도 음식의 기본 재료는 쌀과 렌틸콩이다. 쌀과 렌틸콩을 불려서 함께 갈아 살짝 발효시키면 수많은 남인도 요리의 기본 재료가 된다. 이 반죽을 철판에 얇고 넓적하게 부쳐서 속을 넣어 둘둘 말면 도사dosa가 되고, 같은 재료를 둥근 틀에 넣어서 찌면 이들리idli가 된다. 반죽을 도넛 모양으로 찍어 기름에 튀긴 것은 바다이vadai라고 한다. 이들리는 아침 혹은 스낵으로 먹으며, 코코넛 처트니, 삼바르sambar*와 함께 먹는다. 도사는 점심이나 스낵으로 먹으며 코코넛 처트니에 찍어 먹는다.

---

* 렌틸콩을 기본으로 각종 채소에 삼바르 파우더, 고추 등의 향신료, 타마린드를 넣고 걸쭉하게 끓인 스튜다.

도사·삼바르·토마토 처트니·고수 처트니　　　이들리·바다이·삼바르·코코넛 처트니　　　파파담(밥 위에 얹힌 것)

쌀이 주식인 만큼 거의 매끼 삼바르나 라삼rasam* 같은 수프가 나온다.

파파담papadam 콩가루로 만든 반죽을 얇고 둥글게 밀어 철판에 살짝 굽거나 기름에 튀긴 바삭한 빵. 반죽에 후추나 커민을 넣는 등 변화를 주기도 한다. 지역과 집안에 따라 레시피가 약간씩 다른데, 공통적으로 렌틸콩, 우라드콩, 벵골콩이 들어가며 쌀가루와 감자가 들어갈 때도 있다. 파파담 자체를 반찬으로도 먹고 애피타이저나 스낵으로도 먹는다. 망고 처트니, 적양파 처트니, 민트 라이타, 라임 피클 등을 곁들여 먹는다. 파파드papad라고도 부른다. 남인도와 파키스탄, 방글라데시 등지에서 이용된다.

벨푸리bhelpuri 팽화한 쌀과 렌틸콩 가루로 만든 가늘고 바삭한 국수. 주사위 모양으로 잘라 익힌 감자, 다진 양파, 고수 등을 섞은 것이다. 매운맛, 신맛, 단맛의 처트니를 섞어 다양한 맛으로 즐긴다. 남인도를 대표하는 길거리 스낵이다.

---

* 잘게 다진 토마토에 타마린드, 고추, 커민, 강황 등 각종 향신료를 첨가하여 만든 수프로 매콤하면서 달콤하고 시큼한 맛이 난다. 남인도 지역에서 먹는 가장 기본적인 음식 중 하나다. 재거리(jaggery, 사탕수수로 만든 비정제 흑설탕)가 달콤한 맛을, 타마린드가 시큼한 맛을 낸다.

4. 식사의 구성과 음료

1) 식사의 구성

지역, 생활 수준, 종교에 따라 차이가 있으나 인도인들의 식사는 하루 세 끼와 간식으로 이루어진다. 아침은 가볍게 먹고, 저녁은 점심에 먹다 남은 음식에다 몇 가지 음식을 추가해서 먹는다. 점심이 하루 중 가장 비중 있는 식사이며 손님을 초대할 때도 보통 점심에 한다.

인도인의 주식은 밥과 빵이다. 밥이나 빵(혹은 둘 다)에 달과 채소 요리, 고기나 생선 요리, 처트니와 피클(and/or)을 곁들인다. 처트니와 피클은 굉장히 매운맛부터 단맛이 나는 것까지 종류가 다양하다. 남인도 지역에서는 밥이나 이들리, 도사에 삼바르, 라삼, 처트니, 파차디pachadi(오이 등의 채소나 제철 과일을 요구르트소스에 버무린 것)를 곁들이면 구색을 갖춘 식사가 된다.

한식의 쟁반백반처럼 테두리가 있는 쟁반에 밥과 여러 가지 요리를 한번에 담아내는 음식을 탈리라고 한다. 탈리에 사용되는 쟁반도 탈리라고 부른다. 밥과 빵(and/or)을 쟁반 가운데에 담고 각색의 요리를 오목한 그릇에 담아낸다.

디저트를 포함한 모든 음식은 한꺼번에 차려지며, 식사가 끝나면 향신료를 씹어 입안을 개운하게 한다. 마지막으로 커피나 차를 마신다.

남인도식 탈리(밥, 파파담, 다히, 삼바르, 라삼 등)

인도인들도 여럿이 식당에 가서 이것저것 주문해 함께 나눠 먹는 것을 좋아한다. 또한 노점에서 파는 갖가지 종류의 스낵을 매우 즐긴다. 스낵은 주로 기름에 튀기거나 지진 것이 많다.

2) 음료

인도 북부의 히말라야 지역은 세계적인 차 생산지이다. 커피 생산지는 남인도의 카르나타카, 케랄라, 타밀나두 지역에 집중되어 있다. 이 같은 생산지의 차이로 인해 북부에서는 차를, 남부에서는 커피를 많이 마신다.

| 라씨 | 인도식 밀크티 짜이 | 인도식 커피 |

3) 술

힌두교에서는 전통적으로 음주를 금기시하며, 술을 제의에 사용하는 신들의 음료로 여긴다. 그렇다고 술 문화가 전혀 없는 것은 아니다. 술 판매가 허용되는지의 여부는 주에 따라 다르다. 불교, 자이나교, 이슬람교, 시크교에서도 술을 금기시한다. 그래서 인도에는 음주 문화가 저조한 편이다.

1970년대 중반 이후 경제 성장과 서구 문화의 영향으로 술집이 늘어나고 음주 인구도 증가하고 있다. 즐겨 마시는 술은 위스키, 와인, 맥주다. 무더운 날씨에도 불구하고 인도인들은 도수가 높은 증류주를 선호한다. 구자라트주의 아락*arak, 고아주의 페니feni 등 지역마다 고유한 증류주가 있다.

인도의 껌 '빤'

인도에서는 베틀후추의 잎을 '빤(paan)'이라고 하는데, 특유의 향미가 있어 예로부터 인도인들은 식후 혹은 평상시에 빤을 씹었다. 빤을 씹으면 입안이 개운해지고 청향 작용을 하며 소화를 돕는다. 넓적한 하트 모양의 베틀후추 잎에 석회를 발라 빈랑자(빈랑나무의 씨를 말린 것)와 카다멈 등의 향신료, 담배 등을 싸서 씹는다. 빤을 씹어서 즙만 먹고 뱉어낸다. 빈랑자에서 나오는 빨간 색소 때문에 입안과 침이 붉게 된다.

빤

* 아락은 야자의 즙액, 당밀, 쌀 따위를 발효시켜서 만드는 증류주를 통칭한다. 중동 지역에서는 보통 와인을 증류해서 아락을 만든다. 증류주 제조는 아라비아에서 시작되어 유럽, 인도, 말레이 제도, 중국, 한국 등지로 전파되었다.

5. 식사 예절

- 인도인들은 손으로 음식을 먹으며 이는 인도 음식
  의 중요한 상징으로 여겨진다. 식사 전후에는 반드
  시 손을 씻고 양치질을 해야 한다. 양치질도 손가락
  으로 한다.

손으로 먹는 인도 음식

- 식사는 오른손으로만 하며 왼손은 커리를 밥 위에
  붓거나 잔을 집을 때처럼 음식에 손이 직접 닿지 않
  는 경우에만 사용한다. 오른손이 지저분해지면 왼손
  에 숟가락을 들고 음식을 먹을 수 있다. 단, 왼손으로 음식을 집어 입에 넣
  는 건 피해야 한다. 왼손은 뒤를 닦는 데 사용하기 때문이다. 식사 중에 왼
  손은 무릎 위에 올려놓는다. 오른손의 엄지, 검지, 중지를 사용해 한 입에
  들어갈 양의 밥에다 요리 중 하나를 가볍게 섞어 입안에 떠 넣는다.

- 전통적으로는 바닥에 큰 천을 깔고 앉아 야자 잎이나 바나나 잎에 음식을
  담아 먹는다. 식사를 마치면 잎은 버리거나 소의 먹이로 준다. 혹은 탈리라
  고 하는 둥근 쟁반에 음식을 담아 앞접시에 덜어 먹기도 한다.

- 인도인들은 침을 오염의 주범이라고 생각하여 침이 섞이는 것을 극도로 꺼
  린다. 공동의 음식을 덜 때는 반드시 덜음용 숟가락을 사용한다. 자신의
  접시에서 다른 사람의 접시로 음식을 이동할 수 없고 음식을 남기는 일은
  거의 없다. 물을 마실 때도 잔에 입을 대지 않고 입에 부어넣듯이 마신다.
  음식을 한 그릇에 담아 여럿이 숟가락으로 떠먹는 행위는 인도인에게는 용
  납되지 않는 행동이다.

- 식사 중에는 원칙적으로 대화를 하지 않는 것이 예의다. 말을 할 경우 침
  이 튀어나올 수 있기 때문이다.

- 식당에서는 포크, 나이프, 숟가락을 내준다. 서구화된 인도인들은 집에서
  도 포크, 나이프, 숟가락을 사용한다.

중동

중동은 아라비아반도를 포함하여 동으로는 이란, 서로는 북아프리카의 모로코·알제리·튀니지·리비아·이집트, 북으로는 동부 지중해 지역(튀르키예·시리아·레바논·요르단·이스라엘·이라크 등)에 이르는 광범위한 지역을 일컫는다. 지리적으로 아시아와 유럽이 만나는 곳에 위치하여 예로부터 동서 문명의 교류지로서 많은 교역 도시를 발달시켰다.

중동의 지형은 메소포타미아 평야와 지중해 연안의 일부 지역을 제외하면 대부분 건조한 고원이나 사막이다. 농업은 하안(河岸)과 해안 지역 및 오아시스에서 이루어지며 주요 작물은 밀, 병아리콩, 렌틸콩, 대추야자, 석류, 포도, 무화과 등이다. 건조 지대에서는 유목민들이 낙타·양·염소 등을 키우며 살아간다.

종교로 보면 이스라엘을 제외한 모든 나라들이 이슬람 국가다. 7세기 초에 아라비아의 무함마드가 이슬람교를 창시하고 아라비아반도를 통일했고, 이후 무함마드의 후계자들은 이슬람 제국의 영토를 북아프리카, 동부 지중해, 이란 등지로 확대했다. 그 결과 오늘날 중동으로 불리는 지역의 이슬람화가 이루어지고 많은 민족들이 아랍어를 모어(母語)로 사용한다. 이처럼 중동 지역은 이슬람화 과정을 통해 동질성을 지닌 문화권을 형성하고 있으며 공유하는 식문화가 많다.

중동은 민족, 언어, 종교, 문화에 따라 아랍(아랍족·아랍어·이슬람교), 튀르키예(투르크족·튀르키예어·이슬람교), 이란(이란족·이란어·이슬람교), 이스라엘(히브리족·히브리어·유대교)의 4개 지역으로 세분해 볼 수 있다.

MIDDLE EAST

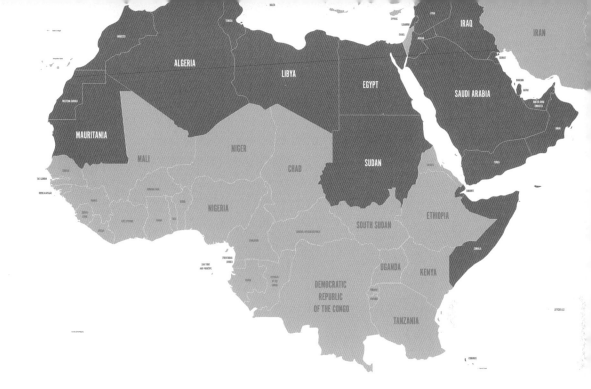

ARAB

―

아랍의 음식문화

여기서 말하는 아랍은 중동 국가들 중에서 아랍어를 사용하고 이슬람교를 신봉하는 국가들을 가리킨다. 아라비아반도를 포함하여 동부 지중해에 이집트와 바레(시리아, 레바논, 요르단, 이라크 등)과 북아프리카 지역(모로코, 알제리, 튀니지, 리비아, 이집트)이 포함된다.

아랍 국가들은 '이슬람'이라는 공통의 종교와 '아랍어'라는 공통의 언어를 사용하며 유사한 음식문화를 공유한다.

아랍 중에서도 아프리카 북서부의 리비아·튀니지·알제리·모로코 등을 '마그레브(Maghreb)'라고 한다. 마그레브 지역은 아랍화한 베르베르인이 중심이 되며, 쿠스쿠스를 주식으로 먹는다는 점에서 아랍의 타지역과 구분된다. 베르베르족이 개발한 쿠스쿠스는 경질밀을 좁쌀 크기로 으깨서 찐 것으로 고기나 스튜를 얹어 먹는다.

유대교 신봉자가 많은 이스라엘은 종교와 관련된 식문화가 다를 뿐 아랍과 공유하는 음식이 많다.

1. 아랍 음식문화의 형성 배경

1) 건조지대의 유목 문화

아라비아반도의 내륙을 중심으로 시리아, 북아프리카 등지의 사막과 반사막에는 아랍계 유목민인 베두인족들이 오아시스를 따라 이동하며 낙타, 양, 염소 등의 가축을 키우며 산다. 이들의 주식은 양젖으로 만든 요구르트와 치즈다. 여기에 납작한 플랫브레드와 홍차를 더하면 한 끼 식사가 된다. 요구르트로 라반laban(요구르트의 물기를 빼고 양념한 것), 자미드jamid(요구르트를 말린 것) 등을 만들기도 한다. 오아시스에서 재배되는 대추야자도 유목민들의 중요한 식량이다. 당분과 영양이 풍부해서 과거 사막을 오가는 대상들의 비상식량이기도 했다.

말린 대추야자

양고기는 명절이나 결혼식 등 특별한 날에 먹는 잔치 음식으로, 양머리는 최고 손님에게 대접하는 귀한 음식으로 취급된다. 더운 사막에서는 생고기를 보존하기 어려우므로 유목민들은 다양한 육류 보존법을 고안했다. 연기에 그을려 훈제하거나, 소금에 절여 물기를 뺀 뒤 향신료나 양념을 바르기도 하고, 뜨거운 모래 구덩이에 묻어 발효시키기도 하고, 건조시켜 육포를 만든다.

유목민에게는 손님을 극진하게 대접하는 전통이 있다. 외로운 사막 생활에서 손님이 찾아온다는 것은 큰 축복으로 여겨지기 때문이다.

2) 동부 지중해 지역의 농경 문화

동부 지중해에 면한 '비옥한 초승달 지역*'은 강수량이 풍부하고 토지가 비옥하여 중동 최대의 농업 지역으로 꼽는다. 이곳의 메소포타미아 평원과 나일강 삼각주에서는 일찍이 농경 문화가 발달하여 고대 문명이 탄생했다. 선사 시대부터 밀, 보리, 병아리콩, 렌틸콩, 완두콩이 재배되었고 고추, 오이, 토마토, 양파 등 거의 모든 종류의 채소가 나온다. 포도, 올리브, 무화과, 대추야자, 레몬, 오렌지, 석류, 체리, 수박, 멜론, 아몬드 등의 과일과 견과류도 풍부하게 생산된다. 양의 방목은 비옥한 초승달 지역을 비롯한 아랍 전역에서 행해지며, 양고기와 양젖으로 만든 치즈·버터·요구르트가 널리 이용된다.

3) 이슬람교의 영향

무슬림들은 이슬람에서 정하는 할랄(허용된 음식)과 하람(금기 음식)의 규율을 지킨다. 돼지고기, 피, 술은 대표적인 금기 음식이다. 엄격한 무슬림들은 술을 마시지 않지만 개인이나 나라별로 차이가 있다.

특별한 사정이 없는 한 무슬림 성인들은 라마단(이슬람력으로 9월)에 한 달간 금식을 한다. 금식은 일출 무렵부터 일몰 무렵까지이며 물과 음식은 물론 술, 담배, 성관계도 삼간다. 라마단 기간에는 수흐르(일출 직전 이른 새벽에 먹는 소량의 가벼운 식사)와 이프타르 두 끼를 먹는다. 이프타르는 '금식을 깬다'는 뜻으로, 라마단 기간 동안 일몰 후에 가족 및 친지와 함께 푸짐한 저녁 식사를 하는 것을 말한다. 단식이 끝나는 순간 "비스밀라(알라의 이름으로)"라고 말하면서 잘 익은 대추야자를 먹는다. 그러고 나서 수프로 속을 풀어준 뒤 본격적인 식사를 하는데, 고기 요리, 생선 요리, 밥, 샐러드, 단과자 등을 평소보다 푸짐하게 차려서 먹는다(3장 종교와 식철학 참조).

---

* 동으로 페르시아만의 평야로부터 이란 고원, 티그리스·유프라테스강 유역을 거쳐 이집트 나일강 유역에 이르는 광대한 지역으로 고대 문명의 발생지이다. 이들 지역을 연결하면 거대한 초승달 모양이 되므로 이런 이름이 붙었다.

2. 아랍 음식의 특징

아랍인의 기본 식량은 밀과 병아리콩이며 쌀도 널리 섭취된다. 여기에 양젖으로 만든 요구르트와 치즈, 양고기, 올리브, 대추야자, 무화과 등이 일상적으로 더해진다. 채소로는 토마토·오이·양파·가지, 과일로는 석류·레몬·견과류, 향신료로는 커민·생강·계피·후추·마늘, 허브로는 민트·고수·파슬리가 많이 쓰인다.

아랍 음식의 특징은 다음과 같으며, 나머지 중동 지역도 이와 유사하다.

불구르

- 밀로 빵이나 불구르bulgur를 만든다. 빵은 반죽을 얇게 밀어서 구운 플랫브레드가 대종을 이룬다. 불구르는 통밀을 살짝 쪄서 말려 다양한 굵기로 빻은 것으로, 필라프pilaf(곡식을 기름에 볶다가 육수나 물을 넣고 끓여 익힌 밥), 수프, 샐러드 등 여러 방식으로 요리한다.
- 육류는 양고기와 닭고기를 많이 이용하며 일부 지역에서는 낙타고기도 먹는다. 고기의 여러 부위를 다양하게 이용하는데, 특히 양의 뇌·머리·발을 별미로 여긴다.
- 생선과 물고기는 어디서나 인기 있으며, 지중해 지역에서 많이 먹는다.
- 치즈는 주로 양젖으로 만들며 수백 종류가 있다. 낙타젖으로도 치즈를 만든다.
- 요구르트를 음료, 산미료, 소스, 수프, 디저트 등에 두루 이용한다.
- 견과류(아몬드, 호두, 피스타치오 등)와 씨앗류(호박씨, 해바라기씨, 수박씨 등)를 스낵으로 즐겨 먹으며 요리에 갈아 넣기도 한다.
- 올리브는 지중해 지역의 대표 작물로 북아프리카와 동부 지중해 지역에서 많이 나온다. 아랍에서는 주로 올리브유로 요리를 하며, 올리브절임을 거의 매끼마다 먹는데 짭짤하고 고소해서 애피타이저나 안주로도 그만이다.
- 샐러드는 올리브유에 가볍게 버무려 레몬즙을 뿌려 먹는다.

- 고기에 과일을 넣어 새콤달콤하게 요리하는 것을 좋아한다. 이를테면 미트볼이나 닭고기에 살구소스를 얹는 식이다.
- 과일은 후식이나 간식으로 먹는데 생과일로 먹는 걸 선호한다. 건대추야자, 건무화과, 건살구 등의 말린 과일은 스낵으로도 먹고 요리에도 넣으며, 이프타르(라마단 때 금식을 마치고 먹는 저녁 식사)의 필수 음식이기도 하다.
- 단맛을 무척 즐기며 당과류가 발달했다.

3. 대표 음식

케밥kebap 고기나 어패류, 채소 등을 잘라 양념하여 불에 구운 것이다. 중동 전체에 퍼져 있다.

피타pita 밀가루에 효모를 넣고 발효시켜 구운 플랫브레드의 일종으로 겉은 약간 바삭하고 속은 쫄깃하다. 손으로 뜯어 올리브유나 후무스(병아리콩 소스)에 찍어 먹거나, 케밥이나 팔라펠(병아리콩 경단) 등을 넣어 싸 먹는다. 피타를 반으로 잘라 벌리면 반달 모양의 주머니 형태가 되는데, 여기에 후무스, 팔라펠, 채소 등을 넣어 포켓 샌드위치로 만들어 먹기도 한다.

피타와 후무스

피타는 인류의 가장 오래된 빵의 하나로 BC 2500년경 메소포타미아에서 처음 만들어졌다. 중동을 대표하는 빵으로 그리스, 루마니아 등 발칸 지역에서도 먹는다.

딥

아랍을 비롯한 중동에서는 빵이나 채소 등을 찍어 먹는 딥dip이 발달했다.

후무스hummus 병아리콩을 푹 삶아 곱게 으깨서 마늘·올리브유·레몬즙·타히니(참깨소스) 등으로 양념한 되직한 소스로, 피타나 팔라펠 등을 찍어 먹는다. 중동의 식탁에 빠지지 않는 음식으로, 메제meze(중동에서 애피타이저나 안주로 나오는 음식)의 단골 메뉴이기도 하다. "후무스가 없는 메제 테이블은 이야기가 없는 아라비안 나이트와도 같다."는 속담이 있을 정도다.

타히니

타히니tahini 껍질을 벗긴 참깨에 올리브유를 넣고 곱게 갈아서 소금으로 간을 맞춘 소스다. 피타나 팔라펠을 찍어 먹거나 샐러드 드레싱, 케밥에 끼얹는 소스, 할바(중동식 디저트)의 재료 등으로 다양하게 활용된다.

바바가누쉬baba ghanoush 구운 가지로 만든 되직한 딥으로 피타나 칩, 채소를 찍어 먹는다.

무함마라muhammara 고추, 마늘, 올리브유, 마늘, 파슬리로 만든 딥이다.

팔라펠을 넣은 피타 샌드위치

팔라펠falafel 병아리콩을 물에 불려 양파, 파슬리, 커민, 고수씨, 올리브유 등을 넣고 곱게 갈아 둥글게 혹은 둥글납작하게 빚어 튀긴

아랍의 대표 음식
첫줄(왼쪽부터) 필라프, 케밥, 바바가누쉬
둘째줄 무함마라, 타히니, 석류, 후무스, 팔라펠
셋째줄 피타, 삼부삭, 키베

경단이다. 참깨를 묻혀 튀기기도 한다. 후무스나 타히니에 찍어 스낵으로 먹거나, 피타 샌드위치에 넣거나 피타에 싸 먹는다. 메제로 내기도 한다. 이집트에서 나와 중동과 인도 등지로 전파된 것으로 추정되는데 이집트에서는 잠두로도 만든다.

필라프pilaf 쌀이나 불구르를 기름에 볶다가 뜨거운 육수를 넣고 뚜껑을 덮어 지은 밥이다. 각종 육류나 해산물, 채소를 넣기도 한다. 중동 지역 전체에 퍼져 있으며 튀르키예에서는 필라브pilav, 이란에서는 폴로polo라고 한다. 북인도 지역에서 고대부터 먹던 풀라오pulao에서 유래된 것으로 보고 있다.

키베kibbeh 불구르에 양파와 양고기(혹은 쇠고기) 간 것, 민트, 올리브유 등을 섞어 반죽하여 날로 먹거나 갸름하게 빚어 꼬치에 꿰어 불에 구운 것이다. 가운데에 속을 넣어 기름에 튀기기도 한다. 시리아와 레바논의 국민 음식으로 동부 지중해 지역에서 즐겨 먹는다.

타불레tabbouleh, tabouli 불구르를 물에 불려 민트, 토마토, 향신료를 넣고 올리브유와 레몬즙에 버무린 샐러드의 일종이다. 동부 지중해 지역에서 많이 먹으며 애피타이저로 내거나 키베 등의 주요리에 곁들인다.

삼부삭sambusak 감자, 양파, 완두콩, 다진 양고기 등을 넣어 튀기거나 구운 삼각형의 만두다. 아랍 상인들이 삼부삭을 북인도로 전해 주어 그곳에서 '사모사'가 나오게 되었다.

할바halva 당과류를 말하는데 곡식 가루를 주재료로 만든 것과 견과류외 비디른 주재료로 민는 두 종류가 있다. 전자는 경질 밀가루에 정제 버터와 설탕을 넣어 떡같이 쫄깃하게 만들며 대추야자, 말린 과일, 아몬드 등을 넣기도 한다. 후자는 타히니나 곱게 간 해바라기씨 등에 설탕을 넣어 푸슬푸슬하게 만든다. 중동과 이웃한 발칸, 중앙아시아, 남아시아 등지에서도 즐겨 먹는다.

할바

4. 식사의 구성과 음료

1) 식사의 구성

아침은 7~8시경 따듯한 커피나 홍차로 시작하여 피타와 잼(혹은 꿀), 양젖 치즈, 콩, 계란, 올리브절임, 요구르트 등으로 가볍게 한다. 이른 오후에 먹는 점심이 메인 식사다. 육류로 만든 스튜나 해산물 요리가 주요리로 나오고 피타, 필라프, 채소나 콩 요리, 샐러드 등이 함께 나온다. 격식을 차린 식사에서는 주요리 전에 메제(전채 요리)와 수프가 추가되기도 한다. 메제로는 올리브절임, 후무스, 타히니, 피타 등이 나오는데, 피타를 후무스와 타히니에 찍어 먹는다. 돌마, 견과류 등도 메제의 단골 메뉴다. 식사가 끝나면 디저트(신선한 과일, 할바, 푸딩 등)가 나오고 마지막으로 커피나 홍차를 마신다. 저녁 식사는 온 가족이 모여 이른 저녁에 하는데 점심에 남았던 음식과 수프 등으로 가볍게 한다.

아랍을 비롯한 중동 음식은 서양 음식처럼 따로 코스가 정해져 있지 않으며 모든 음식을 한번에 차린다. 유럽 영향을 많이 받은 요르단, 레바논, 시리아 등의 식당에서는 코스로 나오기도 한다. 코스의 순서는 메제 → 주요리 → 디저트 → 음료 순이다.

2) 음료

음료로는 깨끗한 냉수를 가장 선호한다. 식사 중에는 요구르트를 희석한 음료나 청량음료, 물을 마시고 식후에는 설탕을 넣은 홍차나 커피를 마신다. 아랍의 커피는 우리가 마시는 커피와 전혀 다르다. 원두를 갈아 물을 붓고 그대로 끓여 내므로 커피 가루가 잔에 그대로 남아 있다. 터키식 커피도 이런 식으로 끓인다. 장미수나 오렌지꽃물로 향을 낸 물, 생과일주스 등도 즐겨 마신다.

이슬람에서는 술을 금기시하므로 찻집과 커피 하우스가 술집의 사회적 기능을 대신한다. 그렇다고 술 문화가 전혀 없는 것은 아니다. 아락, 맥주, 와인 등을 생산하고 소비한다.

이슬람 사원의 전통적인 아랍 커피

아랍의 차 문화

아랍에서 빼 놓을 수 없는 것이 차 문화다. 일본, 중국, 동남아, 인도 못지않게 아랍에서도 차 문화가 일상화되어 있다. 식후에도 꼭 마시고 입이 심심하면 어느 때든 마신다. 홍차가 가장 대중적인데 찻잎을 진하게 우려 설탕을 듬뿍 넣어 마신다. 여기에다 손님이 오면 아주 단 디저트까지 곁들여 먹는다.

아랍 차, 대추야자, 록캔디(rock candy)

아랍에서는 더위를 잊고 사람을 만나는 사교의 일환으로 차를 대해왔기 때문에 차는 단순한 기호품을 넘어 삶의 일부로 자리 잡고 있다. 손님에게 차를 내놓는 것은 자연스런 문화이며 이를 거절하는 것은 큰 실례가 된다.

차는 사막의 유목민들에게도 필수품이다. 베두인족들은 이동할 때 옷은 안 가져가도 차와 찻잔, 찻주전자는 꼭 챙겨간다고 한다.

증류주의 원조 '아락'

증류의 역사는 BC 2000년경 바빌로니아에서 시작되었다. 이때는 향수나 약제를 얻기 위해 증류법을 사용했다. 증류법을 술에 적용하여 농축된 알코올을 얻는 기술은 12세기 무렵 아라비아에서 나왔다는 게 정설이다. 아라비아에서는 와인을 증류해서 아락을 만들었다. 아라비아의 증류 기술은 십자군 원정을 통해 유럽으로 전파되어 브랜디*와 위스키를 낳았고, 이후 원나라 몽골족을 통해 중국과 우리나라에도 전파되었다. 고려 시대, 몽골 군대가 머물던 안동, 개성, 제주도 등지에 소주(燒酒, '태운 술'이라는 뜻) 도가가 만들어져 현재까지 전통이 이어져온다.

아락(arak)은 아라비아어로 '땀'을 뜻하는 araq에서 왔는데, 포도를 으깨 발효시켜서 두 번 증류하여 토기로 만든 암포라(amphoras)에서 숙성시킨다. 두 번째 증류할 때 아니스라는 향신료를 넣어 증류하므로 독특한 향기가 난다. 안주(메제)를 곁들여 마시는데, 독주(알코올 도수 40~63)라서 찬물이나 얼음을 타서 마시거나 찬물과 아락을 번갈아가며 마신다. 무색투명한 아락에 물을 넣으면 우유빛으로 뿌옇게 변하는데, 이는 아니스 성분이 물과 반응하기 때문이다. 아락은 중동 전체에서 애음된다. 7~8 세기에 아라비아 상인들이 드나들던 인도네시아와 말레이시아에서도 아락을 마신다. 튀르키예의 라키(raki)와 그리스의 우조(ouzo)도 아락과 유사한 술이다.

아락

아니스

암포라

---

* 브랜디(brandy)는 네덜란드어로 '태운 와인'이라는 뜻의 '브란더베인(brandewijn)'에서 나온 말이다.

5. 식사 예절

- 아랍인들은 전통적으로 손으로 먹으며 식사 전에는 반드시 손을 씻는다. 손에 묻은 것을 닦기 위한 작은 수건을 개인별로 내준다. 오른손의 엄지, 검지, 중지를 사용하며 왼손은 사용하지 않는다. 빵은 손으로 뜯어 후무스 등을 찍어 먹거나 요리를 싸 먹는다. 밥은 손가락으로 가볍게 뭉쳐 소스나 스튜에 찍어 먹는다.

- 음식은 바닥에 넓은 천을 깔고 차린다. 지름 60~90cm 되는 큰 쟁반에 음식이 담긴 접시를 담아내면 각자 앞접시에 덜어 먹는다. 혹은 식탁에 차리기도 한다.

- 손님은 자신에게 제공된 음식은 가능한 다 먹는 것이 예의이므로 음식이 나올 때 먹을 수 있는 양을 분명히 이야기하는 것이 좋다.

- 무슬림들은 식사 전과 후에 알라(하나님)에 대해 감사를 표하며, 무슬림이 아닌 경우에는 식사를 하기 전에 "Sahtain(Good appetite)!", 식사를 마친 후에는 "Daimah(May there always be plenty)"라고 말한다.

- 가정에서는 가장에게 가장 먼저, 가장 맛있는 부위가 제공된다. 또한 남자가 먼저 음식에 손을 대고 먹을 것을 선택한다. 전통 풍습이 많이 남아 있는 국가(사우디아라비아, 이란, 이라크 등)에서는 여성과 아이들이 남성들과 동석하지 않고 따로 먹는 경우가 많다. 무슬림 여성은 자신의 직계 가족이 아닌 남성의 손이 닿았던 음식을 먹으면 안 된다.

- 식사가 끝나면 자리를 떠나 손을 씻고 커피나 차를 마신다.

- 아랍을 비롯한 중동에서는 손님을 환대하는 문화가 깊이 자리하고 있다. 초대받지 않고 방문한 사람에게도 친절한 환영 인사를 건네며 간단한 먹을거리와 음료를 내온다.

- 가정에 초대받았을 때는 보통 당과류를 선물로 들고 가며 주인은 그 자리에서 바로 열어 손님에게 대접한다.

TÜRKIYE

튀르키예의 음식문화

- **면적** 783,562㎢
- **인구** 85,561,976(2022년)
- **수도** 앙카라
- **종족** 투르크족(70~75%), 쿠르드족(19%), 기타(7~12%)
- **공용어** 튀르키예어
- **종교** 이슬람교(99.8%), 기타(0.2%)
- **1인당 명목 GDP(US 달러)** 8,081(2021년)

튀르키예*는 아시아의 서쪽 끝 아나톨리아반도와 유럽 발칸반도 남단의 일부분을 차지하고 있는 유럽과 아시아의 경계에 있는 국가다. 아시아와 유럽을 잇는 관문적 위치에 있는 튀르키예는 예로부터 동서 교류의 중계지 역할을 담당해왔다. 이스탄불의 그랜드 바자르(1455~1461년 설립)는 육상 실크로드와 지중해 상권을 잇는 동서 교역의 관문으로 동서양의 문물, 이슬람 문명과 기독교 문명이 만나는 장이었다. 오늘날에도 매일 25만~40만 명이 찾는 국제적인 시장이다.

중동, 발칸반도, 북아프리카 일대에는 케밥·돌마·필로·바클라바·라키 등의 튀르키예 음식이 퍼져 있다. 투르크족이 세운 오스만 제국이 이 일대를 지배하면서 튀르키예 음식이 이들 지역으로 전파되었기 때문이다.

1. 튀르키예 음식문화의 형성 배경

1) 넓은 국토와 지리적 환경

튀르키예(구 터키)는 보스포루스 해협과 다르다넬스 해협을 경계로 아시아에 속하는 아나톨리아반도(국토의 97%)와 유럽에 속하는 트레이스반도(국토의 3%)로 나뉜다. 국토 면적은 한국의 7.8배에 달하며 북·서·남 삼면이 흑해, 에게해, 지중해에 둘러싸여 있다. 아나톨리아반도는 해발 1,100m가 넘는 광활한 고원 지대로 건조 기후와 대륙성 기후를 나타낸다. 지중해 및 에게해 연안은 지중해성 기후로 여름은 고온 건조하고 겨울은 온난하며 비나 눈이 자주 내린다. 흑해에 면한 지역은 해양성 기후를 보인다.

아나톨리아 고원에서는 농업과 양의 방목이 성하다. 국토의 2/5 가량이 경작지인데 이 중 절반 정도에서 곡류가 재배되고, 약 1/8이 포도원, 과수원, 올리브 재배지, 채소밭 등으로 사용된다. 튀르키예의 농업 생산량은 세계 7위 규모이고 식량 자급률은 100%를 넘는다. 주요 작물은 밀, 쌀, 면화, 과일, 꿀 등이며 체리, 포도, 레몬, 석류, 오렌지, 귤, 사과, 복숭아, 올리브, 건무화

* 최근 터키가 국명을 '투르크인의 땅'을 의미하는 '튀르키예(Türkiye)'로 변경했다.

과·건살구 등 건과류도 많이 난다.

2) 역사적 배경

튀르키예인의 조상은 훈족(흉노족)의 일파인 투르크Turk족*이다. 이들은 몽골
주변 지역에서 유목을 하며 살다가 7세기 초중반 당나라의 공격을 받고 셀
주크 족장을 따라 서진하여 아나톨리아반도 동쪽의 흑해 연안과 페르시아
북부 지역까지 진출했다. 11세기에는 아나톨리아반도에 셀주크 투르크 왕조
(1038~1194)가 세워졌고, 수많은 투르크 부족이 이곳에 들어와 정착하면서
오늘날 튀르키예 공화국의 기원이 되었다. 이 과정에서 투르크인들은 페르시
아인, 아랍 유목민, 그리스인 등과 접촉하였고 이들의 문화와 이슬람교를 받
아들였다.

13세기에 일어난 오스만 제국(1299~1922)은 1453년 동로마 제국(비잔틴
제국)의 수도인 콘스탄티노플(현재의 이스탄불)을 점령하고 비잔틴 문화도
수용하였다. 제국의 전성기(16세기 중반) 때는 아나톨리아반도, 발칸반도, 이
집트를 포함한 북아프리카, 아라비아반도, 캅카스에 이르는 광대한 영토를
지배했다. 이 과정에서 튀르키예 음식이 제국의 곳곳으로 전파되었다.

튀르키예요리는 오스만 제국의 전성기에 절정을 구가했다. 이스탄불의 톱
카프 궁정의 주방에서 사용된 향신료만 200여 종에 달했는데, 이는 지배층
의 미각이 세련되고 섬세해졌음을 뜻한다. 궁정 요리사들은 각지에서 온 사
설들에게 기호에 맞는 음식을 내접하기 위해 노력했고 이 과정에서 페르시
아, 그리스, 아랍 등지의 요리법을 받아들였다. 페르시아로부터는 향신료와
세련된 조리법을, 그리스로부터는 다양한 채소 요리와 생선 요리법을, 아랍
으로부터는 과자 만드는 법을 흡수했다. 18세기 이후에는 오스만 제국의 근
대화와 함께 서양 문물을 적극 수용하면서 프랑스 요리법도 받아들여 튀르
키예요리는 한층 세련되고 화려해졌다.

* 한자로는 돌궐족으로 표기한다.

파스트르마

3) 투르크 유목민의 음식

유목을 하던 투르크인의 주식은 양과 말의 고기와 젖이었다. 유목민들에게는 고기를 오래 보관하는 기술이 매우 중요했으므로 이들은 일찍이 고기 저장법을 터득했다. 대표적인 저장육으로는 파스트르마pastirma와 수죽sucuk이 있다. 파스트르마는 염지한 고기에 커민, 고춧가루, 다진 마늘, 소금 등을 발라 말린 생햄의 일종이다. 쇠고기가 선호되지만 양고기나 염소고기로도 만든다. 얇게 잘라 애피타이저로 먹거나, 빵과 먹거나, 수프에 넣는 등 다양한 방식으로 먹는다. 파스트르마는 오래 보존되고 운반도 편리하여 투르크족이 유목 생활을 할 때 애용되었으며 군대의 전투 식량으로도 제격이었다.

수죽은 쇠고기를 갈아 마늘, 소금, 후추 등을 넣어 반죽하여 가축의 창자에 넣어 말린 소시지의 일종이다.

요구르트는 유목민들이 젖을 보관하기 위해 고안한 식품으로, 투르크인들은 수천 년 전부터 소젖과 양젖으로 요구르트를 만들어 먹었다. 빵·요구르트·파스트르마에 양파 등의 채소가 있으면 훌륭한 튀르키예식 밥상이 된다.

4) 이슬람교의 영향

튀르키예인의 98%는 이슬람교를 신봉하며, 종교가 식생활을 비롯한 생활 전반에 큰 영향을 미치고 있다(3장 종교와 식철학 참조).

이 같은 역사를 배경으로 튀르키예 음식문화 속에는 유목 문화의 전통을 바탕으로 아랍 문화, 그리스 문화, 페르시아 문화, 비잔틴 문화, 프랑스 문화, 이슬람 문화 등의 다양한 문화가 녹아 있다.

2. 튀르키예 음식의 특징

- 튀르키예인들의 기본 음식은 빵과 요구르트다. 튀르키예인들은 빵을 먹지 않으면 식사를 하지 않은 것으로 여길 정도로 빵을 매우 중시한다. 유기농으로 재배한 질 좋은 밀로 만들므로 빵 맛이 뛰어나다. 빵 인심도 후해서 식당에서 빵은 돈을 따로 받지 않는다.

- 요구르트가 빠진 튀르키예의 밥상은 상상할 수 없다. 요구르트를 케밥에 뿌려 먹거나, 요구르트에 오이·민트·허브 등을 다져 넣어 자즉cacik이라는 샐러드를 만들기도 하고, 요구르트에 물과 소금을 넣어 희석한 아이란ayran을 즐겨 마신다.

- 치즈 역시 빠질 수 없다. 200여 종의 치즈가 있는데, 양젖과 염소젖으로 만드는 흰색의 페타치즈를 가장 즐겨 먹는다.

- 중동의 다른 지역에 비해 고기를 많이 먹으며 육류 요리가 발달했다. 가장 선호되는 고기는 양고기이고 닭고기, 새고기, 해산물도 즐겨 먹는다. 고기는 주로 불에 굽는다. 스텝 지역의 유목 환경에서는 고기는 풍부하나 물은 귀해서 굽는 조리법을 선호하게 된 것이다.

- 튀르키예인들은 별다른 양념 없이 생채소를 먹는 데 익숙하다. 이 역시 유목 문화에서 나온 식습관이다. 채소로는 오이와 토마토를 가장 즐겨 먹고 양파, 가지, 호박, 피망, 시금치, 무, 당근, 마늘, 순무, 양배추, 감자도 들어 먹는다. 잎채소의 이용은 저조한 편이다.

자즉

아이란

페타치즈

3. 대표 음식

빵류

에크멕ekmek 사워도우sourdough(공기 중의 효모를 이용해 발효시킨 반죽)로 만든 빵으로 튀르키예인들이 가장 많이 먹는 빵이다. 타원형, 도넛형, 바게트형, 롤빵형 등 여러 가지 모양이 있다.

시미트

시미트simit 깨를 뿌린 링 모양의 쫄깃한 빵으로 아침 식사나 간식으로 먹는다. 가판대에서도 팔고 빵 장수가 바구니를 머리에 이고 "시미트"라고 외치며 다니기도 한다.

피데pide 타원형으로 얇게 민 반죽 위에 다진 고기와 치즈, 파스트르마 등을 올려서 구운 빵으로, 흔히 '튀르키예식 피자'로 불린다.

라흐마준lahmacun 얇게 민 밀가루 반죽 위에 다진 고기를 얹어 화덕에 구워낸 빵이다. 그대로 먹거나 레몬즙을 뿌리고 양파, 토마토, 고수, 고추 등을 얹어 돌돌 말아 먹는다. 저렴하고 간단하게 끼니를 해결할 수 있는 음식으로, 대개 아이란과 함께 먹는다.

케밥kebap 고기구이를 말한다. 튀르키예어 'kebap'은 아랍어로 구운 고기를 뜻하는 'kabāb'에서 왔다. 주로 양고기가 쓰이지만 쇠고기, 염소고기, 닭고기, 생선 등으로도 만든다. 케밥에 구운 토마토, 샐러드, 요구르트 등을 곁들여 먹는다.

조리법에 따라 여러 종류가 있다. 쉬시shish 케밥은 고기나 생선을 작게 잘라 양파·토마토·피망 등의 채소와 함께 꼬챙이에 꿰어 구운 것이다. 도네르 케밥은 다져서 양념한 고기를 둥글넓적하게 반대기를 지어 수직의 꼬챙이에 차곡차곡 끼워 불 옆에서 회전시키며 구운 것이다. 겉면부터 익는데, 익은 고기를 얇게 썰어 내어 샐러드, 양파, 요구르트를 곁들여 피타(플랫브레드의 일종)에 싸 먹는다. 튀르키예어로 '도네르döner'는 '빙글빙글 돈다'는 뜻이다. 이밖에도

도네르 케밥

아다나 케밥(고기를 곱게 갈아 양파 등을 넣고 반죽하여 갸름하게(혹은 넓적하게) 빚어 꼬챙이에 꿰어 구운 것), 항아리 케밥(고기와 채소를 항아리에 넣고 빵 반죽으로 입구를 봉해 익힌 스튜 형태의 케밥) 등 수십 종류가 있다.

케밥은 유목민들이 쉽고 간단하게 고기를 익혀 먹던 것에서 발전한 것이다. 튀르키예를 비롯해 중동 전역과 발칸반도, 중앙아시아 등지에 퍼져 있다.

코프테köfte 다진 양고기에 쌀이나 불구르bulgur(통밀을 쪄서 말려서 굵게 빻은 것)를 넣어 둥근 모양으로 빚어 튀기거나 굽거나 혹은 소스에 푹 익힌 음식이다. 기름에 튀긴 코프테에는 감자튀김을 곁들인다.

필라브pilav 쌀 혹은 불구르를 기름에 볶다가 육수를 붓고 밥을 짓듯이 끓여 익힌 것이다. 양파, 토마토, 말린 과일, 허브, 고기 등을 부재료로 넣어 다양한 맛을 낸다. 유럽에서 주요리에 감자를 곁들이듯이 튀르키예에서는 필라브를 곁들인다.

돌마dolma · **사르마**sarma 돌마는 튀르키예어로 '돌마크dolmak(채우다)'라는 말에서, 사르마는 '사르막sarmak(감싸다)'이라는 말에서 유래되었다. 채소에 다진 고기와 쌀로 속을 채우거나 포도 잎이나 양배추 잎으로 속재료를 감싸서 찐다. 채소로는 토마토, 피망, 양파, 호박, 가지 등이 사용된다. 고기를 넣은 것은 따뜻하게 하여 요구르트와 함께 주요리로 내고, 쌀을 넣은 것은 차게 하여 애피타이저나 티타임에 낸다. 속재료로 치즈, 견과류, 콩 등을 넣기도 한다.

돌마

초반çoban**샐러드** '양치기 샐러드'라고도 불리는 가장 대중적인 샐러드다. 토마토, 오이, 양파, 피망 등을 주사위 모양으로 잘라 올리브유와 레몬즙으로 버무리면 완성된다.

튀르키예를 비롯한 중동 지역과 그리스를 비롯한 발칸반도(과거 오스만 제국의 영토였음) 등지에서 공통적으로 먹는 샐러드로 그리스에서는 그릭샐러드, 불가리아에서는 숍스카샐러드, 이스라엘에서는 이스라엘샐러드라고 부른다. 나라별로 약간씩 차이가 있으나 기본 조리법은 동일하다. 술(아락, 라키, 우조)과 함께 애피타이저로 먹거나 각종 음식에 곁들인다.

(왼쪽 위부터 시계 방향으로) 메제 모듬(뵈렉, 키베, 돌마, 토마토), 피타, 필라브, 피데, 요구르트, 케밥과 초반샐러드, 라흐마준

뵈렉burek · 바클라바baklava 버터를 넣은 밀가루 반죽을 종잇장처럼 얇게 민 것을 필로phyllo라고 하는데 오스만 제국의 궁정에서 처음 만들어져 중동과 발칸 각지로 전파되었다.

뵈렉은 필로에 녹인 버터를 발라 여러 겹 겹쳐서 치즈·시금치·고기 등을 넣고 구운 파이다. 페타치즈와 시금치를 넣고 구운 것을 튀르키예에서는 이스파나클리 뵈렉ispanakli burek, 그리스에서는 스파나코피타spanakopita라고 한다.

바클라바는 필로에 녹인 버터를 발라 여러 겹 겹쳐서 피스타치오, 호두, 꿀 등을 층층이 넣어 구운 다음 시럽이나 꿀에 적신 과자다. 튀르키예뿐 아니라 옛 오스만 제국의 영토였던 중동과 발칸에서 가장 인기 있는 과자 중 하나다.

로쿰

로쿰lokum · 수틀라치sutlac · 무할레비muhallebi 로쿰은 전분과 설탕으로 만든 젤리 같은 과자로 흔히 '터키쉬 딜라이트Turkish delight'로 불린다. 견과류(대추야자, 피스타치오, 헤이즐넛, 호두 등)를 다져 넣고 장미수, 베르가모트bergamot, 레몬, 민트 등으로 색과 향을 내고, 설탕 가루를 입힌다.

수틀라치와 무할레비는 둘 다 쌀푸딩이다. 수틀라치는 쌀에 우유, 설탕을 넣어 끓인 뒤 식혀서 계피 가루를 뿌려 먹는 디저

수틀라치

FOOD TALK TALK

술탄의 과자 바클라바

바클라바의 기원에 관해서는 여러 설이 있으나, 현재와 같은 형태의
바클라바는 13세기 오스만 제국의 토카프 궁전에서 처음 만들어졌
다는 기록이 남아 있다. 이스탄불의 부자들은 가정에 두 명의 기술
자를 두어 바클라바와 뵈렉을 만들었다고 한다.

바클라바

튀르키예 속담에 "나는 매일 바클라바를 먹을 만큼 부자가 아니
야."라는 말이 있을 정도로 과거에는 사치스런 음식이었지만, 현재는
누구나 먹을 수 있는 과자가 되었다. 튀르키예의 명절에 빠지지 않으며, 발칸과 중동을 관통하는 식문
화 아이콘으로, 과거 오스만 제국의 영토였던 곳 어디서든 쉽게 만날 수 있다.

트다. 무할레비는 쌀가루에 우유, 설탕, 전분(혹은 경질 밀가루)을 넣어 끓인
뒤 차게 식힌 디저트다. 수틀라치는 쌀알이 씹히는 반면 무할레비는 푸딩처
럼 부드럽다.

4. 식사의 구성과 음료

1) 식사의 구성

튀르키예의 아침 식사는 아랍의 경우보다 약간 늦고 양도 푸짐하다. 튀르키
예어로 아침 식사를 '카흐발트kahvaltı'라고 하는데, 이는 kahve(커피)와 altı(아
래)가 합쳐진 말로 '커피를 마시기 전에 먹는 것'이라는 뜻이다. 카흐발트는
홍차와 빵(에크멕이나 시미트 등)으로 시작해 커피로 끝난다. 빵에 치즈, 요
구르트, 올리브절임, 토마토, 오이, 과일, 잼, 꿀, 버터, 카이막kaymak(크림을 응
고시킨 것으로 꿀을 넣고 휘저어 빵에 발라 먹음)을 곁들여 먹으며 때에 따
라 삶은 계란, 파스트르마, 수죽 등이 더해진다. 점심(12시경)과 저녁(6~8시
사이) 역시 푸짐하다. 식당에서 먹는 점심은 수프와 고기 요리 한 가지, 빵,

샐러드가 일반적이다. 튀르키예인들은 식사 때 수프를 꼭 먹는데 붉은 렌틸 콩으로 만든 메르지멕 초르바스mercimek çorbası를 우리의 된장국처럼 즐겨 먹는다. 그 외 닭고기, 버섯, 토마토로 끓인 수프도 대중적이다. 저녁은 온 가족이 모여 함께 먹는다. 애피타이저인 메제(미트볼, 돌마, 홍합, 오징어튀김, 후무스, 샐러드 등이 나옴)와 라키(튀르키예의 전통주)로 시작해서 수프가 나오고, 채소와 고기 요리, 스튜가 주요리로 나온다. 여기에 밥, 에크멕, 뵈렉, 샐러드, 피클, 요구르트 등을 곁들인다.

남성 최고 연장자가 식사 기도를 하고, "건강을 기원합니다."라고 말하고 음식을 들기 전까지는 먹지 않는 것이 예의다. 이런 관습은 유목민의 가부장적 가족 체계를 반영한다.

식사를 마치면 단맛의 디저트가 나오는데, 이는 "달콤한 음식을 먹고 즐거운 이야기를 나눕시다."라는 의미라고 한다. 튀르키예인들은 기름진 식사 후에 먹는 단 음식이 소화를 촉진한다고 생각한다. 디저트에는 흔히 카이막을 곁들인다. 디저트 뒤에는 과일을 먹는데 사과가 제일 인기 있다. 마지막으로 차 혹은 커피를 마신다. 스낵으로는 견과류와 씨앗(헤이즐넛, 땅콩, 호두, 피스타치오, 해바라기씨, 호박씨 등), 건과류(건포도, 건살구, 건무화과 등)를 즐겨 먹는다.

2) 음료

튀르키예인들이 가장 많이 마시는 음료는 '차이çay'라 불리는 홍차다. 식사에도 차이를 곁들이며, 빵도 차이와 함께 먹는다. 흑해 동부 연안에서 품질 좋은 차가 대량 생산되므로 가격도 저렴하다. 차이 다음으로 대중적인 음료는 커피다. 서구화가 진행되면서 커피 가루에 물을 넣고 끓이는 걸쭉한 전통식 커피보다는 유럽식 커피의 인기가 높아지는 추세다.

튀르키예는 이슬람 국가지만 음주에 대해서는 비교적 관대한 편이다. 라키raki는 튀르키예인들이 가장 즐겨 마시는 술로 '튀르키

라키와 안주

튀르키예의 차 문화

튀르키예인들은 마음에 여유를 갖고 오늘을 즐기며 산다. 유유자적한 생활의 중심에는 차 문화가 자리한다. 어린이부터 어른까지 언제 어디서든 차이를 마신다. 남자들은 동네 찻집을 이용하고, 여자들은 오후 2시 반~4시 반에 이웃집 여자들을 집으로 초대하여 티타임을 갖는다. 이 시간을 아주 중시하는데 식탁보와 냅킨을 준비해 예쁘게 차리며 빵, 과자와 함께 차이를 낸다. 티타임이 끝나면 소파에 앉아 레이스 뜨기 등을 하며 정담을 나눈다.

차이와 차이단륵

차이는 '차이단륵(çaidanlik)'이라는 2중 주전자에 중탕을 해서 끓이므로 떫은맛이 전혀 없고 부드럽다. 붉은색이 도는 차이를 허리가 잘록한 작은 유리잔에 받침을 받혀 담아낸다. 손님이 방문하면 차를 대접하는데, 이는 호의와 존경의 표현이다.

유네스코 인류무형문화유산 터키식 커피

튀르키예에는 16세기에 예멘을 통해 커피가 처음 전해졌는데, 이후로 나름의 독특한 커피 문화를 일구었다. 터키식 커피(Turkish coffee)는 위에 두툼한 거품층이 있는 걸쭉한 커피로 에스프레소 잔만한 작은 잔에 담겨 나온다.

터키식 커피는 섬세한 과정을 거쳐 끓인다. 먼저, 갓 볶은 원두를 절구나 분쇄기로 아주 곱게 간다. 그 다음 커피 가루, 물, 설탕(원할 경우)을 자루가 달린 '체즈베(cezve)'에 넣고 불에 올려 표면에 거품이 생길 때까지 천천히 끓인다. 마지막으로 작은 잔에 따르고 물 한 잔과 로쿰을 곁들여 낸다.

커피를 다 마신 후에는 커피 잔을 돌리고 소원을 빈 다음 접시 위에 뒤집어 놓는다. 잔에 남겨진 커피 가루로 만들어진 형상으로 점을 치는데, 이 또한 터키식 커피가 주는 재미의 하나다. 터키식 커피 문화와 전통은 2013년 유네스코 인류무형문화유산에 등재되었다.

터키식 커피와 로쿰

그리스와 슬로베니아 등 오스만 제국의 지배를 받았던 발칸 반도에서도 튀르키예와 같은 방식으로 커피를 끓인다.

커피 하면 유럽을 떠올리시반, 뉴럽에 커피를 전한 사람들은 튀르키예인이다. 16세기 오스만 투르크가 오스트리아 빈을 침입했을 때 커피콩이 빈으로 전해졌다.

예의 국민 음료'로 불린다. 포도로 만드는 무색투명한 증류주로 아니스(향신료의 일종)로 향을 낸다. 알코올 도수가 40~50도인 독주라서 물(혹은 얼음)을 넣어 마신다. 길고 얇은 유리잔에 라키를 먼저 따르고, 술의 2배 분량의 물을 넣는다. 물을 섞으면 우유빛으로 뿌옇게 변하므로 '사자의 젖'이라는 별명이 붙었다. 안주로는 올리브절임, 양젖 치즈, 멜론, 토마토, 오이, 견과류, 자즉cacik(요구르트에 오이·민트·마늘 등을 다져 넣고 레몬즙과 소금으로 간을 맞춘 것), 새우, 홍합, 구운 생선 등을 낸다.

5. 식사 예절

튀르키예의 격언에 "많이 먹고 단명하지 말고 조금 먹고 천사가 되어라."는 말이 있다. 과식을 경계하는 말이다. 하지만 손님을 초대했을 때는 음식을 충분히 마련하여 대접하는 일에 각별히 신경을 쓴다. 손님은 자신에게 제공된 음식을 가능하면 다 먹는 것이 예의이므로 음식이 나올 때 먹을 수 있는 양을 분명히 얘기하는 것이 좋다.

음식에 코를 대고 냄새를 맡거나, 음식을 식히기 위해 입으로 불거나, 숟가락이나 포크를 빵 위에 놓거나, 상대방 앞에 있는 빵을 먹지 않도록 한다.

식사를 하기 전에는 남성 최고 연장자가 기도를 하며, 종교적 분위기가 강한 집에서는 식후에도 기도를 한다. 음식을 마련한 사람에게 감사의 표시로 "음식이 맛있습니다. 당신에게 축복이 있기를 바랍니다."라고 인사하는 것을 잊지 않는다.

중동의 다른 지역에서는 손으로 먹는데, 유럽 문화를 일찍이 받아들인 튀르키예에서는 포크와 나이프를 사용한다.

전통적인 상차림은 음식이 담긴 접시들을 시니sini라고 부르는 큰 쟁반에 담아, 다리가 낮은 둥근 밥상(이것을 소프라sofra라고 함)에 식탁보를 깔고 시니를 올려 낸다. 시니는 인도의 탈리와 모양과 용도가 흡사하다.

IRAN

이란의 음식문화

- **면적** 1,648,195㎢
- **인구** 86,022,843(2022년)
- **수도** 테헤란
- **종족** 페르시아(61%), 아제르바이잔(16%), 쿠르드(10%), 로리(6%), 발루치(2%), 아랍(2%),
  투르크(2%), 아르메니아(1%)
- **공용어** 페르시아어
- **종교** 이슬람교(99.4%)(시아 90~95%, 수니 5~10%), 기타 종교(조로아스터교, 유대교, 기독교)(0.3%)
- **1인당 명목 GDP(US 달러)** 20,261(2021년)

이란은 아라비아반도와 인도 아대륙 사이에 위치한다. 중동 지역에서 가장 동쪽에 위치하며 남쪽은 페르시아만에 접해 있다. 고대로부터 중국과 유럽을 연결하는 실크로드의 경유지이자 인도와 아프리카를 뱃길로 연결하는 동서 교역의 요충지였다. 이런 지리적 위치로 인해 중국과 인도로부터 쌀, 차, 가지, 감귤류(오렌지, 귤, 레몬), 타마린드, 각종 향신료들이 일찍부터 들어와 이란인들의 일상 식품이 되었다. 중동의 타지역에서는 쌀보다 밀을 많이 먹지만, 이란에서는 쌀이 제1의 주식이고 밀이 그 다음이다.

이란은 과거에 페르시아로 불리다가 1935년에 '아리아인의 나라'라는 뜻의 이란으로 개칭했다. 페르시아의 전성기였던 아케메네스 왕조(BC 550~BC 330) 시기에는 아라비아반도 북부, 소아시아(현재의 튀르키예), 중앙아시아, 인도 북부, 발칸반도, 이집트, 리비아에 이르는 광범위한 지역을 통치했다. 이를 계기로 페르시아 음식의 다양성이 확대되었고, 페르시아의 요리법과 식재료들(사프란, 장미수, 석류, 시금치 등)이 제국의 각지(소아시아, 이라크, 시리아, 아르메니아, 아프가니스탄 등지)로 전파되었다.

1. 이란 음식문화의 형성 배경

1) 자연환경

이란의 국토는 다양한 기후대(대륙성 기후, 지중해성 기후, 건조 기후)에 걸쳐 있어 농산물이 다양하고 풍부하다. 밀, 보리, 쌀은 3대 작물로 꼽히며, 과일의 천국이라 불릴 만큼 과일이 풍부하다. 특히 석류는 최고의 품질을 자랑한다.

중동의 다른 나라들처럼 양을 사육하기에 적합한 자연 조건을 갖추고 있어 양고기와 양젖이 기본 식품으로 이용된다.

2) 역사적 배경

'페르시아요리'로 불리는 이란 음식은 오랜 역사, 다채로움, 국제적인 면모를 자랑한다. 페르시아요리는 고대 그리스와 로마, 중동 여러 나라, 지중해 문화의 영향을 받았으며, 페르시아요리가 이들 지역의 음식에 영향을 주기도 했다. 인도로부터 향신료와 조리법, 차림법 등을 받아들이는 한편, 페르시아요리가 인도요리에 영향을 주기도 했다. 무굴 제국(1526~1857)이 인도를 통치

할 때 무굴 궁정의 공식어는 페르시아어였고, 음식을 비롯한 페르시아 문화를 적극 받아들였다. 그래서 인도와 이란은 공유하는 식문화가 많다. 탄두르에서 구운 납작한 빵을 이란에서는 넌nān, 인도에서는 난naan이라 하고, 밥이나 빵에 걸쭉한 스튜 형태의 음식을 곁들이는 것, 둥근 쟁반에 음식을 차려내는 것, 바스마티basmati 쌀을 먹는 것, 밥 요리인 폴로(이란)와 풀라오(인도)의 유사성 등이 그것이다.

2. 이란 음식의 특징

- 이란 음식은 찰기가 없는 쌀로 지은 밥과 밀로 만든 플랫브레드, 요구르트, 양고기, 가지를 기본으로 한다. 여기에 허브, 어육류(쇠고기·닭고기·생선), 콩, 치즈, 채소가 더해진다.
- 제철 식품을 이용해 신선함을 살리는 것을 가장 중시하며, 음식의 맛뿐 아니라 향기도 매우 중시된다.
- 요구르트와 치즈는 이란인들의 기본 식품으로 많은 가정에서 직접 만들어 먹는다. 걸쭉한 요구르트를 머스트māst라고 하는데, 머스트에 잘게 다진 오이나 양파, 민트 등을 섞어 샐러드로 먹기도 하고, 빵에 찍어 먹기도 한다. 두그dooghˇ는 머스트에 물과 얼음, 소금, 말린 민트가루를 넣은 시큼한 음료로 식전에 마시거나 간식으로 즐겨 마신다.
- 요리에 견과류(호두·아몬드·피스타치오 등)와 콩(병아리콩·렌틸콩·완두콩 등), 사프란을 즐겨 사용한다. 이란인들은 사프란이 몸을 따뜻하게 하고 건강에 이롭다고 여겨 요리, 디저트, 아이스크림, 차에도 넣어 마신다.

ˇ 아프가니스탄, 아르메니아, 이라크, 시리아 등지에서도 두그를 즐겨 마신다.

- 장미 꽃잎에서 추출한 장미수를 요리와 음료, 디저트에 즐겨 넣는다.
- 짠맛의 음식에 석류즙, 건포도, 매자 등의 과일을 넣어 새콤달콤하게 요리하는 것을 좋아한다. 고기에 석류즙을 넣고 익히거나, 쌀에 건포도, 설탕, 계피 등을 넣어 밥을 짓는 식이다.
- 이란인들은 곡류, 콩, 육류, 채소 등을 함께 넣고 오랜 시간 푹 끓이는 스튜(혹은 수프) 형태의 음식을 매우 즐긴다. 이란을 대표하는 음식인 코레쉬, 업구쉬트, 어쉬는 모두 이런 종류의 음식이다. 밥과 빵(and/or)에 걸쭉한 스튜 한두 가지를 곁들이면 기본 식단이 된다.

페르시아의 향기 '장미수'

꽃을 먹는 풍습은 세계 어디에나 있고 식용 꽃의 종류도 수백 가지에 달한다. 하지만 꽃에서 향기 성분을 추출해 음식에 사용하는 것은 중동 지역 특유의 식문화다.

장미 꽃잎에 물을 넣고 끓이면 수증기가 나오는데 이를 모아 식히면 장미수(rose water)가 얻어진다. 장미수는 은은한 장미향이 살아 있으며, 물에 넣어 마시거나 요리(특히 단맛의 후식류)에 사용한다. 물담배에 넣어 향기를 즐기기도 한다. 장미수는 사산조 페르시아(226~651)에서 처음 만들기 시작했으며, 페르시아의 영향을 받은 요리에는 장미수가 즐겨 쓰인다.

장미수를 넣은 음료

세상에서 가장 비싼 향신료 사프란

사프란

사프란은 크로커스 사티부스(Crocus Sativus)라는 보랏빛 크로커스의 꽃술을 따서 말린 것이다. 암술의 길이는 6cm 정도인데 상부가 3가닥으로 나뉘어 있다. 이것을 손으로 채취해서 말린다. 진홍색의 실고추 모양인데 곱게 갈아 물에 녹여 수프나 스튜 등 여러 음식에 사용한다. 1kg의 사프론을 얻으려면 무려 16만 가닥의 꽃술이 필요하므로 다른 향신료들에 비해 가격이 상당히 비싸다.

사프란은 청동기 시대에 그리스에서 처음 발견되었고 여기서부터 동서로 퍼져 나가 현재는 아시아와 유럽 여러 지역에서 생산된다. 이란은 기후가 건조하고 일조량이 풍부한데다가 수세기에 걸친 노하우의 축적으로 2021년 현재, 전 세계 사프란 생산량의 88%를 생산하고 있다.

3. 대표 음식

밥과 빵류

밥이 없으면 식사가 되지 않을 만큼 쌀은 이란인들의 가장 중요한 주식이다. 이란에서는 낱알이 길고 찰기가 없으며 향기가 나는 바스마티 쌀이 선호된다. 쌀밥을 '첼로chelo'라고 하며 밥에 강황이나 사프란을 넣어 짓기도 한다. 이란에서는 흔히 흰밥 위에 사프란을 넣은 노란밥을 얹어 낸다. 쌀과 부재료(고기·채소·해산물)를 기름에 볶다가 육수를 부어 지은 밥을 '폴로'라고 하는데, 첨가되는 재료에 따라 이름을 붙인다. 아다스adas 폴로(렌틸콩과 건포도를 넣은 밥으로 아다스는 렌틸콩을 말함), 제레쉭zereshk 폴로(장미수, 매자, 사프란을 넣은 달콤한 밥으로 제레쉭은 매자를 말함), 쉬린shirin 폴로 등이 있다. 쉬린 폴로는 경축일에 빠지지 않는 음식으로 쌀, 사프란, 당근, 아몬드, 피스타치오, 오렌지 껍질, 매자, 건포도, 설탕, 계피 등으로 만든다. '쉬린'은 달다는 뜻이다. 제레쉭 폴로와 쉬린 폴로는 닭고기와 함께 낸다. 폴로처럼 지은 밥을 영어로는 필라프pilaf라고 한다.

이란에서는 밥을 지을 때 두툼한 누룽지가 생기게 짓는데 이를 타딕tahdig이라고 한다. 이란인들은 고소하고 바삭한 타딕을 무척 좋아한다. 주요리에 곁들이거나 애피타이저로 먹으며 귀한 손님에게 대접한다.

밥 다음의 주식은 페르시아어로 빵을 뜻하는 넌nān*이다. 이란 빵은 반죽

바스마티 쌀

제레쉭 폴로와 닭고기

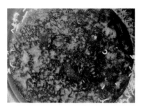

타딕

---

* 인도의 난(naan)도 페르시아어의 nān에 기원을 둔다.

| 바르바리 | 라버쉬 | 첼로 캬법 |

을 얇게 밀어 탄두르(진흙으로 만든 화덕)에 구운 플랫브레드가 주종을 이룬다. 가장 흔한 빵은 바르바리barbari, 라버쉬lavash*, 산가크sangak 등이다. 바르바리는 이란의 국민 빵으로 길쭉한 타원형 모양에 손으로 뜯어 먹기 쉽게 줄 모양의 홈이 파여 있다. 표면에 깨를 뿌려 굽기도 한다. 바르바리에 따뜻한 홍차(차이)를 곁들이면 간단한 아침 식사가 된다. 라버쉬는 발효시키지 않은 밀가루 반죽으로 만든 얇고 부드러운 플랫브레드로 탄두르에 굽는다. 양젖 치즈나 두그와 함께 먹거나 케밥과 밥을 넣어 싸 먹는다. 라버쉬를 요리 밑에 깔아 내기도 하는데 양념이 배어 촉촉해진 라버쉬는 별미로 여겨진다. 산가크는 평평한 직사각형 모양 또는 삼각형 모양의 통밀로 만든 플랫브레드다. 표면에 참깨나 양귀비 씨를 뿌리기도 한다. 산가크는 페르시아어로 '작은 돌'이라는 뜻인데, 오븐 안에 작은 돌들을 올려놓고 빵을 굽던 데서 유래한 이름이다. 양고기 캬법과 함께 먹는다. 이란인들은 갓 구운 신선한 빵을 선호해서 빵집 앞에는 아침 일찍부터 줄이 늘어선다.

캬법kabāb 이란에서는 케밥을 '캬법'이라 부른다. 케밥은 고기를 잘라 꼬챙이에 끼워 구운 요리를 말하며 중동 지역에서 널리 먹는다. 캬법에는 고기(쇠고기·양고기·닭고기 등)를 다져서 구운 캬법 쿠비데kabāb koobideh와 고기를 얇게 잘라 구운 캬법 바르그kabāb-e barg가 있다.

* 아르메니아에서 처음 만들어졌으며 유네스코 인류무형문화유산에 등록되어 있다. 아르메니아, 이란, 튀르키예, 카자흐스탄, 키르기스탄 등에서 널리 먹는다.

첼로 캬밥은 첼로(밥)와 캬밥을 함께 내는 것으로 가장 대중적인 음식이다. 보통 쇠고기 캬밥과 구운 토마토가 함께 나오며 두그를 곁들인다.

주제 캬밥은 닭고기를 꼬치에 끼워 구운 것이다. 머히 캬밥은 생선을 통째로 굽거나 토막을 내서 꼬치에 끼워 구운 것으로 바다나 강에 인접한 지역에서 즐겨 이용된다.

코레쉬

코레쉬khoresh는 페르시아어로 약한 불에서 오래 끓이는 스튜를 말하며 종류가 무척 많다. 제철 채소를 주재료로 고기·허브·과일·버섯·콩 등을 넣어 만든다. 그래서 어느 음식보다 계절의 색채가 두드러진다.

코레쉬 모르그 아뇨르khoresh morgh anor 코레쉬는 스튜, 모르그는 닭고기, 아뇨르는 석류를 말한다. 닭고기에 석류시럽과 사프란, 고수씨, 파프리카 등으로 맛을 낸 육수를 넣어 부드럽게 익힌 스튜로 밥에 얹어 먹는다. 석류의 새콤달콤한 맛과 사프란의 향이 어우러져 무척 맛있다. 이란 북서부 길란 지역에서 나왔는데 페르시아 제국 시절부터 먹어 온 전통 음식이다.

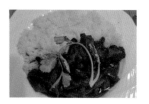

코레쉬 모르그 아뇨르

코레쉬 바뎀잔khoresh bademjan 토마토소스와 양파 등으로 맛을 낸 소스에 고기와 가지를 넣고 익힌 스튜를 말한다. 바뎀잔은 페르시아어로 '가지'를 뜻하며 이란인들이 가상 즐겨 먹는 채소의 하나다. 빵에도 버터가 아닌 가지로 만든 스프레드를 발라 먹는다.

고르메사브지ghormeh sabz 쇠고기에 강낭콩, 강황, 허브(파슬리, 리크, 파, 고수 등)를 넣어 끓인 스튜로 밥 혹은 타딕(누룽지)과 함께 낸다. 호로파 잎이 들어가 독특한 맛과 향이 난다. 이란인들이 가장 좋아하는 국민 음식의 하나로 한국의 된장국처럼 이란인들의 컴포트 푸드comfort food로 통한다.

페센잔fesenjaan 고기에 석류시럽과 곱게 간 호두를 넣어 끓인 요리로 코레쉬의 일종이다. 밥 위에 얹어 먹는다.

고르메사브지   업구쉬트   면을 넣은 어쉬

업구쉬트abgusht 업구쉬트는 '물ab'과 '고기gust'의 합성어로 재료에 물을 넣어 푹 끓인 음식을 말한다. 양고기 덩어리와 병아리콩, 흰콩, 양파, 감자, 토마토, 울금 등의 재료를 한번에 넣고 약한 불에서 오래 끓인다. 재료가 푹 익으면 건더기는 건져 으깨고 국물은 따로 담아낸다. 말린 라임가루가 들어가므로 시큼한 맛이 난다. 신선한 야채와 넌, 토르쉬torshi(채소 절임으로 보통 시큼한 맛이 남)와 함께 먹는다. 전통식은 돌로 만든 항아리 모양의 용기에 1인분씩 끓여서 그릇째 낸다. 손님 맞기를 좋아하고 극진히 대접하는 이란인들이 손님에게 대접하는 대표적인 음식이다.

어쉬ashe 이란에서 가장 대중적인 음식이다. 콩, 곡류, 채소 등을 기본 재료로 하여 푹 끓인 걸쭉한 수프를 통칭한다. 넣는 재료에 따라 이름을 붙인다. 이란에서는 부엌을 '어쉬 파즈허네ashe āhpaz-khāe'라고 하는데 '어쉬를 만드는 곳'이라는 뜻이다.

쉬리니shirini 쉬리니는 페르시아어로 '단 것'이라는 뜻이다. 중동인들이 대체로 그렇듯 이란인들도 당과류(쉬리니)를 굉장히 좋아한다. 식후의 디저트로 혹은 간식이나 손님이 왔을 때 이란인들은 홍차와 함께 쉬리니를 낸다. 이란의 쉬리니에는 사프란, 장미수, 카다멈이 기본 재료로 들어가므로 향이 좋다.

줄비아zoolbia와 바미에bamieh는 라마단 기간에 먹는 과자로 밀가루 반죽을 기름에 튀겨 장미수와 사프란을 넣은 시럽에 담근 것이다. 이 둘은 모양만 다를 뿐 만드는 법은 동일하며, 흔히 이 두 가지를 함께 낸다. 바스타니bastani(사프란과 장미수를 넣은 아이스크림), 팔루데faloodeh(가는 쌀국

| 줄비아와 바미에 | 갸즈 | 할버예 |

수에 장미수를 넣은 시럽을 부어 부드럽게 얼려 라임즙을 뿌린 것), 갸즈
gaz(angebin이라는 식물의 수액에 장미수, 계란 흰자, 피스타치오를 넣어 만
든 누가) 등도 인기 있다.

할버예halvaye 밀가루에 설탕, 버터, 장미수, 사프란을 넣고 약한 불에서 기름
을 넣고 볶아 되직한 반죽을 만들어 아몬드나 피스타치오를 뿌린 것으로,
이슬람의 종교적 기념일이나 장례식에 낸다. 중동의 다른 지역에서는 이와
비슷한 음식을 할바halva라고 부른다.

4. 식사의 구성과 음료

1) 식사의 구성

아침으로는 바브바리에 양젖 치즈와 거품 낸 생크림, 잼, 삶
은 계란, 홍차를 곁들인다. 지역에 따라 내장으로 끓인 수프
나 통밀에 고기와 채소를 넣고 끓인 죽을 먹기도 한다.

점심과 저녁 메뉴는 비슷한데 밥 혹은 넌(and/or)과 고
기·채소로 만든 스튜가 기본이 되고 여기에 캬법 등의 어육
류 요리, 샐러드, 양젖 치즈, 요구르트, 토르쉬(채소 절임), 두
그(요구르트를 희석한 음료) 등이 더해진다. 식후에는 차와
함께 달콤한 후식을 먹는다.

고르메사브지, 폴로, 샐러드, 요구르트,
토르쉬 등이 차려진 식탁

2) 음료

이란도 중동의 다른 나라들처럼 차 문화가 발달했다. 홍차(차이라고 부름)를 입에 달고 산다고 할 정도로 차를 즐기는데, 특이한 점은 설탕을 차에 타지 않고 각설탕을 입에 문채 차를 마신다. 차와 함께 설탕이 입안으로 녹아든다.

이란은 이슬람 국가지만 음주에 대해서는 관대한 편이라 많은 이란인들이 술을 즐긴다. 하지만 엄격한 무슬림들은 이슬람에서 금하는 하람(술, 돼지고기, 피, 할랄 의식을 거치지 않고 도살한 고기 등)을 먹지 않는다.

5. 식사 예절

- 전통적으로는 바닥에 천을 깔고 음식을 차려내며, 각자 앞접시에 덜어 바닥에 앉아 먹는다. 숟가락과 포크를 사용해 먹으며, 빵은 손으로 뜯어 먹는다. 바닥이 아닌 식탁에 앉아 먹기도 한다.
- 손님을 극진히 대접하는 것은 이란의 오랜 전통이다. 낯선 사람이 방문하더라도 빵, 치즈, 차, 단과자 등의 음식을 내온다. 주인은 가장 좋은 음식, 가장 편안한 자리를 손님에게 내놓고 손님 뒤에서 손님이 편안하고 즐겁게 식사할 수 있도록 보살핀다.
- 집으로 초대받았을 때는 꽃이나 당과류를 사 간다. 집주인에게 꽃을 선물하고 음식 준비의 노고에 감사를 표시한다.
- 집주인이 식사를 시작한 후에 먹기 시작하며, 음식은 소리 내지 않고 천천히 먹는다.
- 식사 중에 대화를 나눌 사회적 이슈를 미리 준비하는 것이 좋다. 이란인들은 식사를 하며 세상사에 관해 논하는 것을 즐긴다.
- 기타 식사 예절은 아랍의 경우와 유사하다(앞의 아랍의 음식문화 참조).

CHAPTER 8

서유럽

프랑스의 음식문화
영국·아일랜드의 음식문화

유럽은 지리적 인접성, 공유하는 역사, 사회와 문화의 유사성에 따라 서유럽, 남유럽, 중유럽, 북유럽 등
으로 구분된다. 서유럽은 유럽의 서부를 지칭하며 일반적으로 프랑스, 영국, 아일랜드, 베네룩스 3국(벨
기에·네덜란드·룩셈부르크)을 가리킨다. 이들 나라는 지리적으로 인접하고 지배와 피지배의 역사를 거
치면서[*] 상호 영향을 주고받아 식문화에 유사점이 많다.

서유럽은 평야가 많고 연중 온화한 기후와 알맞은 비가 내려 농업과 목축업이 고루 발달했다. 남유
럽에 비해 육류와 유제품의 섭취가 많고, 곡류·콩·과일·채소의 섭취는 상대적으로 적은 편이다. 식사
는 육류가 중심이 되고 여기에 소량의 채소와 전분질 음식이 더해진다. 요리용 기름은 주로 버터를 사
용하며, 버터가 듬뿍 들어간 파이·타르트·케이크 등을 즐겨 먹는다.

서유럽에는 식민 지배와 제국주의로 맹위를 떨친 국가들이 밀집되어 있으며, 현재도 그 존재감과 영
향력이 유럽의 타지역에 비해 월등하다. 영국, 프랑스, 네덜란드는 아메리카·아프리카·아시아·오세아
니아 등지에 식민지를 건설하면서 자신들의 음식과 조리법을 퍼트리는 한편, 식민지의 식문화를 받아
들여 새로운 음식이 나오기도 했다. 일례로, 영국의 '치킨 티카 마살라(chicken tikka masala)'는 영국
의 식민지였던 인도 음식의 영향을 받아 나온 음식인데 영국의 어엿한 '국민 음식'이 되었다.

[*] 일례로 프랑스 서부 지역은 오랫동안 잉글랜드의 지배를 받은 역사가 있고, 아일랜드 역시 12세기부터 800년간 잉글랜드의
지배를 받았다.

FRANCE

프랑스의 음식문화

- **면적** 675,417㎢
- **인구** 65,584,514(2022년)
- **수도** 파리
- **종족** 켈트족, 라틴족, 슬라브족, 북아프리카인, 인도차이나인 등
- **공용어** 프랑스어
- **종교** 로마가톨릭교(63~66%), 이슬람교(7~9%), 불교(0.5~0.75%), 유대교(0.5~0.75%),
  기타(0.5~1.0%), 무교(23~28%)(2015년)
- **1인당 명목 GDP(US 달러)** 44,747(2021년)

음식을 빼놓고 프랑스 문화를 논하기 어려울 만큼 음식은 프랑스 문화의 필수 불가결한 요소다. 프랑스인들은 어릴 때부터 좋은 음식을 식별하고 즐기는 법을 배운다. 부모들은 샴페인에 적신 마들렌을 자녀의 입에 넣어주며 와인의 맛을 아이 스스로 깨우치게 한다. 프랑스인들은 자국 음식에 대한 자부심이 대단하며, 일상생활 속에서 음식에 대한 이야기를 즐겨 나눈다. '프랑스는 미식의 나라'라는 칭송 뒤에는 이처럼 삶 속에서 음식을 중시하고 진정으로 즐기는 태도가 자리한다. 프랑스의 미식문화는 2010년 유네스코 무형유산에 등재된 바 있다.

지중해·대서양·북해를 연결시켜 주는 위치에 있는 프랑스는 '유럽 문명의 교차로'로 불린다. 이러한 입지는 프랑스를 다양한 문화가 활발히 교류되는 장으로 만들었으며, 프랑스 음식의 발전에 기여했다.

프랑스는 한마디로 미식계의 페이스 세터라고 할 수 있다. 요리사들이 쓰는 모자, 서양식 테이블 세팅법, 코스 요리의 제공 순서, 호텔의 현대적 주방 시스템, 서양 요리의 이론 체계, 최초의 식당 평가서(미슐랭 가이드) 등이 모두 프랑스에서 나왔다.

1. 프랑스 음식문화의 형성 배경

1) 유럽 제1의 농업국

프랑스는 러시아, 우크라이나에 이어 유럽에서 세 번째로 면적이 넓다. 국토의 2/3가 평야와 구릉으로 이루어져 있고 토양도 비옥하다. 고위도인데 비해 기후가 온화한 편이고 강수량도 풍부하다. 이 같은 조건을 바탕으로 프랑스는 농·수·축산업이 고루 발달했다. 지역별로 지형과 기후가 달라 다양한 농산물이 생산되며 품질 또한 뛰어나다. 특히 와인은 세계적인 품질을 자랑하며 최대 수출 품목의 하나다. 와인을 비롯한 농축산물은 대부분 지역 기반 특산물로 생산된다.

2) 프랑스의 국제적 위상과 요리사들의 활약

프랑스는 유럽과 세계무대의 정치·외교·사회·문화·예술 등 다양한 부문에서 강한 영향력을 행사해 왔으며, 이는 프랑스 음식의 위상을 높인 요인의 하나였다. 프랑스의 국력이 막강하던 18~19세기에 유럽의 문화·예술·외교

프랑스요리의 거장들

프랑스요리가 미식의 대명사가 된 데는 전문 요리사들의 활약도 지대했다. 마리 앙투안 카렘(1783~1833)은 나폴레옹 시대에 활동하면서 프랑스요리를 예술의 경지로 끌어 올렸다. 위대한 요리사요 제과장일 뿐 아니라 이론가이기도 했던 그는 많은 저서를 남겼으며, '프랑스요리의 아버지', '요리사의 왕'으로 칭송된다. 요리사들의 상징인 긴 모자도 카렘의 발명품이다.

카렘의 후계자인 위르뱅 뒤부아(1818~1901)는 호화로운 눈요기를 추구하여 더운 요리와 찬 요리를 한번에 차려내는 '프랑스식 서비스법'을 비판하며, 한 코스에 한 가지씩 내는 '러시아식 서비스법'을 보급하는 데 앞장섰다. 러시아에서는 날씨가 추워 음식을 한번에 내면 금방 식어버려 하나씩 순차적으로 냈는데, 이 방식을 위르뱅 뒤부아가 도입하여 프랑스 음식을 코스로 내기 시작했다.

'요리의 제왕'으로 불리는 오귀스트 에스코피에(1846~1935)는 프랑스 고전 요리(cuisine classique)를 집대성하는 한편, 먹을 수 없는 장식을 생략하는 등 프랑스요리를 현대화시켰다. 그의 저서 《요리의 길잡이(Le Guide Culinaire)》(1903)는 현재까지도 프랑스요리의 경전으로 애독된다. 그는 러시아식 서비스를 한층 발전시켜 이른바 프랑스식 정찬 식사의 음식 제공 순서를 창안했고, 이는 풀코스 정찬의 글로벌 표준이 되었다. 그 밖에도 호텔의 현대적인 주방 시스템을 확립하는 등 혁혁한 업적을 남긴 공로로 1920년 '레지옹 도뇌르 훈장'을 받기도 했다.

오귀스트 에스코피에

오늘날에도 알랭 뒤카스, 피에르 가니에르 등 국제적으로 이름난 프렌치 셰프들이 세계 미식계에 큰 영향력을 행사하고 있다.

언어는 영어가 아니라 프랑스어였고, 외교 석상의 공식 만찬은 '프랑스식 정찬'이 관례였다. 각국 국빈들의 만찬을 준비하는 과정에서 프랑스요리는 발전을 거듭했고, 걸출한 요리사들이 나와 시대에 맞게 음식을 발전시켰다.

3) 비평가들의 활동

프랑스 혁명(1789~1799) 이후 특권층의 점유물이던 미식 추구가 부유한 부르주아를 통해 대중으로 확산되기 시작했고, 이에 따라 서적·신문·잡지 등의 음식 정보가 중요해지면서 음식 비평이 시작되었다. 브리야 사바랭(1755~1826)을 비롯한 음식 비평가들은 맛의 탐구를 혀에서 머리로 격상시킴으로써 미식의 발전을 이끌었다.

《미슐랭 가이드》를 통해 프랑스 곳곳의 지역 요리를 발굴하고, 식당의 수준을 객관적 기준에 따라 평가하기 시작한 것도 프랑스가 최초였다. 《미슐랭 가이드》에서는 별의 수로 식당의 등급을 표시하는데 별 3개가 최고 등급이다.

2. 프랑스 음식의 특징

1) 식재료 본연의 맛을 중시

'미식의 기본은 질 좋은 식재료'라는 철학을 바탕으로 고품질 식재료의 생산에 공을 들인다. '질 좋은 식재료를 어울리게 조합하여 재료 본연의 맛을 최대로 이끌어 내는 것'이 프랑스 미식의 핵심이다. 치즈 자체가 뛰어나고 와인 또한 뛰어나니 치즈에 와인만 곁들여도 훌륭한 미식이 되는 것이다.

2) 오감만족과 소스의 예술

프랑스 요리사들은 재료의 특성을 살리면서 고도의 기술을 구사하여 섬세한 아름다움과 세련된 맛을 창출한다. 맛뿐 아니라 식기, 플레이팅(완성된 음식을 식기에 담아내는 기술), 테이블 세팅, 장소의 연출까지 섬세하게 신경을 쓴다.

프랑스 음식은 소스 맛을 즐기기 위해 음식을 먹는다고 해도 과언이 아닐 만큼 소스가 중시된다. 소스의 기본 재료는 뼈를 고아 만든 육수다. 여기에 허브·향신료·와인·버터·크림 등을 넣어 오묘한 맛을 창조한다. 소스로 장식 효과를 연출하여 음식을 돋보이게 하는 것도 프랑스 요리사들이 즐겨 쓰는 방식이다.

3) 창의력의 중시

프랑스인들은 상상력과 창의력을 존중하며 고정된 틀에 얽매이는 것을 싫어한다. 요리사들은 늘 새로움을 향해 열려 있다. '전통 레시피'에 집착하지 않고 세상의 모든 요리로부터 영감을 얻어 끊임없이 놀라움과 새로움을 창조한다.

4) 음식 간의 조화

음식과 와인, 치즈와 와인 등 함께 먹는 음식 간의 조화를 섬세하게 따지는 것도 프랑스적인 문화다.

5) 풍부한 향토 음식

프랑스 음식은 바이킹의 영향을 받은 북부 노르망디의 야생 동물 요리에서부터 남부 프로방스의 가볍고 산뜻한 지중해식 요리까지 지역별 차이가 매우 크다. 지역별로 토양·기후·산물·주민의 혈통·문화가 크게 다르기 때문인데, 이는 프랑스 음식의 다양성과 매력의 원천이다. 유명한 프랑스 음식 중에는 특정 지역에 뿌리를 둔 향토 음식이 많다. 프랑스에서는 이를 '퀴진 뒤 떼루아cuisine du terroir(땅의 요리라는 뜻)'라고 부른다.

초지가 넓게 펼쳐진 북부 노르망디 지방은 프랑스 제1의 유제품 생산지다. 초원에 방목해서 키우는 노르망디 젖소는 양질의 지방과 단백질이 풍부한 고품질 우유를 생산한다. 이 젖으로 노르망디산 유명 치즈 네 가지(카망베르, 리바로, 뇌샤텔, 퐁 레베크)와 세계적으로 손꼽히는 이즈니isigny버터를 만든다.

북서부의 북해 및 벨기에와 인접한 지역은 홍합이 많이 잡혀 홍합에 화이트 와인을 넣어 익힌 물마리니에르moules mariniere가 유명하다. 대서양에 면한 남서부의 보르도에서는 와인과 해산물, 콩피드카나르confit de canard(오리 콩피)가 유명하다. 이탈리아와 인접한 프로방스 지방은 식재료와 음식이 이탈리아 남부와 비슷한 지중해풍이다. 버터 대신 올리브유를 사용하고 마늘, 양파, 토마토, 허브를 거의 모든 요리에 넣는다. 생선 스튜인 부야베스bouillabaisse, 채

물마리니에르

콩피드카나르

라따뚜이

세계 3대 진미 푸아그라·송로버섯·캐비아

푸아그라, 송로버섯, 캐비아는 고급 요리의 상징으로 통하며, 비싼 만큼 맛도 깊고 풍부하다.

푸아그라foie gras 살찐(gras) 간(foie)이라는 뜻이다. 거위나 오리를 좁은 우리에 가두고 옥수수나 콩을 강제로 많이 먹여 살을 찌우면 간에 지방이 쌓여 본래 크기의 5~10배로 불어나는데 이것이 푸아그라다. 푸아그라를 우유·와인 등에 담갔다가 얇게 썰어 버터에 지져 먹는 것이 가장 일반적인 요리법인데, 맛이 부드럽고 기름지며 고소하다. 프랑스에서는 푸아그라를 크리스마스와 연초 등 특별한 날이나 전채 요리에 사용한다. 생산 과정이 잔혹해서 대다수 유럽 나라에서는 1999년 이래 푸아그라의 생산·판매를 불법화했다. 현재는 세계 생산량의 80% 이상을 차지하는 프랑스를 비롯해 벨기에, 스페인 등 4~5개국에서만 생산된다.

송로버섯truffle 떡갈나무 뿌리 근처에서 자라는 버섯으로 검은색과 누르스름한 색이 있으며 검은색은 '블랙 다이아몬드'라 불린다. 땅속에서 자라므로 돼지나 개의 후각을 빌려 찾아낸다. 자연산은 프랑스와 이탈리아의 일부 지역에서만 나므로 가격이 매우 비싸다. 진한 버섯 향과 깊은 맛이 나며, 얇게 썰어 올리브유에 담가 트러플 오일을 만들기도 한다.

캐비아caviar 카스피해와 흑해에서 잡히는 철갑상어의 알을 소금에 절인 것이다. 주요 생산국은 러시아와 이란이다. 철갑상어의 종류에 따라 벨루가(beluga), 오세트라(osetra), 세브루가(sevruga)로 나뉘는데, 벨루가가 최상품이다. 샴페인과 함께 애피타이저 코스에 즐겨 나온다. 캐비아가 금속 냄새를 흡수하므로 반드시 자개 스푼(혹은 플라스틱 스푼)으로 떠야 한다. 멜바 토스트(바삭하게 구운 작고 얇은 토스트)나 블리니(얇은 팬케이크)에 캐비아를 얹고 레몬즙을 뿌린 후 손으로 집어 먹는다. 삶은 계란, 파슬리, 양파를 다져서 얹어 먹기도 한다.

푸아그라

송로버섯

캐비아

소 스튜인 라따뚜이ratatouille가 널리 알려져 있다.

크게 보면 북부와 남부 간의 차이가 두드러지는데, 북부에서는 요리에 크림과 버터를 많이 사용하고, 남부에서는 가축의 기름(거위기름, 오리기름, 돼지기름)이나 올리브유를 많이 사용한다.

3. 프랑스의 와인·치즈·빵

빵, 치즈, 와인은 프랑스인들의 가장 기본적인 음식이다.

와인

"와인이 빠진 식사는 태양이 없는 낮과 같다."는 말처럼 와인은 프랑스인들의 식사에 절대 빠질 수 없다. 와인과 음식은 서로의 맛을 북돋워 준다. 레드 와인은 육류 요리에, 화이트 와인은 해산물과 샐러드에, 로제 와인은 모든 음식에, 스위트 와인은 디저트에 잘 어울린다. 레드 와인도 쇠고기나 양고기에는 도수가 높은 것이, 기타 흰 살코기에는 도수가 낮고 과일향이 강한 것이 어울린다. 그러나 이 법칙에 크게 얽매일 필요는 없다. 레드 와인이라도 포도 품종과 생산지에 따라 맛과 향이 크게 다르기 때문이다.

와인 산지는 프랑스 전국에 퍼져 있다. 주요 산지는 보르도, 부르고뉴, 알자스, 샹파뉴, 론, 루아르 등이다. 보르도와 부르고뉴는 레드 와인이 주로 생산되며, 알자스와 루아르는 화이트 와인으로 유명하다. 론은 개성 있는 레드 와인과 화이트 와인이 균형을 이루고 있고, 샹파뉴에서는 샴페인이 나온다.

와인은 주로 음료로 마시지만 요리에 넣기도 한다.

프랑스의 지역별 와인 산지

치즈

치즈 역시 프랑스인의 식사에서 절대 빠질 수 없다. "치즈가 없는 식탁은 애꾸눈의 미녀"라는 말이 있을 정도다. 프랑스인들은 식사를 마친 후 치즈 한 조각을 먹어야 제대로 된 식사를 했다고 생각한다. 프랑스에서는 500종이 넘는 치즈가 생산되며 각 지역마다 특산 치즈가 나온다.

치즈는 와인과 함께 애피타이저로 먹기도 하고, 빵에 얹어 먹기도 하고, 수프·샐러드·디저트에 넣기도 하며 과일과 먹기도 한다.

쉐브르 염소젖으로 만든 치즈를 말한다. 색이 희며 신맛이 난다. 부드럽고 크리미한 것부터 물기가 적고 단단한 것까지 종류가 다양하다. 식후 입가심용이나 아페리티프(식전주)의 안주로 애용된다.

카망베르 노르망디 지방의 소젖으로 만든 연질 치즈로, 노르망디의 드라이한 시드르cidre(사과주)와 찰떡 궁합이다.

브리 프랑스 북부의 브리 지방에서 유래되어 브리라는 이름이 붙여졌다. 소젖으로 만드는 연질 치즈로 '치즈의 여왕'이라 불린다. 숙성 정도에 따라 신맛과 톡 쏘는 맛이 난다. 사과, 포도 등 과일과 함께 먹거나 살짝 녹이거나 구워 견과류나 과일을 얹어 내기도 한다. 과일향이 감도는 로제 와인, 메를로 품종으로 만든 레드 와인과 잘 어울린다.

로크포르 프랑스 치즈 중 역사가 가장 오래된 치즈의 하나로 아베롱 지방 로크포르 마을의 자연 동굴에서 생산된다. 푸른곰팡이에 의해 숙성하는 블루 치즈로 얇게 저민 배 조각과 부드럽고 달콤한 화이트 와인과 함께 먹으면 더욱 맛있다.

쉐브르   카망베르   브리   로크포르

빵

프랑스는 치즈 못지않게 빵도 다양하다. 프랑스 빵에는 곡물 가루의 맛이 한 껏 살아있다.

바게트 프랑스를 상징하는 아이콘일 정도로 프랑스인들이 즐겨 먹는 빵이다. 당이나 유지가 전혀 들어가지 않고 밀가루, 물, 소금, 효모로만 만든다. 식사 에 흔히 나오며 샌드위치인 크로크무슈, 크로크마담을 만들어 먹기도 한다.
크루아상 커피와 함께 아침 식사로 즐겨 먹는 빵이다. 버터가 듬뿍 들어가 바 삭하고 고소하다.
브리오슈 버터가 듬뿍 들어간 빵으로 아침 식사나 간식으로 즐겨 먹는다. 머 핀 위에 작은 모자를 올려놓은 모양 등 크기와 형태가 다양하다.
크레페 납작하게 지진 전병에 갖은 재료를 넣어 말아 먹는 빵으로 뒷골목 음 식의 대표 주자다. 단맛이 나는 건 디저트나 간식으로 먹고, 짠맛이 나는 건 간단한 식사로 먹는다.

바게트

크루아상

브리오슈

크레페

4. 대표 음식

수프와 스튜

수빠로뇽soupe à l'oignon 양파를 채 썰어 갈색이 날 때까지 볶아 닭육수를 넣고 걸쭉하게 끓인 수프다. 재료와 조리법은 간단하지만 맛은 깊고 풍부하다. 농촌에서 해 먹던 소박한 수프로 간단한 요기도 되고 속풀이 해장국도 된다.

부야베스bouillabaisse 각종 해산물에 허브, 채소를 넣어 끓인 스튜다. 항구 도시인 마르세유의 가난한 어부들이 팔고 남은 생선에 바닷물을 부어 끓여 먹던 데서 출발했다. 스튜 접시에 마늘을 바른 빵을 담고 그 위에 스튜를 부어 먹는다. 국물을 먼저 먹고 나서 생선에 루유rouille(올리브유, 빵가루, 마늘, 사프란, 고추로 만든 되직한 소스)를 뿌려 먹는다.

라따뚜이ratatouille 가지, 토마토, 호박, 피망, 양파, 마늘 등 각종 채소와 허브를 올리브유에 볶아 사프란을 넣고 뭉근히 끓인 프로방스 지방의 채소 스튜다. 니스의 농가에서 해 먹던 음식으로 주요리에 곁들이거나 밥·감자·빵과 함께 간단한 점심으로 먹는다.

육류와 생선

꼬꼬뱅coq au vin 닭고기를 큼직하게 잘라 버터에 지져서 레드 와인, 베이컨, 버섯, 허브 등을 넣어 익힌 일종의 닭찜이다. 레드 와인의 주산지인 부르고뉴 지방에서 나왔다. 비스트로(가정식을 파는 작고 소박한 식당)의 단골 메뉴이기도 하다.

뵈프부르기뇽boeuf bourguignon 쇠고기에 각종 채소와 레드 와인, 부케가르니(타임, 월계수잎, 파슬리 줄기 등을 실로 묶은 허브 다발) 등을 넣고 뭉근하게 끓인 스튜다. 프랑스어로 뵈프boeuf는 쇠고기를, 부르기뇽bourguignon은 부르고뉴식을 뜻하므로, 뵈프부르기뇽은 '부르고뉴식 쇠고기 요리'라는 뜻이다.

수빠로뇽

부야베스

꼬꼬뱅

콩피confit · **카술레**cassoulet 콩피는 프랑스 남부의 농촌 지역에서 나온 음식으로 돼지고기·거위고기·오리고기 등을 제 기름에 푹 익혀 저장한 것이다. 가금류는 살이 퍽퍽하지만 콩피로 조리하면 굉장히 부드럽다.

카술레는 오리콩피나 거위콩피에 고기·흰콩·소시지·돼지껍질 등을 넣고 카솔레cassole라는 토기에 담아 푹 끓인 스튜로 남프랑스 랑그독Languedoc 지방의 유명한 향토 음식이다.

버터소스 가자미 구이sole au beurre blanc 가자미 살을 두툼하게 발라내어 밀가루를 입혀 버터를 두른 팬에 노릇하게 익힌 뒤 레몬즙을 넣은 버터소스를 곁들인 요리다. 가자미 요리는 프랑스에서 매우 인기 있다.

기타

키슈quiche 파이 껍질에 치즈·고기·해산물·채소 등을 넣고 계란·우유·크림을 섞은 커스터드를 부어 구운 요리로 샐러드를 곁들여 식사로 먹는다.

그라탱gratin 프랑스 남동부의 도피네 지방에서 나왔다. 도피네식 그라탱은 얇게 썬 감자를 용기에 채워 넣고 크림과 우유를 베이스로 한 소스를 부어 치즈와 빵가루를 뿌려 겉면이 노릇해질 때까지 오븐에 구워 낸다. 육류·해물·계란·채소·면류(마카로니 등) 등을 섞어 넣기도 한다.

크렘브릴레crème brûlée 커스터드 위에 설탕을 뿌리고 불에 그을려 노릇노릇 구워 낸 디저트로 부드러운 푸딩과 바삭한 설탕 크러스트의 질감 대비가 조화롭다.

키슈

그라탱

크렘브릴레

5. 식사의 구성과 음료

1) 일상 식사와 음료

프랑스인들은 하루 세 끼를 먹으며 간식은 그다지 즐기지 않는다. 평일 아침은 빵과 커피로 가볍게 한다. 갓 구운 바게트나 바삭한 크루아상, 뺑오쇼콜라pain au chocolat(초콜릿 조각을 넣어 구운 빵)에 버터, 마멀레이드, 오렌지주스, 커피를 곁들인다.

평일 점심은 샌드위치나 샐러드로 간단히 해결하거나 혹은 식당에서 주요리 하나에 애피타이저 혹은 디저트를 먹는다. 혹은 주요리와 와인만으로 끝내기도 한다. 주요리는 등심스테이크와 감자 요리, 오리콩피, 송아지고기 등의 육류 요리에다 채소 요리 한두 가지와 프렌치프라이 등의 감자 요리가 더해진다.

주말 점심에는 와인을 곁들여 대화를 나누면서 애피타이저-주요리-치즈·디저트(and/or)로 이어지는 식사를 2~3시간 동안 느긋하게 즐긴다. 가정에서는 주말 점심을 위해 싱싱한 해산물을 구매하거나 정육점에서 좋은 고기를 고르기도 한다.

직장인들은 하루 일과를 마치고 저녁을 먹기 전에 아페리티프(식전주)를 마신다. 가볍게 한잔하면서 그날의 문제와 걱정을 잊고 즐겁게 이야기를 나눈다. 샴페인이나 와인 혹은 맥주나 진, 포트 와인 등에 가벼운 안주를 곁들인다. 안주로는 타르틴tartine(빵 위에 온갖 토핑을 올린 것), 살라미, 햄, 치즈를 채운 작은 페이스트리, 올리브, 각종 견과류, 조개류, 생야채, 생굴 등이 인기 있다.

알코올과 간단한 주전부리로 배를 채우고 나서 저녁은 8시나 돼서야 한다. 식당에서 사먹기도 하고 집에서 고기나 생선, 파스타나 키슈, 그라탱, 채소 요리 등을 만들어 먹기도 한다.

일요일 저녁엔 온 가족이 모여 식사하는 것이 일반적이다. 수프나 샐러드(and/or), 파테 혹은 테린으로 시작해서 주요리를 먹고 치즈와 디저트로 마무리한다. 디저트로는 신선한 과일을 즐겨 먹으며 집에서 만든 디저트(파이,

케이크, 크레페 등)를 먹기도 한다.

식사 중간 중간에 음식에 맞게 다양한 와인을 곁들이며, 식후에는 보통 커피를 마신다.

2) 프랑스식 만찬 순서

손님 초대나 연회를 위한 만찬에는 코스의 구성이 더 늘어난다. 에스코피에는 음식을 가장 맛있게 즐기기 위한 정찬 코스 요리의 제공 순서를 창안했는데, 이는 전 세계에서 통용되는 서양식 만찬의 글로벌 표준이 되었다.

음식은 아페리티프(식전주) → 오르되브르(애피타이저) → 수프 → 생선 요리 → 소르베 → 육류 요리 → 샐러드 → 치즈 → 디저트 → 과일·음료 → 디제스티프(식후주)의 순으로 나오며, 상황에 따라 다소 달라질 수 있다.

① 아페리티프apéritif는 식탁에 앉기 전에 가벼운 요깃거리와 함께 마시는 술을 말한다. 샴페인, 차게 한 화이트 와인, 로제 와인 등이 제공된다.
② 오르되브르hors d'oeuvre는 애피타이저를 말하며 소화액의 분비를 촉진하여 식욕을 돋우기 위한 음식이다. 포크와 나이프로 먹으며 물기가 없는 것은 손으로 집어 먹기도 한다. 대표적인 메뉴는 파테pâté[*], 테린terrine[**], 캐비아, 에스카르고escargot(달팽이 요리), 생굴, 카나페canapé[***] 등이다.

파테   에스카르고   카나페

[*]   고기, 생선, 채소 등을 갈아 파이 반죽으로 감싸서 오븐에 구운 것으로 차게 혹은 따뜻하게 낸다.
[**]   고기나 간을 곱게 갈아 도기 틀에 넣어 부드럽게 익힌 것으로 차게 낸다.
[***] 빵이나 크래커 위에 어패류·육류·치즈·계란 등의 재료를 얹어 손으로 집어 먹을 수 있게 만든 음식이다.

③ 오르되브르를 먹고 나면 수프가 나온다. 콘소메는 닭이나 소의 뼈로 끓인 국물을 맑게 거른 수프이고, 포타주는 되직한 수프를 말한다.

④ 생선 코스에는 각종 어패류 요리가 나온다. 식용 개구리를 생선 코스에 내기도 한다. 생선 요리에는 가볍고 부드러우며 신맛이 감도는 소스를 곁들인다.

⑤ 생선 요리와 육류 요리 사이에 입안의 비린내를 없애고 상큼하게 정돈하기 위해 소르베sorbet(과일을 갈아 설탕, 향기로운 술 등을 넣어 부드럽게 얼린 것)가 소량 나온다.

⑥ 주요리에는 각종 육류(소, 돼지, 가금류, 사냥한 고기) 요리에 소스와 가니시garnish를 곁들인다. 가니시는 채소와 전분 요리로 구성되는데, 종류는 익힌 채소에서부터 감자·파스타·밥·파이 등 무수히 많다. 소스와 가니시는 단순한 장식이 아니라 그 자체가 요리의 일부이므로 먹을 때는 고기와 가니시, 소스를 적절히 섞어서 먹는다. 대표적인 메뉴는 샤토브리앙(쇠고기 안심스테이크), 필레미뇽(쇠고기 안심의 중간 부분을 구운 것으로 매우 부드럽고 풍미가 뛰어남) 같은 스테이크류이다.

⑦ 평소의 간략한 식사에서는 샐러드를 애피타이저 코스에 내지만, 격식을 갖춘 만찬에서는 고기 요리 다음에 낸다. 입안을 상큼하게 정돈하는 의미에서 신선한 계절 채소에 식초를 기본으로 한 비네그레트 드레싱을 곁들인다. 포크만으로 먹기가 힘들 때는 나이프를 함께 사용하기도 하나 기본적으로는 포크만으로 먹는다.

⑧ 요리를 다 먹고 나면 치즈가 나온다. 공동 접시에 치즈와 나이프가 담겨

소르베

샤토브리앙

치즈 플래터

나오는데, 각자 먹을 만큼 잘라 앞접시에 담은 후 공동 접시를 왼쪽에 앉은 사람에게 넘겨준다.

⑨ 프랑스인들은 디저트를 먹기 위해 긴 코스의 끝을 기다렸다고 해도 과언이 아닐 정도로 디저트를 매우 중시한다. 단맛의 케이크부터 맛과 모양이 예술품 같은 디저트가 식사의 대미를 장식한다.

⑩ 디저트를 먹고 나면 과일과 음료가 나온다. 프랑스인들은 커피를 가장 즐기며 코코아, 홍차, 허브티 등도 기호에 따라 선택할 수 있다. 집에 초대된 경우에는 음료는 좀 더 편안한 분위기의 다른 방에서 마시기도 한다. 주인은 시가를 권하거나 향이 좋은 디제스티프digestif를 내온다. 디제스티프는 소화를 돕는 술로 알코올 함량이 40도가 넘는 브랜디류인 코냑·아르마냑·칼바도스 혹은 단맛이 강한 리퀴르liquor 등 종류가 무척 많다. 진한 커피 향과 술 향이 어우러지면서 식사가 마무리된다.

6. 식사 예절

집으로 초대받았을 때는 집주인에게 가벼운 선물을 가지고 간다. 와인 한 병도 좋고 꽃다발, 수제 초콜릿 같은 간단한 먹을거리도 좋다. 빈손으로 가는 것은 결례가 된다.

아페리티프를 마신 후 주인이 식탁으로 안내할 때까지 기다리다가 안주인이 지정해 주는 자리에 앉는다. 자리에 앉을 때, 음식을 접대할 때 등 언제든 여자가 먼저다. 연상의 손님이나 중요한 손님이 있을 때는 순서를 양보하는 경우도 있으나 이런 양보는 여자 쪽에서 하는 것이고 남자 쪽에서 하는 건 결례다.

안주인이 덜어 먹을 음식 그릇을 건네주면 돌아가면서 음식을 덜고 자리에 앉은 사람들이 음식을 다 덜었을 때 함께 식사를 시작한다. 음식에 이상이 없는지 알아보기 위해 안주인이 맨 먼저 음식의 맛을 본다. 안주인보다 먼저 음식에 손을 대지 않도록 한다. 그릇이 어느 정도 비면 안주인이 더 먹으라고 권하기 마련인데, 그럴 때는 한 번 정도 더 먹는 것이 예의이고, 다시 권하면 다음 음식을 위해 그만 먹겠다고 가볍게 사양한다. 권하는 대로 다 먹다 보면 다음 음식을 맛보지 못할 수 있다. 음식은 접시 가장자리에 약간 남기는 것이 좋다. 많이 남기면 음식이 입에 맞지 않았다고 생각할 것이고 다 먹으면 "음식이 부족했나"라고 생각할 수 있다.

식당에서 주요리 하나를 여러 명이 나눠 먹는 것은 피한다. 애피타이저나 디저트는 그렇게 해도 무방하다. 레스토랑과 카페의 계산서에는 서비스료가 15% 붙기 때문에 팁을 주는 것이 필수는 아니다.

의자에 앉을 때는 허리를 곧게 펴고 손목을 테이블 가장자리에 올려놓거나 무릎 위에 놓는다. 팔 전체나 팔꿈치를 올려놓는 것은 예의에 어긋난다.

식사하는 동안 포크는 왼손, 나이프는 오른손에 쥐며 도중에 바꿔 쥐지 않는다. 음식을 자를 때는 포크와 나이프 둘 다 사용하되 음식을 입으로 가져갈 때는 포크만 사용한다. 음식을 먹을 때는 입을 다문채로 씹고 씹을 때는 소리를 내지 않는다. 식사를 마치면 포크와 나이프는 접시 한편에 나란히 올려놓는다. 냅킨은 식사 중에는 무릎 위에 펼쳐 놓았다가 다 먹은 뒤에는 테이블 위에 올려놓는다.

와인의 시음은 와인이 운반이나 보관 중에 변패되지 않았는지, 별다른 문제는 없는지 확인하기 위한 것이다. 기호에 맞지 않으면 바꿔 달라고 하기 위해 시음하는 것이 아니다. 집이나 파티 석상에서는 집주인이나 파티를 주선한 사람이 자기 잔에 먼저 와인을 따른다. 문제가 없는지 확인하려는 것이다.

ENGLAND·IRELAND

영국의 음식문화

아일랜드의 음식문화

- **면적** 243,610㎢
- **인구** 68,497,913(2022년)
- **수도** 런던
- **종족** 백인(86%), 아시아인(7.5%), 흑인(3.3%), 혼혈(2.2%), 기타(1.0%)(2011년)
- **공용어** 영어
- **종교** 기독교(50%, 개신교, 로마가톨릭, 영국성공회 등), 이슬람교(3%), 기타(8%), 무교(37%)(2019년)
- **1인당 명목 GDP(US 달러)** 49,761(2021년)

- **면적** 70,273㎢
- **인구** 5,020,203(2022년)
- **수도** 더블린
- **종족** 아일랜드인(87.4%), 기타 백인(7.5%), 아시아인(1.3%), 흑인(1.1%), 혼혈(1.1%), 기타(1.6%)
- **공용어** 영어, 아일랜드어
- **종교** 가톨릭교(78%), 기타(12%), 무교(10%)
- **1인당 명목 GDP(US 달러)** 101,509(2021년)

지리적으로 인접한 영국과 아일랜드는 기후와 자연환경이 비슷하고, 역사적 과정 속에서 상호 영향을 주고받은 결과 음식문화가 상당히 유사하다. 젖소·육우·양을 많이 사육하며 식사는 고기와 유제품, 감자, 밀에 크게 의존한다. 흔히 이용되는 채소는 서늘한 기후에서 자라는 것들로 당근, 순무, 양파 등의 뿌리채소와 양배추를 즐겨 먹는다.

차와 음료, 음주 문화가 발달했다. 홍차·맥주·위스키는 영국과 아일랜드에서 가장 사랑받는 음료이며 티 하우스와 티룸, 펍은 일상적인 공간이다.

1. 영국·아일랜드 음식문화의 형성 배경

1) 영국

영국은 프랑스와 독일의 북서쪽, 대서양과 북해 사이에 있는 섬나라다. 주도인 그레이트 브리튼섬에는 잉글랜드·스코틀랜드·웨일스가 자리하고 아일랜드섬에는 영국령 북아일랜드와 아일랜드 공화국이 있다.

위도는 비교적 높지만(북위 50~60도) 편서풍과 걸프 만류 덕분에 온난다습한 해양성 기후를 나타내며 연교차도 적다. 겨울에도 춥지 않고 비 오는 날이 많으며 안개가 자주 낀다. 평야와 구릉이 연속된 남동부는 경작에 적합하고 육우·젖소·양 등의 목축업이 성하다.

인도의 영향도 빼놓을 수 없다. 1600년 엘리자베스 1세 때 인도에 동인도회사를 설립한 것을 시작으로 인도와 교역하면서 인도의 향신료와 차를 영국으로 들여왔다. 인도의 향신료는 단조롭던 영국 음식의 맛을 변화시켰다. 영국식 커리가루curry powder(한국인에게도 친숙한 인스턴트 카레의 맛을 내는 가루)가 개발되어 일본 등 전 세계로 전파되었고, 인도의 향신료와 영국의 크리미한 맛이 융합된 '치킨 티카 마살라chicken tika masala(향신료로 양념하여 구운 닭고기를 넣은 커리)'는 영국의 국민 음식이

치킨 티카 마살라

되었다. 영국의 식민지였던 인도에서 홍차가 대량 수입되어 영국을 홍차의 나라로 만들었다.

2) 아일랜드

아일랜드는 유럽 대륙의 북서쪽 대서양 연안에 자리한 아일랜드섬의 대부분을 차지하고 있는 나라다. 멕시코 만류와 편서풍의 영향으로 해양성 기후를 나타내며 강수량이 풍부하고 기온 변화가 적다. 연평균 기온은 10℃ 정도이며 가장 추운 시기인 1월부터 2월의 평균 기온이 7℃에 이른다. 국토의 70%가 비옥한 농경지로 소와 양의 목축과 낙농이 성하고 밀, 감자도 많이 재배된다.

아일랜드는 12세기에 영국에 합병되었다가 1937년 아일랜드 남부 지역은 영국으로부터 독립하여 아일랜드 공화국이 되었고, 북아일랜드 지역은 영국령으로 남았다.

2. 영국·아일랜드 음식의 특징

1) 식사의 중심 '고기'

영국인의 식사는 고기가 중심이 되고 여기에 한두 가지 채소와 감자 등의 전분질 음식이 더해진다. 흔히 먹는 고기는 양고기다. 영국은 유럽 최대 양고기 생산국으로 EU 총 생산량의 27%를 차지한다. 양모 관련 산업이 중세부터 발달했던 만큼 양을 많이 먹어왔고 양고기 요리도 다양하다. 양갈비, 양등심, 양다리를 오븐에 굽거나 양고기스튜, 양고기커리스튜 등을 만든다. 양고기구이에는 민트젤리, 겨자, 사과마멀레이드(사과를 잘게 잘라 설탕, 계피 등을 넣고 조린 것)를 소스로 곁들인다. 영국의 영향을 받은 영연방 국가들에서도 양고기를 즐겨 먹는다.

쇠고기 안심이나 등심을 덩어리째 구운 로스트비프는 일요일 점심의 인기 메뉴다. 애버딘 앵거스(스코틀랜드산 육우용 흑소) 종의 소는 깊고 풍부한 맛으로 유명하다. 쇠고기와 양고기의 부위를 나누는 기준과 세계에 널리 퍼진 육우와 양의 품종들 중에는 영국에서 개발된 것이 많다. 돼지고기로 만든 햄·소시지·베이컨, 가금류도 즐겨 소비된다. 토끼, 사슴, 들꿩, 자고새, 개똥지빠귀 등의 야생 동물도 인기가 많다. 고기는 구이, 스튜, 파이 등으로 요리하는데 피와 내장, 잡 부위까지 모두 활용된다.

아일랜드도 영국과 비슷하다. 식사의 기본은 양고기를 비롯한 고기류에 감자와 야채를 곁들이는 것이다.

2) 해산물의 이용

피시 앤 칩스

강·호수·바다에서 잡히는 어패류도 많이 이용된다. 연어, 대구, 청어, 조개, 굴 등이 많이 소비된다. 대구, 해덕(대구 비슷한 생선), 광어 같은 흰살생선 조각에 밀가루 반죽을 묻혀 튀겨서 감자튀김과 함께 먹는 피시 앤 칩스fish & chips는 영국의 국민 음식으로 알려져 있다. 식사나 스낵으로 먹으며 아일랜드에서도 많이 먹는다. 레몬 조각과 엿기름 식초, 딜(허브의 일종)을 다져 넣은 마요네즈가 따라 나온다. 영국 문화가 전파된 미국, 캐나다, 호주 등지에서도 인기 있다.

훈제연어와 키퍼kipper(청어의 배를 갈라 내장을 빼고 소금이나 식초물에 절였다가 훈제한 것)는 애피타이저 혹은 아침 식사에 낸다.

3) 계란과 유제품

계란은 보통 아침 식사에 나오며, 치즈 역시 매일 먹는 식품이다.

체다치즈cheddar cheese 영국인들이 가장 즐겨 먹는 치즈로 서머싯주의 체다 마을에서 처음 만들어졌다. 우유를 압착해 오래 숙성시켜 만든다.

체다치즈

캐셜블루

크림티

스틸턴stilton 푸른곰팡이로 발효시킨 연질 치즈로 맛이 진하고 강하다.

캐셜블루cashel blue 아일랜드에서 만들어진 최초의 블루치즈로, 대부분의 블루 치즈보다 맛이 순하고 덜 짜며 부드럽고 크리미하다. 유럽과 미국으로 수출 되는 세계적인 치즈다.

잉글랜드 데본Devon 종 소젖은 지방 함량이 보통 우유의 2배에 달해 진한 크림을 생산하는 것으로 유명하다. 이 크림을 가볍게 발효시켜 엉기게 한 것 이 클로티드 크림clotted cream이다. 스콘이나 비스킷에 클로티드 크림과 과일잼 을 발라 홍차와 함께 먹는 것을 '크림티cream tea'라고 하는데, 오후 4시 무렵 에 크림티를 하는 것은 가장 영국다운 문화의 하나로 꼽힌다.

4) 빵

빵이 주식은 아니지만 경시되지는 않는다. 영국과 아일랜드에서는 효모 대신 베이킹소다나 베이킹파우더를 이용해 부풀린 빵을 즐겨 먹는다. 스콘은 영 국 빵을 대표하며 아일랜드에서도 많이 먹는다. 홍차와 함께 먹으면 풍미가 더해져 간식으로 인기가 높다. 아일랜드 가정에서는 매일 베이킹소다로 부풀 린 소다빵을 구워 식사에 낸다.

5) 밀에 버금가는 식량 '감자'

감자는 영국과 아일랜드에서 밀에 버금가는 식량이다. 17세기에 신대륙에서 아일랜드로 감자가 전해진 이후 아일랜드는 유럽에서 가장 먼저 감자를 식

뱅어즈 앤 매시

용 작물로 재배하기 시작했다. 그 후 감자는 아일랜드인의 주식이 되다시피 했고 대부분의 음식에 감자를 넣을 정도로 감자를 즐겨 먹는다.

영국에서도 감자가 많이 재배되며 요리법도 다양하다. 삶아 으깨거나 칩chips(감자를 길쭉하게 썰어 기름에 튀긴 것)으로 만들어 주요리에 곁들이거나 파이, 스튜, 팬케이크 등으로 요리한다. 영국에서는 매시드포테이토mashed potato(삶아 으깬 감자)를 '매시mash'라고 하는데, '뱅어즈 앤 매시bangers & mash'는 소시지와 매시드포테이토를 말한다.

6) 간단하고 소박한 조리법

영국·아일랜드 음식은 식재료와 조리법이 단순하다. 향신료와 양념을 적게 쓰고, 삶거나 푹 끓이거나 오븐에 굽는 등의 방법으로 조리하므로 음식 맛이 단조롭다. 다른 게르만계 국가들(독일, 스위스 등의 중유럽, 스칸디나비아 등)의 경우도 그렇다. 고기는 덩어리째로 굽거나 두툼하게 잘라 가볍게 양념한 뒤 팬에 지져 간단한 소스나 그레이비gravy(고기를 구울 때 흘러나온 육즙에 밀가루 등을 넣어 걸쭉하게 만든 것)를 곁들인다.

3. 대표 음식

1) 영국

로스트비프roast beef 쇠고기 안심이나 등심을 큰 덩어리째로 구워 얇게 썰어 겨자나 호스래디쉬소스, 우스타소스 등에 찍어 먹는 요리로 익힌 야채와 함께 낸다. 온 가족이 교회를 다녀온 일요일 점심에 고기를 먹던 풍습에서 유래했다 하여 '선데이 로스트Sunday roast'라고도 한다.

로스트비프와 요크셔푸딩   해기스   웰시레빗

요크셔푸딩Yorkshire pudding 이름은 푸딩이지만 맛은 빵에 가깝다. 밀가루, 소금, 계란, 우유로 만든 반죽을 소기름을 발라 뜨겁게 달궈둔 푸딩 틀에 부어 높은 온도에서 노릇노릇 구워 낸 빵이다. 전통적인 방식은 로스트비프를 굽는 오븐의 아래 칸에 푸딩 틀을 넣고 굽는다. 이렇게 하면 고기에서 나온 기름이 반죽에 떨어져 고기 맛이 밴 빵이 만들어진다. 가장자리는 부풀어 오르고 가운데는 움푹 들어간 모양에 겉은 바삭하고 속은 부드럽다. 로스트비프와 매시드포테이토, 그레이비소스와 함께 먹는다. 17세기 요크셔 지방에서 나왔다.

해기스haggis 양의 내장을 푹 삶아 잘게 다져 소기름과 오트밀을 섞어 양의 위에 넣고 삶은 순대 비슷한 음식이다. 취향에 따라 매시드포테이토와 순무를 곁들이기도 한다. 스코틀랜드를 대표하는 요리로 스코틀랜드의 명절이나 중요한 행사 때 꼭 나온다.

웰시레빗Welsh rabbit**(혹은 웰시레어빗**Welsh rarebit**)** 밀가루를 버터에 볶아 우유와 맥주, 우스타소스, 체다치즈 등을 넣고 끓여 걸쭉한 소스를 만들어 토스트에 얹어 그릴에 구운 것이다. 치즈토스트의 일종으로 가정에서도 만들어 먹고 펍에서 아침이나 점심 식사로 판다. 토마토와 함께 하이티(오후 6시경에 먹는 가벼운 저녁 식사)로 내기도 한다. 웰시레빗에 계란프라이를 얹으면 벅레빗, 수란을 얹으면 골든벅이 된다.

파이와 푸딩류

영국과 아일랜드에는 '파이'나 '푸딩'자가 붙은 음식이 많다. 파이는 고기, 생선, 채소, 과일 등의 재료를 파이 반죽으로 감싸 구운 것을 말하는데 때로는 반죽 없이 굽기도 한다. 코티지파이cottage pie는 다져서 볶은 쇠고기를 한 층 깔고, 그 위에 삶아 으깬 감자를 한 층 올려 구운 것이다. 육즙이 감자에 스며들어 구수하다. 쇠고기 대신 양고기를 넣으면 셰퍼드파이shepherd's pie가 된다. 파이를 1인분씩 잘라 접시에 담고 완두콩, 브로콜리 등의 채소를 곁들여 식사로 먹는다.

푸딩은 계란을 주재료로 하여 고기, 채소, 과일 등을 넣어 찌거나 구운 것이다.

디저트류

영국인들도 단맛의 후식을 무척 즐긴다. 이 중에는 세계적으로 널리 알려진 것들도 많다.

파운드케이크pound cake 밀가루·계란·설탕·버터를 각각 1파운드(453.6g)씩 넣어 만들었다 해서 붙여진 이름이다. 영국에서 처음 만들어졌으며 반죽에 호두·버찌·건포도 등을 섞어 굽기도 한다.

트라이플

트라이플trifle 셰리나 과일주스에 적신 스펀지케이크와 과일, 커스터드소스, 잼, 생크림 등을 깊은 유리 그릇에 층층이 담은 디저트로 크리스마스 때 꼭 나온다.

플럼푸딩plum pudding 말리거나 달게 한 과일을 넣은 푸딩으로 크리스마스 때 챙겨 먹는다.

2) 아일랜드

아이리시 스튜Irish stew 양고기나 쇠고기, 돼지고기에 감자·양파·당근 등의 채소를 넣어 두세 시간 동안 푹 끓인 것으로 보통 소다빵과 함께 나온다. 가정에서도 자주 해먹고 펍에서도 흔히 판다. 먹을 때는 고기를 얇게 썰어 양배추 잎에 겨자소스를 발라 싸 먹는다. 비가 자주 오고 바람이 많이 부는 아일

아이리시 스튜   콜캐논   비프 머쉬룸 앤드 기네스 파이

랜드의 궂은 날씨에 몸을 따듯하게 해주는 음식이다. 아일랜드 최대의 축제일인 '성 패트릭의 날(3월 17일)'에는 콜캐논과 함께 나온다. 여기에 맥주에 졸인 양고기, 버터와 파슬리를 듬뿍 넣은 매시드포테이토, 피시 앤 칩스, 코티지파이가 곁들여진다.

콜캐논colcannon 삶아 으깬 감자에 베이컨과 버터에 볶은 양배추를 섞은 아일랜드의 전통 음식이다. 성 패트릭의 날을 비롯한 명절에 즐겨 먹는 음식으로 기근의 상징인 붉은 마녀의 죽음을 기리면서 이 음식을 먹는다.

비프 머쉬룸 앤드 기네스 파이beef mushroom and guinness pie 쇠고기 등심과 버섯, 감자, 양파, 샐러리, 기네스 맥주 등을 넣어 익힌 걸쭉한 스튜를 파이 반죽으로 감싸 구운 요리로 매시드포테이토, 버터에 익힌 완두콩을 곁들인다.

밤브랙Barmbrack 건포도를 넣어 효모로 부풀린 빵으로 핼러윈* 축제 때 만들어 먹는다. 반죽에 완두콩, 막대기, 동전, 반지 등을 넣어 굽는데 각각의 물건은 특정한 의미를 갖는다. 동전이 들어간 빵 조각을 받으면 행운과 부유함이 오고, 반지가 들어간 빵 조각을 받으면 그 해에 결혼한다는 식이다.

---

* 핼러윈은 켈트족의 전통 축제 '사윈(Samhain)'에서 기원했다. 켈트족은 한 해의 마지막 날에 음식을 마련해 죽은 이들의 혼을 달래고 악령을 쫓았다. 이때 악령들이 해를 끼칠까 두려워하여 자신을 같은 악령으로 착각하도록 기괴한 모습으로 꾸미는 풍습이 있었는데, 여기서 핼러윈의 분장 풍습이 유래했다. 감자 대기근(1845~1850) 때 미국으로 대거 이주해 온 아일랜드인들에 의해 사윈이 미국으로 전파되어 핼러윈이 되었다.

4. 식사의 구성과 음료

영국과 아일랜드에서는 세 끼 식사에다 오후에는 티타임을 갖는다. 유럽 대륙의 나라들에 비해 아침이 푸짐하다.

1) 잉글리시 브랙퍼스트

잉글리시 브랙퍼스트

잉글리시 브랙퍼스트English breakfast는 푸짐하게 차리는 영국식 아침 식사를 말한다. 계란프라이·토스트·베이컨을 기본으로 햄, 소시지, 블랙푸딩(돼지 피로 만든 순대 비슷한 음식), 구운 토마토와 버섯, 훈제청어, 잼이나 마멀레이드(감귤류의 껍질과 과육을 달게 조린 것), 오렌지주스, 홍차, 커피 등이 형편에 따라 더해진다. 계란은 오믈렛, 수란, 삶은 계란, 스크램블드 에그 등으로도 나온다.

'아이리시 브랙퍼스트'도 잉글리시 브랙퍼스트와 유사하다. 큰 접시에 토스트와 햄, 소시지, 베이컨, 계란프라이, 토마토, 블랙푸딩 등이 푸짐하게 담겨 나온다.

요즘은 아침 식사가 간소화되는 추세다. 스코틀랜드와 아일랜드에서는 오트밀을 먹고, 잉글랜드에서는 주중에는 우유와 시리얼 혹은 홍차와 토스트를, 주말이나 특별한 날에는 전통식으로 푸짐하게 먹는다.

2) 점심과 티타임

과거 농경시대에는 일손을 놓고 집으로 돌아가 가족들과 푸짐하고 느긋한 점심을 먹었다. 오늘날에도 일요일 점심은 푸짐하게 먹는다. 수프가 먼저 나오고 고기, 감자, 채소, 빵, 후식이 나온다. 오늘날 도시 근로자들은 펍에서 맥주 한잔을 곁들여 미트 파이나 피시 앤 칩스 등으로 가볍게 먹는다.

오후 3~4시경에는 스콘 등의 가벼운 간식과 함께 차를 마시며 휴식을 취하거나 담소를 나누는 티타임을 갖는다. '애프터눈티afternoon tea'는 사교를 목적으로 하는 특별한 티타임을 말하며 메뉴와 차림새에 고상한 품격을 갖춘

다. 영국인이 여러분을 애프터눈티에 초대했다면 이는 친구가 되고 싶다는 의사 표현이다.

3) 저녁

주중의 저녁은 고기나 생선, 채소, 전분 음식으로 구성된다. 전분 음식으로 는 보통 감자나 쌀 요리가 나오며 빵도 함께 나온다. 식후에는 디저트가 나 온다. 지역에 따라서는 오후 6시경에 따듯한 홍차와 고기, 생선, 새우, 햄샐러 드, 연어, 과일, 파이 등을 차려 이른 저녁을 먹는데 이를 하이티high tea라고 한다.

4) 음료

홍차는 영국과 아일랜드 사람들이 가장 즐기는 음료다. 아침에 일어나서, 식 사 후에, 기분 전환 등을 위해 하루 중 어느 때고 마신다. 티백에 담긴 홍차 를 우려 우유와 설탕(and/or)을 넣어 마신다. 홍차에 다양한 재료로 향기를 입힌 플레이버드 티flavoured tea도 엄청나게 다양하다. 즐겨 마시는 홍차로는 잉글리시 브랙퍼스트, 얼그레이 등이 있다.

홍차에는 보통 스콘이나 비스킷, 계피와 설탕을 뿌린 시나몬 토스트를 곁 들인다. 아일랜드 사람들은 홍차에 스콘이나 달콤한 쿠키를 먹는다. 최근에 는 커피 애호가들도 늘어나고 있다. 커피에 위스키와 황설탕, 거품 낸 우유 를 넣은 아이리시 커피는 몸을 따듯하게 해주고 피로를 풀어준다.

영국·아일랜드인들이 즐겨 마시는 술은 맥주와 위스키이며 식사에 술을 곁들인다. 영국의 펍에서는 '비터스bitters'라고 부르는 홉의 쓴맛이 강한 짙은 황갈색 맥주를 낸다. 아일랜드에서는 검고 독하며 상당한 열량을 제공하는 흑맥주를 즐겨 마신다. 기네스 흑맥주는 세계적으로 유명하다. 위스키의 제 조법과 명칭은 아일랜드에서 처음 나왔다. 아일랜드 위스키는 맥아(보리를 싹 틔운 것)를 으깨서 발효시켜 증류하여 만들며, 스코틀랜드의 스카치위스 키는 맥아와 보리를 혼합해서 만든다. 스카치위스키가 더 독하고 스모키하다.

영국·아일랜드의 홍차 문화

프랑스인들이 와인에, 독일인들이 맥주에 애정을 쏟아 붓듯 영국인들은 홍차에 탐닉한다. 매일 3~8 잔의 홍차를 마신다고 하니 차는 가히 계급과 시대를 초월하는 영국의 국민 음료다. 티룸은 마음에 드는 차를 쇼핑하거나, 편히 앉아 담소를 나누며 차나 애프터눈티를 즐길 수 있는 영국 문화를 대표하는 공간이다.

영국인들이 차를 많이 마시게 된 주된 이유는 인도에서 대량 재배된 홍차가 싼 값에 수입되어 차의 대중화가 일찌감치 이루어졌기 때문이다.

아일랜드에서도 차는 생필품의 하나다. 2016년 한 조사 자료에 따르면 1인당 차 소비량에서 아일랜드는 튀르키예에 이어 세계 2위를 차지했다.[*] 아일랜드 사람들은 비 오는 날에도 몸과 마음을 따뜻하게 하고 어색한 분위기를 녹일 수 있는 좋은 수단으로 차만한 것이 없다고 생각한다.

애프터눈티와 하이티의 유래

애프터눈티(afternoon tea)는 1840년대 초 베드포드(Badford) 가문의 공작 부인이던 안나 마리아가 시작했다고 전한다. 당시에는 저녁을 8시나 돼서야 먹었는데, 그녀는 점심과 저녁 사이의 허기를 달래기 위해 늦은 오후에 자기 방에서 차와 샌드위치, 과자를 먹으며 출출함을 달래곤 했다. 후에 그 자리에 친구들을 초대하면서 상류 사회 여인들의 사교 모임으로 발전했다.

전통적인 차림법은 3단 트레이에 아래부터 차례로 앙증맞은 샌드위치, 클로티드 크림과 잼을 곁들인 스콘, 달콤한 케이크를 각각 담아 따뜻한 홍차와 함께 낸다. 아래에서부터 위로 먹는 게 정석이다. 영국인들은 애프터눈티를 하며 영국식 예의범절과 정중함, 생활 속의 미와 여유, 예스러운 전통을 향유하며 즐긴다. 귀족 문화에서 나온 애프터눈티는 일상적인 문화라기보다는 특별한 날에 맘먹고 즐

애프터눈티

기는 고급 문화다. 호텔이나 티룸 등에서 제공하는 애프터눈티를 통해 우아하고 정교한 영국 문화의 진수를 느낄 수 있다.

애프터눈티가 시작된 19세기 초는 산업 혁명기로 당시의 노동자들은 일을 끝내고 나서야 여유로운 티타임을 가질 수 있었다. 고된 노동을 마치고 집으로 돌아온 노동자들은 홍차와 함께 배를 채울 수 있는 이른 저녁을 먹었는데 이를 '티(tea)'라고 불렀다. 애프터눈티는 높이가 낮은 소파나 안락의자에 앉아 먹었기 때문에 'low tea'라 불린 반면, 티는 등이 높은 식탁 의자에 앉아 먹었으므로 'high tea'라 불렸다. 하이티의 메뉴는 차, 빵, 채소, 치즈가 기본이 되고 가끔 고기가 더해지거나 파이, 감자, 크래커가 더해진다.

오늘날 하이티는 오후 6시경에 홍차를 곁들여 가볍게 먹는 저녁 식사를 일컫는다.

[*] 1인당 연간 차 소비량 1위는 튀르키예(찻잎으로 3.16kg), 2위는 아일랜드(2.19kg)로 조사되었다.
출처: https://en.wikipedia.org/wiki/List_of_countries_by_tea_consumption_per_capita

5. 식사 예절

영국과 아일랜드에서는 일반적인 유럽식 예절을 따른다.

- 나이프는 오른손에, 포크는 왼손에 쥐고 사용한다.
- 식탁에 포크와 나이프가 여러 개 올려져 있을 때는 요리가 나오는 순서에
  맞춰 바깥쪽 것부터 사용한다.
- 음식을 씹을 때는 입을 다물고 씹고 음식을 입에 넣은 채 말하지 않는다.
- 음식을 먹거나 음료를 마실 때 소리를 내지 않는다.
- 수프를 먹을 때 마지막 숟가락은 접시를 자신의 앞쪽으로 기울여 떠먹는다.
- 빵은 손으로 뜯어 먹는다.

---

* 맥주, 빵, 치즈가 기본이 되고 여기에 삶은 계란, 햄, 양파피클, 처트니(채소에 설탕, 식초, 각종 향신료를 넣어 만든 소
스) 등을 더해 접시나 보드에 담아내는 음식을 말한다.

- 스테이크 등을 나이프로 자를 때는 한번에 한 조각씩 잘라 먹는다.
- 접시에서 음식을 뒤섞지 않는다.
- 허리를 곧게 펴고 앉고 팔꿈치나 팔 전체를 식탁 위에 올리지 않는다.
- 식탁에 앉아 음식이 나오기를 기다릴 때는 손을 무릎 위에 올려놓는다.
- 멀리 있는 것을 집을 때는 그것과 가까이 앉은 사람에게 건네 달라고 한다.
- 식사 중에는 대화에 참여한다.
- 영국에서는 접시에 담긴 음식을 다 먹어도 되며 전혀 무례한 행동이 아니다.
- 식사를 마치면 포크와 나이프를 접시에 나란히 올려둔다(5시 25분 방향). 식사 도중에 자리를 비울 때는 포크와 나이프를 X자 형으로 올려 둔다.

CHAPTER 9

남유럽

이탈리아의 음식문화
스페인의 음식문화

남유럽은 유럽의 남부에 위치하면서 지중해에 접해 있거나 지중해에 가까운 지역을 말한다. 일반적으로 이베리아반도, 이탈리아반도, 발칸반도의 3개의 큰 반도와 주변 섬을 영토로 하는 국가들을 일컫는다.

남유럽은 산악지대를 제외하고는 대부분 온난한 지중해성 기후를 나타내며, '지중해식 식사(Mediterranean diet)'를 공유한다. 지중해식 식사는 밀·콩·채소·과일·허브 같은 식물성 식품이 주가 되며, 조리용 기름은 올리브유를 사용하고, 식사에는 와인을 곁들인다. 밀·포도·올리브는 지중해 지역의 대표 작물로 빵·와인·올리브유는 지중해식 식사의 기본을 이룬다. 지중해식 식사는 2010년 유네스코 세계무형문화유산으로 등재되었다.

남유럽 국가 중 그리스, 이탈리아, 스페인, 포르투갈은 역사상 세계를 리드했던 시대가 있었고, 그에 따라 식문화의 지역 간 전파에 일역을 담당했다.

고대 그리스인들은 이탈리아·스페인·남프랑스 등지에 식민지를 건설하면서 올리브나무, 병아리콩, 포도나무와 와인 양조 기술을 전파했다. 이후 올리브유, 병아리콩, 와인은 지중해 지역의 식문화 아이콘이 되었다.

로마인들은 관개수로를 비롯한 발달된 농업 기술, 포도 재배와 와인 양조 기술, 그리스도교, 라틴어를 로마 제국의 영내로 전파했다. 프랑스의 와인 양조도 로마인들에 의해 시작되었다.

스페인과 포르투갈은 16~19세기에 아메리카·아시아·아프리카 3대륙에 걸쳐 광대한 식민지를 건설하면서 농작물과 가축의 대륙 간 전파에 주도적 역할을 담당했다*.

* **아메리카 대륙에서 아시아·유럽·아프리카 대륙으로 전파된 것**
  감자, 옥수수, 토마토, 고추, 고구마, 호박, 땅콩, 파인애플, 카사바, 카카오, 바닐라, 담배, 칠면조 등
  아시아·유럽·아프리카 대륙에서 아메리카 대륙으로 전파된 것
  양파, 올리브, 순무, 커피, 복숭아, 배, 곡류(밀·쌀·보리·오트), 각종 향신료, 가축(소·양·돼지·말) 등

ITALY

이탈리아의 음식문화

- **면적** 301,340㎢
- **인구** 62,402,659(2019년)
- **수도** 로마
- **종족** 이탈리아인
- **공용어** 이탈리아어
- **종교** 가톨릭교(80%), 기타(20%)
- **1인당 명목 GDP(US 달러)** 34,777(2021년)

길쭉한 장화 모양의 지도가 암시하듯이 이탈리아는 지방마다 기후와 지형이 크게 다르다. 이탈리아는 로마 시대를 제외하고, 1870년 통일 국가를 이루기까지 작은 나라들로 나뉘어 각기 독립적인 역사와 문화를 영위해 왔으므로 음식문화도 지역별로 특색 있게 발전해 왔다. 북쪽의 알프스 지역에서부터 남쪽의 시칠리아섬에 이르기까지 각 지역의 특색 있는 파스타와 치즈, 지역 고유의 비법으로 만들어지는 햄, 소시지, 와인은 이탈리아인들의 식탁을 풍성하게 채워준다.

여유와 탄력적 사고를 지닌 이탈리아인들은 음식을 만들 때도 고정된 틀에 얽매이기보다는 자유로움을 추구한다. 전통 음식을 보존하자는 슬로푸드 운동도 1986년 이탈리아에서 시작되었다.

1. 이탈리아 음식문화의 형성 배경

1) 자연환경

이탈리아는 지중해 중앙부에 위치한 반도국이다. 북쪽은 알프스 산맥을 경계로 프랑스, 스위스, 오스트리아와 접하고, 북동쪽은 슬로베니아와 국경을 접한다. 추운 산악 지역을 제외하고는 연중 온난한 지중해성 기후를 보인다. 비옥한 토양에서 밀, 과일, 채소, 허브가 풍부하게 나오고 지중해는 해산물의 보고다. 목축업도 활발하여 고품질의 육가공품과 치즈가 생산되고 와인도 유명하다.

이탈리아는 로마를 기준으로 북부와 남부로 나뉘는데, 북부는 상공업이 발달해 부유한 도시가 많고, 남부는 농어업이 중요한 생계 수단이다. 음식문화도 남북 간의 차이가 크다. 북부에서는 버터, 유제품, 쌀, 고기를 많이 먹는 반면, 남부에서는 밀, 올리브유, 콩, 채소(아티초크, 가지, 피망, 토마토 등), 과일 등의 식물성 식품이 주가 되는 지중해식 식사를 한다.

2) 외래 작물의 수용

이탈리아인들은 다양한 외래 작물을 받아들여 품종을 개량하거나 독자적인 요리법을 개발함으로써 이탈리아요리를 발전시켜 왔다. 특히 남미에서 전래된 토마토는 이탈리아가 원산지로 착각될 만큼 애용되는 식품이 되었다. 이탈리아 남부에서 나는 산 마르자노San Marzano 토마토는 소스나 조림용 토마토 중 으뜸으로 꼽히는 품종으로 맛과 빛깔이 좋기로 유명하다. 이것으로 토마토소스를 만들어 피자, 파스타 등에 사용한다.

산 마르자노 토마토

2. 이탈리아 음식의 특징

발사믹 식초

- 이탈리아 음식은 신선한 재료를 사용하여 즉석에서 간단하게 조리한다. 향신료를 많이 쓰지 않고 레몬즙, 오렌지즙, 와인, 허브, 올리브유로 가볍게 양념한다. 샐러드도 드레싱을 따로 만들지 않는다. 싱싱한 채소에 올리브유와 잘 숙성된 발사믹 식초(레드 와인으로 만든 이탈리아의 전통 식초)만 뿌려도 훌륭한 맛이 난다.

- 양념을 되도록 적게 사용해 재료 본래의 맛과 향을 살린다. 이탈리아 속담에 "가장 훌륭한 요리는 요리하지 않은 요리다."라는 말이 있다. 재료가 저급할수록 진한 양념을 써서 부족한 맛을 보강해야 한다는 것이 이탈리아인들의 생각이다.

- 이탈리아 음식(특히 남부)은 지중해식 식사Mediterranean diet의 전형으로, 밀·콩·올리브·채소·허브 등 식물성 식품이 주가 되며 여기에 치즈, 육가공품, 고기, 해산물이 더해져 다채로운 맛을 만들어 낸다.

- 이탈리아 음식 특유의 산뜻한 풍미는 올리브유에 바질, 오레가노, 이탈리안 파슬리, 세이지, 로즈마리 등의 허브와 고추, 마늘, 넛맥 등 몇 가지 간단한 향신료가 더해져 만들어진다.

이탈리아요리에 사용되는 허브와 향신료

허브는 '향기 나는 풀'로 음식에 향과 풍미를 더하기 위해 사용하는 식용 식물을 말한다. 이탈리아요리에 즐겨 사용되는 허브는 바질, 이탈리안 파슬리, 오레가노, 로즈마리, 타임, 세이지, 월계수잎 등이다. 허브와 더불어 고추, 마늘, 사프란, 아니스, 계피, 넛맥, 메이스, 정향 등의 향신료도 즐겨 쓰인다.

(왼쪽부터) 오레가노, 로즈마리, 타임, 세이지, 사프란, 아니스, 넛맥, 정향

지중해의 문화 상징 '올리브'

올리브의 원산지는 지중해 연안이다. 지중해를 끼고 있는 지역은 어딜 가나 올리브나무가 지천으로 널려 있고 식탁에는 올리브절임이 어김없이 올라온다. 요리에도 버터 대신 올리브유를 사용한다.

그린올리브, 블랙올리브, 올리브유

올리브는 인류의 가장 오래된 농작물의 하나로 BC 3000년경 청동기 시대부터 재배되었다고 한다. BC 2000년경의 이집트 무덤에서도 올리브 열매가 발견되었고 고대 함무라비 법전에도 올리브에 대한 언급이 나온다. 이집트의 파피루스 문서에는 람세스 3세가 태양 신 '라'에게 올리브유를 바쳤다는 기록이 있다. 고대 그리스에서는 경기의 우승자에게 상품으로 올리브유를 주었고 올리브 나뭇가지로 만든 관을 씌워주기도 했다.

지중해 문화에서 올리브나무는 불멸·평화·다산·힘·승리·영광·정화·거룩함과 같은 성스러운 의미를 지닌다. 600년은 거뜬히 사는 데다 열매도 많이 맺기 때문이다.

3. 대표 음식

파스타

파스타pasta는 이탈리아어로 '반죽'을 뜻한다. 밀가루를 물(혹은 물과 계란)로 반죽하여 여러 가지 모양으로 성형한 것을 '파스타'라고 총칭하며, 이를 이용해 만든 요리도 파스타라고 한다. 반죽에 허브, 향신료, 채소 등을 넣어 맛과 색을 내기도 한다. 면을 즉석에서 만들어 요리한 것은 파스타 프레스카fresca,

FOOD TALK TALK **이탈리안 레스토랑에서 만나는 파스타**

파스타 요리의 명칭은 흔히 면 이름에 소스 이름을 붙여 명명한다.

페투치네 알프레도fettuccine alfredo 납작한 칼국수 모양의 페투치네 면에 버터, 크림, 치즈로 만든 알프레도소스를 버무린 것이다. 로마의 명물로 알려져 있다.

스파게티 알 포모도로spaghetti al pomodoro 스파게티면에 토마토소스를 얹은 것이다.

펜네 알라 볼로네제penne alla Bolognese 펜네를 볼로네제소스(간 고기에 양파·당근·샐러리·토마토를 넣고 뭉근히 끓인 것)에 버무린 것으로 볼로냐 지방의 파스타다.

라비올리ravioli 네모 모양의 이탈리아식 만두로 리코타, 고르곤졸라 등의 치즈와 시금치, 쇠고기, 호박 등 다양한 재료로 속을 넣는다. 삶아 건져서 소스나 치즈를 뿌려 먹는다.

토르텔리니tortellini 라비올리처럼 속을 채운 만두형 파스타로 볼로냐 지방의 한 여관 주인이 비너스의 배꼽 모양을 본떠 만들었다고 한다.

라자냐lasagna 넓적한 직사각형 모양의 면에 모차렐라, 시금치, 화이트소스 등을 켜켜이 얹어 구운 것이다. 모차렐라의 고향인 이탈리아 남부 캄파니아 지방에서 나왔다.

페투치네 알프레도   라비올리   라자냐

인기 있는 파스타 소스

카르보나라carbonara 베이컨, 양파, 계란 노른자, 후추를 넣은 크림소스로, 소스에 들어간 후추가 석탄 가루를 연상시킨다 하여 붙여진 이름이다. 'carbone'은 이탈리아어로 석탄을 뜻한다.

알리오 올리오 에 페페론치노aglio olio e peperoncino 얇게 저민 마늘과 고추를 올리브유에 넣어 볶은 소스다.

페스토pesto 바질에 올리브유와 잣, 마늘, 파르메산 치즈를 넣고 걸쭉하게 갈아 만든 소스다.

스파게티 알라 카르보나라   알리오 올리오 에 페페론치노의 재료   페스토

말려 두었다 요리한 것은 파스타 세카secca라고 한다. 파스타를 삶아서 소스에 버무리거나, 수프에 넣거나, 속을 채워 익히는 등 다양한 방식으로 조리한다. 파스타는 한 끼 식사도 되고, 정찬 코스에서는 애피타이저 다음에 나오기도 한다.

북부에서는 라비올리나 토텔리니처럼 고기와 치즈로 속을 채운 만두형 파스타를 즐겨 먹으며 흔히 크림소스를 얹는다. 남부에서는 '세몰리나'라는 노란색이 나는 경질 밀가루에 물만 넣고 반죽해서 파스타를 만들어 말려 두고 사용한다. 우리에게 친숙한 스파게티와 마카로니가 대표적이다.

파스타의 모양은 수백 가지에 달하는데 모양에 따라 이름을 붙인다. 펜촉

1. 페투치네 2. 링귀니 3. 카펠리니 4. 스파게티 5. 베르미첼리 6. 마니코티 7. 엘보우 마카로니 8. 와이드 에그 누들 9. 지티 10. 로티니 11. 라디아토레 12. 오르조 13. 알파벳 14. 루오테 15. 리가토니 16. 펜네 17. 콘킬리에 18. 디탈리니 19. 파르팔레 20. 라자냐 21. 푸실리 22. 미디엄 에그 누들 23. 점보 쉘

모양의 펜네penne는 '펜'이라는 뜻이고, 가늘고 긴 모양의 카펠리니capellini는 '천사의 머리카락'이라는 뜻이다. 파스타의 모양이 다양한 까닭은 소스와 관련이 있다. 가운데 구멍이 뚫린 펜네는 되직한 라구 타입의 소스가 어울리고, 카펠리니는 연하고 묽은 소스가 어울린다. 파스타 표면에 요철이 있거나 굽었거나 가운데 구멍이 뚫린 것은 소스가 잘 묻도록 하기 위함이다.

피자 18세기 혹은 19세기 초에 이탈리아 나폴리에서 발효시킨 밀가루 반죽을 납작하게 구워 모차렐라와 토마토소스 등을 얹어 먹기 시작했는데 이것을 피자의 시작으로 본다. 나폴리식 피자는 반죽을 손바닥으로 둥글납작하게 펴서 토마토소스를 바르고 한두 가지의 채소나 치즈, 허브를 얹어 장작불을 지핀 벽돌 오븐에 구워 낸다.

이탈리아 농무부는 나폴리 피자를 보호하고 정통성을 지키기 위해 마르게리타 피자, 마리나라 피자, 엑스트라 마르게리타 피자를 '나폴리 3대 피자'

마르게리타 피자   칼조네   포카치아

로 규정하고 재료와 규격, 만드는 방법을 정해놓고 이를 준수하는 경우 인증해 주는 제도를 실시하고 있다.

피자와 비슷한 것으로 칼조네calzone와 포카치아focaccia가 있다. 칼조네는 피자 반죽을 얇고 둥글게 밀어서 치즈, 햄, 살라미, 소시지 등으로 속을 채워 반으로 접어 굽거나 튀긴 것이다. 포카치아는 반죽을 피자보다 두툼하게 펴서 손가락으로 움푹한 자국을 내고 올리브, 채소, 허브 등을 얹어 구운 빵으로 애피타이저나 스낵으로 먹거나 주요리에 곁들인다.

브루스케타bruschetta 빵 조각 위에 토마토와 바질, 버섯과 마늘 등 여러 가지 토핑을 올린 음식으로 애피타이저로 먹는다. 피자 못지않게 대중적인 음식이다.

카프레제caprese 신선한 토마토와 모차렐라로 만든 샐러드로 이탈리아 남부에서 애피타이저로 즐겨 먹는다.

미네스트로네minestrone 육수에 여러 가지 채소(양파, 샐러리, 당근, 토마토 등)와 콩 등을 넣고 만든 수프다. 파스타나 감자를 넣기도 한다.

리조토risotto 쌀을 버터에 볶다가 육수를 넣어 부드럽게 익힌 음식이다. 모든 리조토(해산물을 넣은 리조토는 제외)에는 파르메산 치즈, 버터, 양파가 들

브루스케타   카프레제   리조토

살팀보카   프로슈토   모르타델라

어간다. 버섯, 해산물, 송로버섯, 사프란 등을 넣기도 하는데 어떤 부재료를 넣었느냐에 따라 수백 가지의 리조토가 만들어진다. 쌀 생산지인 북부 롬바르디아 평야에 인접한 밀라노가 리조토의 고향이다. 밀라노식 리조토에는 사프란을 넣어 노란색과 향을 낸다.

오소부코ossobuco 골수가 든 송아지 뒷다리 정강이뼈를 잘라 토마토와 화이트 와인을 부어 푹 익힌 찜 요리로 밀라노의 한 식당에서 개발했다고 한다. 밀라노식 리조토와 함께 낸다.

살팀보카saltimbocca 송아지고기를 도톰하게 잘라 부드럽게 두드려 프로슈토와 세이지(허브의 일종) 등을 올려 버터에 지져낸 것이다. 살팀보카는 이탈리아어로 '입안으로 뛰어든다'라는 뜻으로 그만큼 맛이 좋다는 뜻이다.

육가공품

햄·소시지·베이컨 등의 육가공품은 이탈리아인들에게 없어서는 안 될 식품이다. 대표적인 것으로 프로슈토prosciutto, 모르타델라mortadella, 판체타pancetta, 살라미salami가 있다. 프로슈토는 돼지고기를 소금에 절였다가 공기 중에서 건조시킨 생햄이다. 얇게 썰어서 멜론이나 신선한 무화과에 감아 애피타이저로 먹거나 요리에 넣는다. 볼로냐 지방의 특산품인 모르타델라는 쇠고기, 돼지고기, 돼지기름을 갈아서 화이트 와인과 향신료로 양념하여 공기 중에서 건조시켜 훈제한 소시지로 부드럽고 섬세한 맛이 난다. 판체타는 이탈리아식 베이컨으로 음식의 맛내기 재료로 즐겨 쓰인다. 살라미는 공기 중에서 오래 말리면서 숙성, 발효시킨 드라이 소시지다.

치즈

이탈리아어로 치즈를 '포르마지오formaggio'라고 하는데 전통 치즈만 2,500종이 넘는다. 이 중 약 500종이 상업적으로 생산되며, 300종이 넘는 치즈가 원산지 명칭 보호PDO를 받고 있다. 로마 시대에 이미 치즈 제조법을 주변에 전파할 정도로 뛰어난 기술을 가지고 있었다.

모차렐라 흔히 '피자 치즈'라 불린다. 표면이 매끈하고 둥근 모양의 흰색 치즈로 부드럽고 섬세한 맛이 난다. 피자의 고향인 캄파니아 지역에서 나왔는데 이곳의 물소젖으로 전통 방식에 따라 만든 것에만 'Mozzarella di Bufala Campana'라는 원산지 명칭 보호(PDO)를 붙인다. 오늘날에는 소젖으로 만들기도 한다. 피자에 얹

모차렐라

기도 하고 신선한 토마토와 바질을 곁들여 카프레제 샐러드를 만들기도 한다. 한국에서 팔리는 모차렐라는 소젖으로 만들어 압착하여 수분을 제거한 가공 치즈로 오리지널 모차렐라와는 맛과 형태가 전혀 다르다.

파르메산 이탈리아요리의 기본 조미료로 쓰인다. 파르미지아노와 레지아노 지역에서 처음 만들었는데, 현재도 900년 전의 전통적인 방법으로 치즈를 만들고 있다. 이 두 지역에서 생산되는 파르메산 치즈에만 'Parmigiano Reggiano'라는 인증 마크를 찍어 정통성과 품질을 인정하고 있다.

고르곤졸라 소젖으로 만드는 블루치즈로 프랑스의 로크포르, 스페인의 카브랄레스와 함께 세계 3대 블루치즈로 꼽힌다.

고르곤졸라

페코리노 양젖을 오래 숙성시켜 만드는 경질 치즈다. BC 1세기 로마 시대까지 거슬러 올라가는, 지구상에 존재하는 가장 오래된 치즈의 하나로 로마 황제의 연회에 오르는 고급 안주였다고 한다. 갈아서 파스타나 샐러드에 뿌려 먹거나 얇게 잘라서 생햄, 과일, 빵과 함께 먹기도 한다. 디저트로도 훌륭한데 향이 진한 꿀을 살짝 뿌려 먹으면 맛있다.

페코리노

후식류

티라미수 이탈리아에서 가장 인기 있는 디저트의 하나로 커피에 적신 스폰지 케이크 위에 부드러운 마스카포네 치즈를 얹고 다진 초콜릿을 뿌려낸 것이다. 이탈리아어로 '잡아당기다'를 뜻하는 '티라레tirare'와 '나'를 뜻하는 '미mi', '위'를 나타내는 '수su'가 합쳐진 말이다. 말 그대로 '나를 들어 올리다'라는 뜻으로 '기운이 나게 하다' 혹은 '기분이 좋아지다' 등의 의미가 있다. 달콤하고 부드러운 맛에 카페인까지 들어 있어서 그런 효과를 내기에 충분하다.

판나코타panna cotta 우유와 크림을 섞어 젤라틴을 넣고 부드럽게 굳힌 후식이다.

티라미수   판나코타

4. 식사의 구성과 음료

1) 일상 식사와 음료

대다수의 유럽 국가들처럼 이탈리아의 아침 식사도 간단하다. 카푸치노 한 잔에 코르네토cornetto(크루아상과 비슷한 빵)를 먹는 정도다. 오전 11시를 전후한 시간에 커피와 간단한 간식을 먹는데 이를 스푼티노spuntino라고 한다.

　전통적으로는 점심이 가장 푸짐하다. 애피타이저로 시작해 디저트까지 이어지는 정찬이다. 1시를 전후해 오전 일과를 마치고 두 시간가량 느긋하게 점심 식사를 한 뒤 낮잠을 잔다. 점심과 저녁 식사에는 와인을 곁들인다. 간단히 먹을 때는 파스타나 고기 요리에 샐러드 정도로 끝낸다. 대도시 직장인들은 토스트나 파니니(치즈, 채소, 햄 등을 넣어 만든 이탈리아식 샌드위치)로 간단히 때우기도 한다.

저녁 식사는 7시 반경에 하는데 수프와 남은 소시지, 햄 등으로 점심보다 가볍게 먹는다. 저녁 식사 전에 간단한 안주(올리브절임, 햄, 치즈, 브루스케타 등)를 곁들여 아페리티보aperitivo라는 식전주를 마시는 것이 보편화되어 있다. 식전주로는 베르무트나 스푸만테, 캄파리가 애음된다.

파니니

2) 정찬 식사

이탈리아식 정찬은 아페리티보(식전주)와 안티파스토(애피타이저) → 프리모 피아토(파스타, 리조토 혹은 수프) → 세콘도 피아토(주요리) → 돌체(후식) → 에스프레소 → 디제스티보(식후주) 순으로 나온다.

안티파스토antipasto는 이름에서 보듯이 '파스타 앞에 나오는 요리'라는 뜻이다. 멜론에 감은 프로슈토, 각종 햄, 소시지, 어패류절임, 채소 절임, 올리브절임, 치즈, 크로스티니(바삭한 빵 조각 위에 토마토와 치즈 등의 토핑을 올린 것) 등의 찬 음식이 나온다. 다음에는 파스타나 밥(리조토)이 나온다. 파스타나 밥 대신 수프zuppa를 먹기도 한다. 이 코스를 '프리모 피아토primo piatto(첫 번째 요리)'라고 한다. 다음은 주요리로 고기나 생선 요리에 채소가 곁들여 나오는데 이를 '세콘도 피아토secondo piatto(두 번째 요리)'라고 한다. 고기나 생선은 불에 구워 소금만 뿌린 심플한 것부터 삶기, 튀기기, 기름에 굽기 등 각 지방마다 특색 있는 요리법이 있다. 콘토르노contorno는 주요리에 곁들이는 채소 요리로 볶음, 구이, 찜 등 재료의 맛을 살려 조리한다. 주요리와 함께 빵이 나오는데 이탈리아 사람들은 빵을 올리브유에 찍어 먹는다. 샐러드insalata는 주요리 뒤에 나오며 입가심 역할을 한다. 후식dolce으로는 보통 과일과 치즈가 나온다. 페이스트리나 비스코티(반죽을 두 번 구워 바삭바삭한 식감을 낸 과자), 젤라또(이탈리아식 아이스크림) 등이 나오기도 한다.

이탈리아의 인기 있는 술

베르무트 와인에 브랜디나 당분을 섞고, 향쑥·용담·키니네·창포 뿌리 등의 향신료나 약초를 넣어 향미를 낸 혼성주이다.

스푸만테 이탈리아의 발포성 화이트 와인으로 식전주로 애음된다.

캄파리 향신료, 식물의 뿌리, 과일 껍질, 나무껍질 등 60가지 이상의 재료를 혼합해 만든 붉은색이 나는 매우 쓴 술이다. 탄산 성분이 있는 소다수나 단맛이 나는 오렌지주스를 섞으면 훌륭한 식전주가 된다.

캄파리

그라파 포메이스(포도즙을 짜낸 찌꺼기)를 발효시킨 술을 증류한 브랜디의 일종이다. 이탈리아 문화 속에 깊이 뿌리 박고 있는 술로, 본래는 고된 일을 마친 농부들이 마시던 술이었으나 오늘날에는 정교하고 우아한 미식으로 발전하였다.

마르살라 와인 브랜디를 넣어 알코올 도수를 높인 와인으로 시칠리아섬의 마르살라에서 생산된다. 전통적으로는 프리모와 세콘도 코스 사이에 마셨는데, 요즘에는 강한 맛의 치즈(파르메산, 고르곤졸라 등)와 함께 식후주로 마신다.

리몬첼로 레몬 껍질을 넣어 레몬 향을 가미한 리큐르로 아말피·나폴리·소렌토 등 이탈리아의 남부 지역에서 만든다. 차갑게 해서 저녁 식사 후에 마신다.

아마로 중세 수도원과 약국에서 만들던 허브 리큐르다. 와인이나 증류주에 수십 종의 허브와 뿌리, 꽃, 여러 껍질을 넣어 향이 우러나게 한 뒤 증류하여 설탕시럽을 넣고 술통이나 병에 넣어 숙성시킨다. 쓴맛과 단맛이 섞여서 나며 식후주로 이용된다.

유럽 카페의 효시 '카페 플로리안'

아랍의 음료이던 커피를 유럽에 널리 전파한 사람들은 베네치아의 상인들이다. 14세기 말엽 지중해 무역을 장악하고 있던 베네치아 상인들이 오스만 투르크와의 교역을 통해 커피를 유럽으로 전파했다. 이런 역사를 증언하듯 베네치아의 산마르코 광장에는 이탈리아에서 가장 오래된 카페인 '카페 플로리안(Caffé Florian)'이 있다. 1720년 개업한 이래 괴테, 바이런, 루소, 나폴레옹, 마르셀 프루스트, 찰스 디킨스, 모네, 모딜리아니 등 수많은 예술가들과 명사들이 이곳을 찾았고 그들의 작업물을 이곳에 남기기도 했다. 화려하고 웅장한 인테리어는 옛 모습 그대로다. 개업 이후 줄곧 영업을 이어왔으며, 베네치아의 상징이자 지역 주민과 관광객이 방문하는 명소가 되었다.

이탈리아에는 마을마다 유서 깊은 카페들이 있어 문인 등 문화계 인사들이 카페에서 자주 모임을 갖는다.

플로리안 외부

플로리안 내부

플로리안의 스텝들과 저자

커피 천국 이탈리아

이탈리아인들은 커피를 매우 즐긴다. 골목 어귀마다 있는 카페테리아는 활력을 충전하는 공간이자 동
네 사랑방이기도 하다. 출퇴근 시간이나 점심시간에 잠깐 들러 일어선 채로 커피를 마시며 이야기를
나눈다. 커피 맛이 좋은 것은 물론 가격도 저렴하다.

　아침 식사로 빵과 함께 마실 때는 카푸치노나 카페라테를 마시고, 점심이나 저녁 식사 후에는 에스
프레소를 마신다. 이탈리아인들은 가정이나 사무실에 모카포트를 비치해 두고 에스프레소를 손수 만
들어 마신다.

코르네토와 카푸치노

비스코티와 카페라테

모카포트와 에스프레소

　식사에는 보통 와인을 곁들인다. 이탈리아는 BC 1100~1300년경부터 와인
을 만들어 온 유럽 와인의 종주국이다. 국토 곳곳에서 각기 개성이 다른 와
인이 생산되는데 토스카나, 피에몬테, 베네토 지역이 와인 산지로 유명하다.

　식사를 마치면 에스프레소와 식후주인 디제스티보digestivo를 마신다. 디제
스티보는 소화를 돕기 위해 마시는 술로 도수와 단맛이 강하다. 그라파grappa

FOOD TALK TALK　프랑스 궁정으로 간 이탈리아요리

이탈리아 피렌체를 지배했던 메디치 가문은 이탈리아요리를 프랑스 궁정에 소개하는 데 기여했다.
1533년 메디치 가문의 카트린느 드 메디시스(Catherine de Médicis)가 프랑스의 앙리 2세와 결혼하
면서 자신들의 요리사들을 프랑스로 데려갔다. 이를 계기로 당시 최고를 자랑했던 피렌체의 귀족 요
리가 프랑스 궁정으로 전해졌다. 페이스트리, 케이크, 크림 퍼프(cream puff), 프로즌 디저트(frozen
dessert)와 아티초크, 브로콜리 등의 조리법, 포크 문화 등이 프랑스로 소개되면서 프랑스 지배층의
음식문화가 한층 세련화되었다.

가 가장 대중적이고 마르살라 와인marsala wine, 리몬첼로limoncello, 아마로amaro 등이 인기 있다.

5. 식사 예절

- 이탈리아의 식사 예절은 유럽의 다른 나라들과 비슷하다. 포크는 왼손에, 나이프는 오른손에 쥐고 사용하며 식사 도중에 바꿔 쥐지 않는다. 나이프는 포크에 음식을 올릴 때 보조 도구로 사용할 수 있다.
- 빵은 주요리 접시 가장자리에 올려놓고 먹거나 빵 접시가 따로 나올 때는 주요리 접시 왼쪽에 둔다.
- 빵을 손으로 뜯어 소스를 가볍게 찍어 먹을 수는 있으나 접시를 싹싹 닦는 것은 무례한 행동이다.
- 파스타를 먹을 때는 포크로 파스타를 집어 접시의 밖을 향해 빙글빙글 돌려서 감아 먹는다. 이탈리아에서는 파스타를 먹을 때 숟가락을 포크의 보조 도구로 사용하지 않는다. 파스타를 먹을 때 후루룩 소리를 내지 않는다.
- 식사에 초대받았을 때는 주인이 "맛있게 드세요(buòn appetito)."라고 말하기 전에는 먹지 말아야 한다.
- 집으로 초대받았을 때는 안주인에게 선물을 가져가는 것이 예의다. 초콜릿도 좋고 초대된 모든 사람이 마실 수 있는 분량의 와인을 가져가는 것도 좋다.

SPAIN

스페인의 음식문화

- **면적** 505,370㎢
- **인구** 46,719,147(2022년)
- **수도** 마드리드
- **종족** 지중해인 및 북유럽인
- **공용어** 스페인어
- **종교** 로마가톨릭교(94%), 기타(6%)
- **1인당 명목 GDP(US 달러)** 30,157(2021년)

투우와 플라멩코, 축구와 축제로 유명한 스페인은 유럽의 남서쪽 끝 이베리아반도에 위치한다. 동북쪽은 피레네산맥을 경계로 프랑스와, 서쪽은 포르투갈과 접하고 남쪽은 지브롤터 해협을 사이에 두고 모로코와 마주한다.

스페인 음식은 큰 틀로 보면 지중해식 식사(Mediterranean diet)의 특징을 갖지만, 그 밖의 다양한 문화가 융합되어 있다. 고대로부터 여러 이민족(그리스인, 로마인, 서고트족, 무어인 등)의 침략과 지배를 거치는 동안 스페인은 인종적, 문화적으로 다양한 요소가 어우러진 나라가 되었다. 이 과정에서 새로운 작물과 조리법이 들어와 기존의 문화와 융합되면서 스페인 특유의 음식문화가 형성되었다. 특히 스페인 남부는 아랍 이슬람 왕조(우마이야 왕조 등)의 통치를 오랫동안 받았던 역사로 인해 아랍 문화의 색채가 농후하다.

인구의 94% 이상이 가톨릭 신자이며, 스페인의 수많은 축제는 가톨릭과 관련되어 있다.

1. 스페인 음식문화의 형성 배경

1) 자연환경

국토 면적이 한반도의 2.3배 정도 되는 스페인은 지역별로 기후·자연·문화적 특색이 두드러진다. 국토의 약 1/3이 산지이고, 평균 고도는 해발 600m 이상으로 유럽에서 스위스 다음으로 지대가 높다. 바위 투성이의 지형은 염소나 양 같은 몸집이 작은 가축의 사육과 포도, 올리브의 경작에 적합하다. 스페인은 세계 최대 올리브 생산국이며 프랑스, 이탈리아에 이어 세계 3위의 와인 생산국이다. 염소젖과 양젖으로는 특색 있는 치즈를 만든다.

높은 산들은 지역 간 교류를 막는 장벽이었고, 19세기 후반까지 각 지역을 단위로 독자적인 정치·역사·문화를 이어왔다. 음식문화도 지역별로 발달해 왔으며, 오늘날에도 수천 년 전 방식 그대로 만드는 지역 음식들이 즐비하다.

피레네산맥과 칸타브리아산맥을 중심으로 한 북부 지방(아스투리아스, 칸타브리아, 바스크)은 아랍의 지배를 받지 않아 가장 유럽적인 곳으로, 목초지와 울창한 숲이 펼쳐져 있다. 대서양과 산악 지형에 둘러싸인 북서부 갈리시아 지방은 온난한 해양성 기후를 보이며 축산업, 낙농업, 수산업이 발달했다. 세고비아 등의 도시가 있는 카스티야이레온Castilla y Leon 지방은 해발 600~1,200m의 고원 지대로, 연중 기온이 높고 건조한 대륙성 기후를 나타낸다. 광대한 초원이 펼쳐져 있으며 목축이 성하다. 돈키호테의 무대인 카스티야라만차 지역은 만체고 치즈와 사프란(향신료의 일종)의 생산지로 유명하다. 지중해와 마주한 동남부 지역(발렌시아, 카탈루냐, 무르시아)은 연중 온화한 지중해성 기후가 나타나며, 농업(특히 쌀농사) 및 경공업이 발달했다. 발렌시아는 해물밥 '파에야'로 유명하다. 남부 안달루시아 지방은 비옥한 평야가 펼쳐진 스페인 최대의 곡창 지대로 포도, 오렌지, 올리브 산지로 유명하다. 아랍 왕조의 지배를 가장 오랫동안 받아 그 영향이 음식을 비롯해 곳곳에 남아 있다.

2) 다양한 문화의 융합

이베리아반도는 지중해와 대서양이 만나는 전략적 요충지이자 광물이 풍부하여 예로부터 많은 종족들이 유입되었다. 고대로부터 그리스(BC 6세기), 로마(BC 218~AD 476), 서고트 왕국(408~711), 무어인* 등의 침략과 지배를 거치면서 여러 민족의 다양한 문화를 융합하고 발전시켜 온 독특한 전통을 지니고 있다.

그리스인들이 전하고 로마 시대에 생산이 확대된 와인은 스페인 음식의 필수 요소가 되었다. 서고트족은 맥주와 사과주sidra를 들여왔다.

무어인들은 스페인을 700년 넘게 통치하면서 언어, 음식, 건축, 음악, 수학 등 문화 전반에 아랍의 색채를 깊이 남겼다. 이들은 가지, 시금치, 살구, 대추야자, 오렌지·레몬 등의 감귤류, 누가(꿀과 아몬드로 만든 과자), 마르지판marzipan(아몬드 가루, 설탕, 계란 흰자로 만든 말랑한 과자) 등의 아랍 과자와 증류법을 전해 주었다. 스페인에 쌀 요리가 많은 것, 아랍의 주요 향신료인 사

---

* 아랍 칼리프의 통치를 받던 북아프리카의 무슬림들을 말한다. AD 711년, 타리크(우마이야 왕조 시기의 장군)가 무어인들을 이끌고 이베리아반도를 침입하여 서고트 왕국을 무너뜨리고 1492년까지 이베리아반도의 거의 대부분을 지배했다.

프란, 커민, 계피, 고수를 즐겨 사용하는 것, 고기에 과일을 넣어 요리하는 것, 고기와 생선을 식초에 담가 저장하는 법 등은 아랍 문화의 영향을 받은 것이다.

무어인들을 통해 사탕수수와 제당법도 전해져 당과류의 혁신적인 발전이 이루어졌다. 농업 기술의 발전으로 올리브, 쌀, 사프란 등의 생산이 크게 늘어났는데, 발렌시아 지방의 '파에야'는 이 같은 배경에서 탄생했다.

콜럼버스의 신대륙 발견(1492년) 이후 스페인이 중남미 지역을 식민 지배하면서 고추, 토마토, 감자 등 신대륙의 작물이 들어와 스페인 음식의 필수 재료가 되었다.

2. 스페인 음식의 특징

스페인 음식은 지중해식 식사의 원칙을 따른다. 밀, 쌀, 콩, 감자, 올리브유, 채소, 과일, 견과류, 와인 등 식물성 식품이 주가 되고, 여기에 계란, 치즈, 육가공품, 해산물, 육류가 더해진다.

1) 간단함

조리법이 간단하고 소박하다. 음식을 개인별로 담아내기보다는 한 그릇에 푸짐하게 담아 여럿이 나눠 먹는 것을 좋아한다.

2) 약방의 감초 올리브유

올리브유가 없으면 음식을 만들 수 없을 만큼 올리브유는 스페인요리의 필수 재료다. 빵도 올리브유에 적셔 먹는다. 아욜리allioli*는 계란에 올리브유, 다진 마늘, 레몬즙을 넣고 휘저어 만드는 지중해식 소스로 고기 요리, 생선 요리,

---

* 아욜리와 비슷한 소스로 마요네즈가 있다. 둘의 차이는, 아이올리는 전란(全卵)을 사용하고 마늘이 들어가는 반면, 마요네즈는 난황만 사용하고 마늘이 안 들어간다.

계란 요리 등에 곁들인다. 올리브절임은 한국의 김치처럼 애용된다.

3) 맛내기 삼총사 마늘·고추·토마토

스페인요리는 올리브유에 볶은 마늘향이 음식 맛의 기본을 이룬다. 마늘수프는 마늘, 올리브유, 육수, 빵 등으로 만드는 간단한 수프인데 그 맛은 매우 훌륭하다.

피멘토 데 파드론·토마토샐러드·크로케타

파프리카(고춧가루의 일종)는 기본 양념이며, 청고추를 올리브유에 튀겨 굵은 소금을 뿌린 피멘토 데 파드론pimientos de padrón을 비롯해 고추를 이용한 요리가 많다. 토마토도 맛내기 재료로 즐겨 쓰인다. 빵을 잘라 마늘로 쓱 문지른 다음 올리브유를 뿌리고 토마토 간 것을 올리면 맛있는 판 콘 토마테pan con tomate가 만들어진다.

그 밖에 후추, 계피, 생강, 사프란, 패널, 커민, 육두구, 정향, 고수, 민트, 바질, 로즈마리 등 다양한 향신료와 허브가 쓰인다.

4) 돼지고기 육가공품의 발달

스페인 사람들은 돼지고기를 좋아한다. 2019년 현재 스페인의 돼지고기 생산량은 4.6백만 톤으로 독일(5.2백만 톤)에 이어 유럽 2위를 차지하고 있다.

스페인의 식당에 가면 천장에 하몬jamón이 주렁주렁 매달려 있는 모습을 흔히 보게 된다. 하몬은 돼지 다리나 볼기살로 만든 생햄으로 흔히 '하몬 세라노jamón serrano'라 부른다. '산의 햄'이라는 뜻인데 햄을 건조·숙성하는 오두막을 산 위에 짓기 때문이다. 초리소chorizo는 돼지고기에 고춧가루와 와인, 마늘을 넣어 훈제한 소시지다. 피멘톤pimentón이라는 고춧가루가 들어가 특유의 오렌지빛이 도는 붉은색이 난다. 살치촌salchichón은 최상급 돼지고기(혹은 돼지고기와 쇠고기를 섞어서)에 돼지기름, 소금, 후추만 넣고 최소 이틀간 숙성시켰다가 케이싱에 넣어 매달아 건조·숙성시킨 드라이 소시지다. 스페인에서 초리소 다음으로 많이 소비되는 소시지로 깊고 향긋한 맛이 난다. 모르시야morcilla는 돼지 피와 양파, 향신료, 쌀 등을 돼지 창자에 채운 피 소시지의 일종이다.

세계 3대 생햄 '하몬 이베리코 데 베요타·바이욘 햄·파르마 햄'

돼지고기에 소금을 뿌려 건조, 숙성시킨 생햄으로는 스페인의 하몬 이베리코 데 베요타(jamón ibérico de bellota), 프랑스의 바이욘 햄(jambon de Bayonne), 이탈리아의 파르마 햄(prosciutto di Parm)이 손꼽힌다.

하몬은 돼지 다리나 볼기살을 통째로 소금에 절여 바람에 건조시키는데, 1년간의 건조와 숙성을 거치는 동안 10kg의 고기가 7kg의 하몬으로 변한다. 돼지 품종과 가공 방법에 따라 여러 종류가 있는데, '하몬 이베리코 데 베요타'를 최고로 친다. 이베리코 종 흑돼지를 청정 지역에 방목하여 야생 도토리(스페인어로 bellota)를 먹여 키우는데, 이는 로마 시대부터 이어 오는 전통이다.

포르투갈과 접한 산간 지방 하부고는 '파타 네그라'로 유명하다. 완성된 하몬의 발톱이 까맣게 되므로 '검은(negra) 발(pata)'이라고 불린다. 건조하고 추운 산간에서 만들어지므로 육질이 쫀득하다. 파타 네그라는 세계에서 가장 비싼 돈육 가공품의 하나다.

하몬, 바이욘 햄, 파르마 햄은 소금의 양, 건조 정도, 숙성 기간 등에 차이가 있으나 기본적인 제조법은 거의 동일하다. 중요한 차이는 돼지 품종이 다르다는 것이다. 스페인의 하몬은 검붉은색이 나고 끈적끈적한 지방이 고기 사이에 서리가 내린 것처럼 박혀 있어서 맛이 좋다. 쫄깃한 육질과 짭짤한 맛이 일품인데, 얇게 썰어 그대로 먹거나 토마토나 멜론을 곁들여 먹는다. 육질이 매우 부드러운 투명한 핑크색의 바이욘 햄과 파르마 햄은 종이처럼 얇게 썰어서 멜론이나 무화과 등의 과일과 함께 먹는다.

파타 네그라

바이욘 햄

파르마 햄

5) 스페인의 국민 음식 '계란'

토르티야 데 파타타

스페인에는 계란을 이용한 요리가 많다. 토르티야 데 파타타tortilla de patata는 얇게 혹은 주사위 모양으로 썬 감자를 올리브유에 튀기듯이 볶아서 계란에 섞어 초리소, 하몬, 시금치, 양파 등을 넣어 두툼하게 부친 것으로 흔히 '스페니쉬 오믈렛'이라 부른다. 애피타이저·스낵·술안주로 먹고, 식사로도 먹고, 샌드위치에 넣기도 한다.

크렘 카탈란crème catalane은 레몬 껍질과 계피로 맛을 낸 카탈루냐식 커스터드푸딩으로 스페인 사람들이 가장 즐겨 먹는 후식의 하나다.

6) 특색 있는 와인

스페인어로 와인을 비노vino라고 하는데 식사 때마다 와인을 곁들인다. 스페인 북부, 프랑스와 국경을 접한 곳에 위치한 리오하Rioja는 스페인 최고의 와인 생산지로 템프라니요*tempranillo* 품종으로 제조한 레드 와인으로 유명하다. 맛이 부드럽고 알코올 함량은 낮은 편이며 장기 숙성이 가능한 고급 와인이다.

안달루시아의 헤레스Jerez에서 생산되는 셰리sherry는 브랜디를 첨가하여 도수를 높인(18~20도) 와인으로 스페인에서 가장 인기 있는 술이다. 단맛이 적고 알코올 도수가 낮은 것은 식전용이며, 단맛이 많은 크림셰리는 식후주

 스페인 특유의 음식문화 '타파스'

타파스(tapas)는 술을 곁들여 가볍게 먹는 음식을 말한다. 작은 접시에 조금씩 담겨 나오는데, 토스트한 빵에 하몬을 올린 하몬 콘 토스타도(jamón con tostado), 오징어튀김, 새우구이, 버섯볶음, 올리브절임, 크로켓, 소시지구이, 치즈 등 종류가 매우 다양하다. 스페인 사람들은 하루 중 어느 때고 안주·간식·애피타이저로 타파스를 즐긴다. 술집이나 카페, 간이식당 등에서도 타파스를 흔히 판다.

타파스

스페인에서 타파스는 사람들 간의 대화나 사교에서 중요한 역할을 한다. 저렴한 비용으로 스페인 음식을 다양하게 맛보고 싶은 여행객들에게도 놓칠 수 없는 음식이다.

핀초스(pintxos)는 바스크식 타파스를 말하는데, 빵 조각 위에 올리브, 구운 피망, 앤초비(멸치 비슷한 생선) 등을 얹어 작은 꼬챙이를 꽂아 낸다. 핀초는 바스크어로 꼬챙이라는 뜻이다. 한 접시에 보통 세 조각이 나온다.

---

* 보르도 와인 하면 카베르네 소비뇽(Cabernet Sauvignon)이 떠오르고, 이탈리아 와인 하면 산지오베제(Sangiovese)가 떠오르듯, 템프라니요는 스페인에서 가장 사랑받는 포도 품종이다.

로 마신다. 안달루시아의 헤레스는 타파스의 발생지이기도 하다. 스페인 사람들은 타파스와 함께 세리를 마시는 걸 좋아한다.

7) 풍부한 해산물

지중해와 대서양으로 둘러싸인 스페인은 해산물도 풍부하다. 북서부 갈리시아의 어획량은 유럽에서 가장 많은데, 협만처럼 생긴 갈리시아 지역 강어귀가 생선을 모으는 깔때기 역할을 하기 때문이다. 일요 예배를 마치는 시간이면 이 지역의 바와 식당은 구수한 시골빵과 함께 내놓는 풀포 아 라 가예가pulpo a la gallega(삶은 문어에 파프리카, 올리브유, 소금을 뿌린 음식으로 감자와 함께 나옴)를 먹으러 나온 가족들로 붐빈다. 굴, 바닷가재, 게, 조개도 유명하다.

8) 특색 있는 치즈

만체고 치즈

스페인에는 소젖, 양젖, 염소젖 치즈가 고루 발달했고, 최상의 맛을 내기 위해 두세 가지 가축의 젖을 혼합해 만든 치즈가 많다. 퀘소 만체고queso manchego(만체고 치즈)는 바람 많고 건조한 중남부 고원 지대인 라만차 지역에서 키우는 '만체가manchega' 품종의 양젖으로 만든다. 세르반테스의 소설 돈키호테에도 언급된 치즈로 오래 숙성시킬수록 깊은 후추향이 난다. 타파스의 단골 메뉴이기도 하다.

북부 아스투리아스 지방의 '카브랄레스cabrales'는 소젖, 양젖, 염소젖을 섞어 만든 블루치즈(푸른곰팡이로 발효시키는 치즈)로, 혀와 입안을 자극하는 얼얼한 맛이 특징이다. 석회암 동굴에서 숙성시키며 프랑스의 로크포르, 이탈리아의 고르곤졸라와 함께 세계 3대 블루치즈로 꼽힌다.

9) 새끼 돼지에서 내장까지

스페인 사람들은 일반 가축 외에도 메추리, 비둘기, 토끼, 꿩, 사슴 등 야생동물과 새끼 돼지 등 못 먹는 것이 없다고 할 만큼 다양한 고기를 즐긴다. 새

끼 돼지는 특히 인기가 있다. 돼지껍질도 튀겨서 안주나 간식으로 먹고 선지
와 곱창, 기타 내장까지 남김없이 이용한다.

10) 다양한 콩 요리

지중해 지역이 그렇듯이 스페인에서도 콩을 많이 먹는다. 수프, 스튜, 샐러드에
넣기도 하고 삶아 으깨서 주요리에 곁들이기도 한다. 파바다favada는 스페인 북
부 아스투리아스 지방의 시그니처 요리로, 이 지역 특산물인 누에콩에 베이
컨, 모르시야, 초리소, 사프란 등을 넣고 끓인 진한 맛의 스튜다. 본래는 서민적
인 음식이었으나 요즘엔 다양한 채소와 해산물 등을 넣은 미식으로 발전했다.

3. 대표 음식

파에야paella 올리브유에 마늘을 볶아 향을 낸 뒤 쌀, 고기(닭고기·토끼고기·
달팽이 등), 해산물(새우·홍합·게·조개 등), 초리소, 양파 등을 넣어 익힌 밥
으로 스페인의 국민 음식으로 불린다. 사프란을 넣어 노란색을 내고 레몬 조
각을 얹어 낸다. 양쪽에 손잡이가 달린 납작한 팬에다 조리하는데 이 팬도
'파에야'라고 부른다.

파에야는 쌀이 풍부한 발렌시아 지방에서 나왔는데, 발렌시아에서는 가족
모임이나 종교 행사 때 파에야를 만들어 나눠 먹는다. 발렌시아는 오징어 먹
물로 지은 밥 '아로스 네그로arroz negro'도 유명하다.

수프·스튜

가스파초gazpacho 여름이 몹시 덥고 건조한 남부 안달루시아 지방에서 나온
냉수프cold soup다. 잘 익은 토마토, 피망, 오이, 마늘, 양파, 빵에 올리브유를
넣고 곱게 갈아 차게 먹는 새콤한 수프로 애피타이저로 즐겨 먹는다. 가스파

가스파초

코시도

코치니요 아사도

초는 아랍의 냉수프인 아호 블랑코ajo blanco(아몬드, 마늘, 빵, 물을 넣고 갈아 만든 수프)의 영향을 받아 나온 음식이다.

코시도cocido 병아리콩, 채소(양파·당근·감자), 고기(각종 고기·절인 돼지고기·소시지)를 넣어 끓인 스튜로 세 코스로 나눠 먹는다. 먼저 국물을 따라 내어 면을 넣어 먹고, 채소를 건져 먹고, 마지막으로 고기를 먹는다. 껍질이 단단한 시골빵과 함께 낸다.

스페인의 파에야, 이탈리아의 리조토, 아랍의 필라프

스페인은 이탈리아에 이어 유럽 2위의 쌀 생산국이다. 스페인에 쌀이 들어온 시기는 6세기에 비잔틴에서 들어 왔다는 설, 8~10세기에 무어인들이 전해주었다는 설 등 그 기원이 분명치 않다. 확실한 건 10세기 무렵 무어인들이 안달루시아 지방에 쌀을 경작하면서부터 쌀의 대량 재배가 시작되었다는 사실이다. 15세기 무렵에 쌀은 스페인의 중요 작물로 자리 잡았고, 이후 발렌시아 지방에서 파에야가 나왔다.

15세기 중반, 스페인 농부들이 당시 스페인의 영토였던 이탈리아 북부의 포 평원에 'arborio'라 불리는 단립종 쌀을 심었고, 이 쌀을 이용해 이탈리아의 밥 요리인 '리조토(risotto)'가 나오게 되었다.

이런 역사에 비추어 아랍의 필라프에서 스페인의 파에야가, 스페인의 파에야에서 이탈리아의 리조토가 파생된 것으로 볼 수 있다. 이처럼 한 지역의 음식이 다른 지역으로 전파되면 그 지역의 식기호와 식재료, 조리법 등에 맞게 변화되어 수용되는데 이는 '문화의 전파와 변용' 현상으로 볼 수 있다.

스페인 파에야　　　　이탈리아 리조토　　　　아랍 필라프

육류 · 해산물

코치니요 아사도cochinillo asado 코치니요는 '새끼 돼지'를, 아사도는 '구이'를 뜻한다. 2~3개월 된 새끼 돼지를 장작불로 달군 화덕에서 굽는다. 1인분을 시키면 돼지의 1/6 정도를 잘라서 준다. 고기가 연해서 바싹 구워진 껍질 부분에 칼을 갖다 대면 바로 벌어진다. 별다른 소스 없이 소금을 찍어서 먹는다. 세고비야에서 나왔지만 인근 지역인 마드리드 등지에서도 즐겨 먹는다.

바칼라오bacalao 소금에 절여 말린 대구를 바칼라오라고 한다. 물에 불려 소금기를 빼고 올리브유를 발라 굽거나 크로켓, 토르티야 등 각종 요리에 넣는다.

기타

판 콘 토마테 이 하몬pan con tomate y jamón 두툼하게 자른 빵 위에 토마토와 하몬 조각을 올리고 올리브유를 뿌린 것으로 간단한 점심으로 인기 있다.

판 콘 토마테 이 하몬

크로케타croqueta 삶아 으깬 감자에 고기 등을 섞어 타원형으로 빚어 빵가루를 묻혀서 기름에 튀긴 것으로 우리가 '크로켓'이라 부르는 음식이다. 치즈나 하몬, 소시지 등을 넣기도 한다. 식당이나 바의 가장 흔한 메뉴다.

추로스churros 설탕과 계피를 뿌린 막대형의 튀긴 빵으로 녹인 초콜릿을 찍어 아침 식사나 스낵으로 먹는다.

추로스

투론turrón·**폴보론**polvorón 투론은 아몬드에 꿀과 계란 흰자를 섞어 만든 누가를 말한다. 폴보론은 볶은 밀가루에 가루우유, 아몬드가루, 설탕, 바닐라에센스, 버터 등을 넣어 뭉친 과자다. 아랍 문화의 영향을 받은 과자로 스페인 사람들은 크리스마스 때 투론과 폴보론을 꼭 챙겨 먹는다. 폴보론은 스페인의 식민지였던 필리핀 등지에서도 즐겨 먹는다.

투론

4. 식사의 구성과 음료

1) 식사의 구성

스페인 사람들은 하루 세 끼 식사에 두세 번의 간식을 먹는다. 지리적으로 유럽의 가장 남쪽에 위치하여 여름에는 매우 덥고 밤 9시가 넘어서야 해가 진다. 그러다보니 자연히 저녁을 늦게 먹게 되었고, 식사 사이의 간격이 넓어져 간식을 자주 먹는 습관이 생겼다. 서민들이 즐겨 찾는 선술집은 셰리나 상그리아, 맥주, 와인을 시켜 놓고 마시고 대화하는 사람들로 늘 북적인다.

스페인어로 아침을 데사유노desayuno라고 하는데 이는 '금식이 끝났다'는 말이다. 아침은 7시경에 집 혹은 바에서 커피나 초코라테에 빵이나 추로스를 곁들여 가볍게 먹고, 점심을 먹기 전에 술집bar과 카페 등에서 가볍게 한 잔하면서 간식을 먹는다. 토마토를 얹은 빵, 오믈렛, 보카디요bocadillo(바게트와 비슷한 빵에 오믈렛과 초리소 등을 넣은 샌드위치), 타파스 등이 인기 메뉴다. 전통적으로는 점심이 주된 식사다. 점심은 2~3시경에 하는데, 보통 집에 가서 전채·주요리·후식으로 이루어진 푸짐한 식사를 두세 시간에 걸쳐 느긋하게 즐긴다. 상점은 점심 식사와 낮잠을 위해 두세 시간 동안 문을 닫는다.

전채primer plato 수프, 샐러드, 계란 요리, 훈제 생선, 하몬 등
주요리segundo plato 계란, 양고기·돼지고기·가금류 등의 육류, 생선
후식postre 파이, 아이스크림, 플란flan(스페인식 푸딩), 과일, 치즈 등

저녁 6시경에는 오후 간식을 먹으려는 사람들로 카페테리아가 활기를 띤다. 홍차나 뜨거운 우유와 함께 달콤한 빵과 페이스트리 등을 먹는다. 저녁 8~9시에는 술과 함께 타파스를 먹는다. 저녁 식사는 9시가 돼서야 하는데 수프와 오믈렛, 생선이나 과일 등으로 가볍게 먹는다.

2) 음료

스페인 사람들은 술을 많이 마신다. 가장 대중적인 술은 셰리와 와인이며 맥주도 인기 있다. 아스투리아스와 바스크 지방은 사과주sidra로 유명한데, 신맛이 강하고 단맛이 적은 토종 사과로 빚는다.

아침 식사에 카라히요carajillo(에스프레소에 브랜디나 럼을 탄 음료로 불을 붙여 마심)를 곁들이는 것을 시작으로 점심 때는 샌드위치와 와인, 저녁에는 바에서 셰리나 와인 등을 마신다. 카라히요는 식후 음료로도 마신다. 헤레스jerez라고도 불리는 셰리sherry는 스페인 사람과 외국인 모두에게 인기 있다. 카바cava는 가볍고 드라이한 스파클링 와인으로 식전주로 마시거나 혹은 과일을 넣어 조리한 가금류 요리에 곁들인다.

식사에는 보통 와인이나 맥주를 곁들이며 식후주로는 브랜디를 즐겨 마신다. 아니스 델 모노anis del mono(아니스를 넣은 브랜디로 대중적인 바에서 흔히 취급함), 달콤한 폰체 카바예로ponche caballero 등이 있다. 리꼬르 꽈렌따 이 트레스licor cuarenta y tres는 정찬 식사 후 마시는 식후주다. 감귤류, 과즙, 허브, 향신료, 바닐라 등 43가지 재료를 섞어 만드는 황금빛의 부드러운 술로 초콜릿과 바나나 향이 난다. 얼음 위에 부어 마시는데 가벼운 단맛이 난다.

여름철 음료로는 상그리아sangria가 인기다. 레드 와인에 탄산수, 설탕, 얼음, 레몬즙을 섞고 여러 가지 과일을 넣어 차게 마신다.

상그리아·가스파초·멜론과 하몬·올리브

5. 식사 예절

스페인에서도 유럽식 식사 예절을 따른다.

- 음식을 씹을 때에는 입을 다물고 씹어야 하며, 음료를 마실 때나 국물을 마실 때는 소리 내지 않는다.
- 술을 마실 때 술잔을 건네는 행동은 하지 않으며, 상대방 술잔이 비면 채워 주되 가득 채우지는 않는다.
- 스페인에서는 집으로 손님을 초대하는 경우가 드물며 대개는 식당에서 손님을 대접한다. 가정에 초대를 받았다면 꽃다발, 초콜릿 같은 간단한 선물을 들고 간다.
- 식당에서는 팁을 내지 않아도 된다.
- 스페인 사람들은 어느 나라 사람보다 예의와 격식을 갖춰 행동한다. 외국인이 스페인의 문화와 예절을 익혀 스페인식으로 행동하면 더 많은 호감과 협조를 얻게 된다.

CHAPTER 10

중유럽

독일의 음식문화
스위스의 음식문화

중유럽은 유럽의 중앙에 위치한 지역을 이른다. 정확한 구분 기준이 있는 것은 아니지만 일반적으로 알프스에서 발트해까지를 이른다. 역사·문화적으로는 게르만인과 서슬라브인, 헝가리인 등이 활동한 지역을 말하며, 게르만계의 독일·스위스·오스트리아·리히텐슈타인, 서슬라브계의 슬로바키아·체코·폴란드, 그리고 헝가리가 포함된다.

중유럽의 기후는 남유럽보다 혹독하고 추우며 음식의 지역적 다양성이 적은 편이다. 전통적인 농작물은 서늘하고 습한 기후에서 자라는 것들이다.

흔히 먹는 식품은 호밀·밀·보리 등의 곡물, 감자·양배추·당근·비트 등의 채소, 계란, 유제품, 돼지고기, 쇠고기, 송어·잉어·장어 등의 민물고기, 사과·체리·자두·베리류 등의 과일이다.

식품은 저장성을 높이기 위해 말리거나 절이거나 발효시킨다. 오이피클, 크림을 발효시킨 사워크림, 양배추를 절인 사우어크라우트(sauerkraut) 등이 대표적이다.

날씨가 추워 밀이 자라기 어려워 호밀이나 기타 잡곡 빵을 즐겨 먹는다.

유럽인의 식사는 크게 지중해식과 게르만식으로 나뉘는데, 중유럽의 경우는 후자에 속한다. 게르만식은 고기가 식사의 중심이며, 요리용 기름은 버터를 사용하고, 버터밀크·사워크림·생크림도 즐겨 사용한다. 술은 맥주를 즐겨 마신다.

지중해식은 통곡식·콩·채소·허브·과일 등의 식물성 식품이 주가 되며, 붉은 고기의 섭취는 많지 않다. 요리에 올리브유를 사용하고, 식사에는 와인을 곁들인다. 첨가당, 정제된 탄수화물, 포화 지방의 섭취를 최소화한 것이 특징이며, 대부분의 지방은 올리브유나 콩에서 얻는 불포화 지방이다.

개신교와 가톨릭의 비율이 비슷한 독일과 스위스를 제외하면 나머지 중유럽 국가들에서는 가톨릭이 우세하다.

GERMANY

독일의 음식문화

- **면적** 357,022㎢
- **인구** 83,883,587(2022년)
- **수도** 베를린
- **종족** 독일인(87.2%), 튀르키예인(1.8%), 폴란드인(1%), 시리아인(1%), 기타(9%)(2017년)
- **공용어** 독일어
- **종교** 로마가톨릭(27.7%), 개신교(25.5%), 무슬림(5.1%), 정교(1.9%), 기타 기독교(1.1%),
  기타(9%), 무교(37.8%)(2018년)
- **1인당 명목 GDP(US 달러)** 51,104(2021년)

'Made in Germany' 하면 튼튼하고 실용적인 제품이 떠오른다. 독일을 대표하는 음식인 맥주, 소시지, 푹 익힌 감자, 호밀빵 역시 내실 있고 소박하다. 실용성을 중시하는 독일인들은 미식을 다양하게 개발하기보다는 기본이 되는 음식을 집중 개발하는 식으로 미각의 범위를 확대해왔다. 1,300여 개[*]에 이르는 양조장에서 나오는 7,000종 이상의 맥주, 1,500여 종의 소시지, 300종이 넘는 전통 빵이 이를 증명한다.

국민의 대다수가 게르만계 독일인이며 식사도 전형적인 게르만식이다. 육류가 식사의 중심이 되고, 요리에는 버터를 사용하며, 술은 맥주를 즐겨 마신다.

주민의 대다수는 개신교 또는 가톨릭을 신봉하며, 강림절과 크리스마스는 독일인들에게 가장 거룩한 기간이자 가장 큰 축제일이다. 크리스마스 저녁에는 가족들이 집에 모여 감자샐러드를 곁들인 생선이나 오리, 거위 요리를 만들어 먹는다.

1. 독일 음식문화의 형성 배경

1) 자연환경

독일은 유럽의 한 가운데 위치하며, 북으로 북해·발트해와 면하고 덴마크와 접하며, 동으로 폴란드·체코, 남으로 오스트리아·스위스, 서로 프랑스·룩셈부르크·벨기에·네덜란드와 접하고 있다.

독일은 일조량이 적어 화창한 해를 볼 수 있는 날이 1년에 100일 정도에 불과하다. 일조량이 부족한 데다가 토양도 척박해서 농사짓기가 힘들다. 농업은 토양이 비옥한 남동부의 바이에른주(주도는 뮌헨)에 편중되어 있다.

독일요리가 지역별로 천차만별인 것은 농업 환경이 지역별로 각기 다른 것에도 기인한다.

북쪽을 제외하고는 바다에 접해 있지 않아 해산물의 이용은 저조한 편이다. 즐겨 먹는 생선은 청어, 다랑어 등이다. 내륙지방에서는 감자, 곡물(밀·호밀·보리·오트), 유제품, 양배추 등을 기본으로 돼지고기, 쇠고기 등의 육류나

[*] 이는 유럽연합 전체의 약 3/4에 해당하는 숫자다.

강과 호수에서 잡은 게, 가재, 연어, 송어, 잉어, 장어 등이 식사에 더해진다.

2) 오랜 지방 분권의 역사

독일은 1871년 비스마르크에 의해 독일연방공화국으로 통일되기까지 200년 넘게 300여 개의 작은 제후국으로 나뉘어 있었다. 지방 분권의 역사가 길다 보니 지역별로 고유의 문화색이 짙게 남아 있다. 각 고장마다 그곳 특유의 소시지, 맥주, 음식이 있고 빵도 지역에 따라 다르다. 예를 들어 프랑크푸르트 는 프랑크푸르터frankfurter(곱게 간 쇠고기와 돼지고기를 혼합해서 만드는 가늘고 긴 소시지로 미국에서는 hot dog라 부름)와 그뤼네 소세grüne sauce(사워크림에 차이브, 파슬리, 처빌 등 일곱 가지 허브를 다져 넣어서 만든 녹색 의 소스로 삶은 계란, 찐 감자와 함께 먹음)로 유명하다.

2. 독일 음식의 특징

1) 간단한 조리법 · 수수한 맛

실용성을 중시하는 독일인들은 흔한 재료를 사용해 간단히 조리하여 푸짐하게 먹는 걸 선호한다. 요리에 향신료나 양념을 많이 사용하지 않고 재료 본연의 맛을 즐긴다. 단, 캐러웨이(레몬

캐러웨이

향이 감도는 향신료로 중유럽 등지에서 많이 쓰임)는 "이것 없이는 어떤 요리도 만들 수 없다."고 할 정도로 즐겨 사용한다. 겨자소스는 소시지에, 서양 고추냉이horse radish로 만든 소스는 생선 요리에 곁들인다.

2) 저장 식품의 발달

과거에는 겨울철에 기후가 온화한 남부를 제외하고는 신선한 채소를 구하기

힘들었기 때문에 수확한 작물을 말리거나 소금이나 식초에 절여 보관했다. 사우어크라우트sauerkraut(양배추를 채 썰어 소금·식초·향신료 등을 넣어 절인 것)와 오이피클인 게르킨gherkin이 대표적이다.

사우어크라우트

      독일인들의 주식인 소시지와 햄도 돼지고기를 오래 보존하기 위해 개발된 음식이다.

3. 독일의 소시지와 햄

1) 소시지와 햄이 발달한 이유

독일 속담에 "사람은 빵만 먹고 살 수 없다. 반드시 소시지와 햄이 있어야 한다."는 말이 있다. 소시지와 햄이 그만큼 중요한 음식이라는 뜻이다. 독일의 소시지와 햄은 그 수를 헤아리기 어려울 만큼 다양하다. 소시지만 대략 1,500종이 있는데, 이는 종류가 많기로 유명한 프랑스 치즈(약 500여 종)의 3배가 넘는다.

  독일은 일조량이 적고 겨울이 긴데다 산림 지역이 많아 농경이 제한적이다. 이 같은 환경에서 사육 기간이 비교적 짧은 돼지는 살아 있는 예비 식량이었다. 돼지를 숲에다 방목하여 키우다가 먹이가 부족해지는 겨울이 되기 전에 도살하여 햄·소시지로 만들어 두면 이듬해 봄까지 든든한 식량이 되었다. 저장 기술이 신통치 않았을 때 고기를 오랫동안 보관하는 방법으로 햄·소시지만한 것이 없었다. 햄·소시지는 그리스, 로마 시대부터 만들어졌지만 독일 땅에서 꽃을 피웠다.

2) 소시지와 햄의 종류

독일어로 소시지는 부어스트wurst, 햄은 쉰켄schinken, 훈제하거나 소금에 절인 삼겹살은 슈펙speck이라고 한다.

부어스트 소시지는 가축을 도살한 뒤 얻어지는 피, 내장, 자투리 고기 등의 부산물을 남김없이 이용하기 위해 개발된 식품이다. 부스러기 고기를 다져 소금과 향신료를 섞어 가축의 창자나 케이싱casing에 채워 소시지를 만드는데, 재료와 제조법에 따라 다양한 종류로 나뉜다. 기본 재료는 돼지고기, 비계, 소금, 향신료이며 쇠고기, 송아지고기, 양고기, 가금류의 고기도 사용된다. 돼지 피로 만든 소시지인 블루트부어스트blutwurst, 간을 곱게 갈아 빵에 발라 먹을 수 있게 만든 레버부어스트leberwurst도 있다. 브라트부어스트bratwurst는 주로 돼지고기로 만들며 팬이나 그릴에 구워 먹는다. 보크부어스트bockwurst는 보통 송아지고기로 만들며 물에 데쳐 먹는다. 소시지의 모양은 새끼손가락처럼 가는 것부터 어른 팔뚝만큼 굵은 것, 막대기처럼 생긴 것, 순대처럼 생긴 것 등 다양하다. 부어스트는 주로 통째로 데치거나 구워 겨자소스를 뿌려 빵에 끼워 먹거나 감자튀김을 곁들여 먹는다.

블루트부어스트

레버부어스트

쉰켄 햄은 쇠고기나 돼지고기, 칠면조 등의 살코기를 덩어리째 소금에 절여 건조·숙성시키거나 훈제한 것이다. 베스트팔리안 햄 Westfälischer Schinken은 독일 서부 노르트라인베스트팔렌주의 베스트팔리아 지역의 숲에서 도토리를 먹여 키운 돼지로 만든다. 돼지고기를 소금과 양념에 절였다가 자연 건조·숙성한 뒤 장작불로 훈제하는데, 현재도 수백 년 전의 전통 방식 그대로 만든다. 종이처럼 얇게 썰어 그대로 먹는데 스모키한 향이 일품이다. 서남부 바덴뷔르템베르크주의 숲이 울창한 산악 지역에서 생산되는 슈바르츠발트 햄Schwarzwälder Schinken도 유명하다. 슈바르츠발트 산 전나무 잎과 톱밥, 노간주 열매를 태운 연기로 훈제하여 6개월에서 1년 간 숙성시키는데 여러 번 연기에 그을리므로 표면이 검게 변한다.

슈바르츠발트 햄

4. 독일의 맥주 문화

맥주는 독일 문화의 중요한 일부분으로 맥주는 기호품이나 술이라기보다는 일상 음료에 가깝다.[*]

몇몇 기업이 시장을 독점하고 있는 한국과는 달리 독일에는 맥주 양조장이 전국에 퍼져 있어 고장마다 독특한 크래프트 맥주(소규모 양조업체가 대자본의 개입 없이 전통적인 방식에 따라 만드는 맥주)를 만들기 때문에 그 종류가 7천 종이 넘는다. 검게 볶은 맥아로 만든 진한 맛의 흑맥주부터 은은한 과일향이 나는 부드러운 맥주까지 독일 맥주의 맛은 그야말로 하늘의 별만큼 다양하다. "10km 밖의 맥주는 맥주가 아니다."라는 말이 있을 정도로 독일인들은 자기 고장 맥주에 대한 자부심이 크고 자기 고장 맥주를 마시면서 애향심을 느낀다. 오랜 연방제 전통에서 생겨난 각 지방 고유의 맥주는 소시지와 더불어 지역 정체성을 대변한다. '그 지방 맥주에 그 지방 소시지'라고나 할까? 바이에른 지방의 흰소시지 바이스부어스트Weißwurst는 이 지방의 전통 밀맥주인 바이첸비어Weizenbier와 환상의 조화를 이룬다.

11시경에 먹는 바이에른의 늦은 아침 식사
(바이첸비어, 바이스부어스트, 겨자소스, 브레첼)

독일의 대표적인 맥주로는 체코의 플젠에서 유래한 홉의 향기와 쌉쌀한 맛이 살아있는 '필스너', 검게 볶은 보리로 만들어 묵직한 맛과 거무스름한 색이 나는 '둥클레스', 밀로 빚어 부드럽고 향긋한 바이스비어 등이 있다. 이 중 필스너가 가장 흔하며, 바이에른을 비롯한 남쪽 지역에서는 바이스비어[**]를 많이 마신다. 뒤셀도르프와 그 주변 지역에서는 영국식 에일 제조법과 비슷하게 빚은 상면발효

[*] 2020년 기준 독일의 1인당 맥주 소비량은 90리터로 체코(135리터), 호주(100리터)에 이어 세계 3위를 기록했다.
[**] 맥아에 이보다 많은 양의 밀을 섞어 만드는 상면발효맥주이다. 독일 바이에른 지방의 바이첸비어와 벨기에의 벨지안 화이트(witbier)가 대표적이다.

맥주의 분류

맥주는 발효 방식에 따라 하면발효맥주와 상면발효맥주로 대별된다.

하면발효맥주 발효가 끝나면서 가라앉는 효모를 이용하여 만드는 맥주로, 낮은 온도(4~10도)에서 오래 숙성시키며 황금색이 난다. '라거(lager)'라고 불리며 우리가 흔히 마시는 맥주가 이에 속한다. 체코의 필젠, 아메리칸 맥주, 오스트리아 빈 맥주, 독일의 필스너, 둥클레스 등이 이에 속한다.

상면발효맥주 상면으로 떠오르는 성질을 가진 효모를 이용하여 만드는 맥주로, 높은 온도(16~24도)에서 짧게 숙성시키며 흐리고 어두운 갈색이 난다. 흔히 '에일(ale)'이라고 부른다. 이는 냉각 설비가 개발되지 않았던 15세기 이전까지 사용되던 양조법인데, 현재도 영국, 아일랜드 등지에서는 이 방법으로 맥주를 만들며 라거보다 에일을 선호한다. 독일에서도 특정 지역에서는 여전히 이 방법을 고수하고 있다. 바이에른 지방의 바이첸비어, 뒤셀도르프 지역의 알트비어 등이 이에 속한다. 영국의 에일(Ale), 스타우트(Stout), 포터(Porter), 벨기에의 두벨(Duvel) 등도 상면발효맥주들이다.

독일 맥주가 유명한 이유

맥주 하면 독일을 떠올릴 정도로 독일 맥주는 명성이 높다. 그 이유는 뮌헨의 옥토버페스트를 통해 독일 맥주가 효과적으로 홍보되고 있는 데다가, 오랜 역사와 더불어 우수한 품질과 다양성을 지켜 온 노력에 있어 독일을 따라 올 나라가 없기 때문이다.

1516년 바이에른 공국의 빌헬름 4세는 독일 맥주의 맛과 품질을 지키고 밀려드는 수입 맥주로부터 자국 맥주를 보호하기 위해 '맥주순수령'을 반포했다. 이 법에 따르면 맥주를 주조할 때 물, 호프, 엿기름(보리를 싹 틔운 것)만 사용하며 그 밖의 어떤 첨가물도 넣어서는 안 된다. 맥주순수령은 1990년대 이후 소멸되었지만 많은 양조장들이 여전히 이 법에 따라 맥주를 제조하고 있다. 이로써 독일 맥주는 순도와 고품질을 이어올 수 있었다.

중세의 수도원은 맥주 발전에 실질적인 공헌을 했다. 종교상의 이유로 금식을 많이 하던 수도사들은 금식 기간에 육류를 대신하여 열량을 보충해 줄 무언가가 필요했는데 그것이 바로 맥주였다. 맥주의 판매 수익으로 수도원의 운영자금을 마련하기도 했으므로 수도원들은 나름의 양조 비법을 보유하고 있었다. 뮌헨 외곽 프레이징에 있는 바이엔슈테판은 세계에서 가장 오래된 맥주 양조장으로, 1040년 수도사들이 '베네딕트 수도원 양조장'을 설립해 맥주를 생산하기 시작하여 오늘에 이른다. 바이엔슈테판의 바로 이웃에는 양조학으로 이름난 뮌헨공과대학이 있어서 긴밀한 산학 협력을 구축하고 있다. 오랜 전통과 현대적 기술의 결합을 통한 진보는 비단 맥주 산업뿐 아니라 육가공 산업 등 산업 전반에 걸쳐 확립된 독일 사회의 강점이다.

뮌헨의 맥주 축제

맥주 축제의 음식(감자, 소시지, 슈니첼)

맥주인 알트비어(맥아와 보리로 만든 묵직한 흑맥주)가 많이 소비되며, 이웃한 쾰른에서는 상면발효와 하면발효를 절충한 쾰쉬(색이 연하고 순수한 홉의 풍미가 특징임)가 유명하다.

맥주를 많이 마시는 나라답게 독일에는 맥주와 관련된 독특한 문화가 많다. 거리마다 있는 비어가르텐은 맥주 한잔을 들이키며 흥에 젖는 서민적이며 일상적인 공간이다. 맥주집이라고는 하지만 온 가족이 함께 가는 식당이나 문화 공간의 성격이 강하다.

5. 대표 음식

육류 요리

독일에서 고기는 빵 다음으로 중요한 식품이다. 독일인들은 고기(특히 돼지고기)를 무척 좋아하며, 식사의 기본 형태는 고기에 감자를 곁들이는 것이다.

슈니첼schnitzel 돼지고기를 얇게 썰어 밀가루, 계란, 빵가루를 묻혀 튀긴 것으로 돈가스의 전신이다. 이름의 유래는 '얇게 썬 조각'이라는 의미의 중세 독일어 단어인 'Sniz'에서 파생된 'Snitzel'인데, 19세기 오스트리아에서 비너슈니첼(비엔나식 슈니첼)이 널리 퍼지면서 대중화되었다.

슈니첼이 미국으로 건너가 '포크 커틀릿'이라 불렸고, 그것이 일본으로 건너가 '커틀릿cutlet'이 일본식 발음인 '가스ｶﾂ'가 되고 여기에 돼지 '돈豚'자를 붙여 '돈가스'라 불리게 된 것이다. 슈니첼은 감자, 레몬 슬라이스와 함께 내고, 돈가스는 채 썬 양배추와 함께 낸다.

자우어브라텐sauerbraten 쇠고기 덩어리를 식초를 넣은 양념 국물에 이틀간 재워 뒀다가 두꺼운 냄비에 양념 국물과 함께 푹 익힌 요리로 독일 남부 지역에서 즐겨 먹는다. 보통 쇠고기로 만들지만 사슴고기, 양고기, 돼지고기 등으

자우어브라텐

아이스바인

슈바인스학세·사우어크라우트·
크뇌델·브레첼

로도 만든다. 덤플링dumpling˚이나 감자, 슈페츨레spätzle, 익힌 적양배추를 곁들인다.

아이스바인eisbein 소금에 절여 두었던 돼지 정강이를 물에 담가 소금기를 뺀 후 양파, 당근, 월계수잎, 통후추를 넣고 푹 삶은 요리다. 사우어크라우트(독일어 발음은 자우어크라우트)와 감자 덤플링(삶아 으깬 감자에 계란을 넣고 둥글게 빚어 삶은 것)을 함께 낸다.

학세haxe 돼지 또는 송아지의 다리 부위를 채소·향신료와 함께 푹 삶은 뒤에 맥주를 발라가며 구운 것이다. 돼지 다리로 만든 것은 슈바인스학세schweinshaxe, 송아지 다리로 만든 것은 칼브스학세kalbshaxe라고 한다. '학세haxe'는 소나 돼지의 발목 위 관절을 뜻하며, 한국의 족발과 달리 발 끝부분은 사용하지 않는다. 슈바인스학세는 바이에른 지방의 전통 요리로 축제 때도 먹고 맥주집의 인기 메뉴이기도 하다. 감자, 사우어크라우트, 겨자소스를 곁들여 맥주랑 먹는다.

감자 요리

독일에서 감자는 빵 못지않은 위치를 차지한다. 감자를 삶아 으깨거나 튀기거나 크뇌델knödel이라는 경단으로 만들어 고기 요리에 곁들인다. 그 밖에 통

˚ 곡식 가루로 반죽을 빚어 찌거나 삶거나 끓이거나 튀긴 음식을 말한다. 만두, 경단, 수제비, 감자옹심이 등이 이에 속한다.

감자구이, 감자전 등 요리법이 무수히 많다. 빵, 케이크, 오믈렛, 국수, 수프, 스튜, 샐러드 등에도 감자를 즐겨 넣는다.

빵

빵은 아침과 저녁의 주메뉴이다. 독일에는 300종이 넘는 다양한 빵이 있어 가히 세계 최고라 할 수 있다. 독일에서는 백밀가루보다는 통밀이나 호밀, 오트 등의 잡곡으로 빵을 만들므로 빵의 색이 검고 딱딱한 편이다. 빵에다 양파, 견과류, 씨앗, 향신료를 넣기도 한다. 빵에 소시지나 살라미, 치즈, 야채를 끼워 먹는다.

독일 빵이 다양한 이유는 지방별로 밀과 호밀의 조합 방식이 다르기 때문이다. 독일 빵의 2/3 이상에 호밀이 들어가는데 날씨가 추운 북쪽으로 갈수록 호밀 함량이 많아 빵의 색이 검고, 흰 빵을 즐겨 먹는 프랑스와 가까운 남서부에서는 밀가루의 비율이 높아 빵의 색이 밝다. 베스트팔렌 지역에서 나온 품퍼니켈pumpernickel은 독일 빵 중에서도 색깔이 가장 어두운 편에 속한다. 거칠 게 간 호밀가루를 반죽해서 24시간 동안 천천히 구워 내는데, 이 과정에서 특유의 짙은 밤색이 만들어진다. 빵의 결이 촘촘하고 다크 초콜릿 향이 살짝 나면서 약간 시큼한 풍미가 감돈다.

독일에서 제빵업은 전통 깊은 수공업으로 지방마다 자신들의 독특한 빵에 대한 자부심이 대단하다. 거리 곳곳에는 100년 넘은 빵집이 즐비하다.

브레첼brezel(영어로는 프레첼이라고 함)은 독일을 대표하는 유서 깊은 빵이

품퍼니켈

브뢰첸과 브레첼

다. 8자 모양으로 팔을 엮고 있는 형태로 맥주랑 먹는다. 주요리에 곁들이거나 치즈나 햄이랑 먹거나 스낵으로도 먹는다. 주먹만한 브뢰첸brötchen은 아침 식사로 즐겨 먹는다. 맛과 식감이 바게트와 비슷하다.

와인

독일은 와인 생산지 면적은 작지만 오랜 역사를 자랑하는 와인 생산국이다. 18세기에 독일에서 최초로 개발된 아이스바인eiswein(아이스와인, 언 포도로 만드는 화이트 와인)은 세계적인 명성을 얻고 있다. 와인의 주산지는 라인강 유역인데, 라인가우 지역과 모젤-자르-루버 지역 등이 고급 와인 생산지로 꼽힌다. 리슬링riesling 품종으로 만든 연한 노란색의 화이트 와인으로 유명하며 상큼한 사과향, 복숭아향 등 아로마가 풍부하고 기품이 있어 최고급 와인으로 알려져 있다.

기타

아인토프eintopf 아인토프는 독일어로 'one pot'이라는 뜻인데, 냄비에 이것저것 넣고 끓인 음식을 통칭한다. 말린 콩을 불려서 먹다 남은 채소, 감자, 고기, 소시지 혹은 생선 등을 넣고 뭉근히 끓인 아인토프는 추운 겨울 몸을 덥히는 데 제격이다.

슈파겔spargel 독일어로 '아스파라거스'를 말하며 봄의 진미를 대표한다. 아스파라거스는 녹색 품종이 널리 알려져 있지만 독일에서 재배되는 종은 흰색이다. 버터에 볶아 곁들임 요리로 내거나 얇게 썬 햄이랑 먹는다.

슈페츨레spatzle 밀가루에 계란을 넣어 반죽해서 작은 구멍 사이로 끓는 물에 바로 떨어뜨려 익힌 한국의 올챙이국수와 비슷한 것으로 남부 지역에서 많이 먹는다. 슈페츨레를 버터에 볶아 주요리에 곁들인다.

롤몹스rollmops 소금에 절여 두었던 청어를 물에 담가 소금기를

슈파겔과 햄

빼고 오이피클이나 양파피클에 감아서 식초소스에 담근 것이다. 맥주 안주로 즐겨 먹고 숙취 해소용 아침 메뉴로도 인기 있다. 북부 지역의 요리로 발트해 지역에 퍼져 있으며 덴마크나 스웨덴 등지에도 비슷한 음식이 있다.

후식류

독일에서는 단과자의 대중화가 일찍 시작되었다. 1747년 독일의 화학자 안드레아스 마르그라프(1709~1782)가 설탕무에서 설탕 성분을 발견하여 값싼 설탕무가 설탕 제조의 원료로 쓰이면서 단과자의 대중화가 이루어진 것이다. 케이크와 빵은 프랑스가 본고장이라고 생각하기 쉽지만 많은 케이크 제조법이 이 시기 독일에서 비롯되었다고 해도 과언이 아니다. 독일에는 약 1,500여 종의 케이크와 페이스트리가 있다.

슈바르츠밸더 키르쉬토르테 Schwarzwälder kirschtorte 체리와 생크림을 채운 초코케이크로 슈바르츠밸더산 체리술kirschwasser이 들어가기 때문에 이런 이름이 붙었다. 흔히 '검은 숲 체리 케이크'라 불린다. 슈바르츠밸더 지역에서 나왔는데 독일어로 '검은(슈바르츠) 숲(밸더)'이라는 뜻이다. 토르테는 생크림 등 각종 토핑으로 마무리한 케이크나 과자류를 말하며, 쿠헨은 토핑을 하지 않은 케이크나 과자류를 말한다.

바움쿠헨 자른 단면에 나무의 나이테 같은 무늬가 있는 케이크다. 쇠막대기에 반죽을 붓고 돌려가며 굽는데 한 면이 다 익으면 반죽을 다시 입혀 굽기를 반복해서 만든다.

슈바르츠밸더 키르쉬토르테   **바움쿠헨**   **아펠슈트루델**

아펠슈트루델 사과 조각에 계피와 설탕, 다진 견과류나 건포도 등을 넣고 조려 얇은 파이반죽으로 감싸 구운 것이다. 아이스크림이나 바닐라크림소스, 캐러멜 등을 얹어 먹는다. 본래 오스트리아에서 나왔으나 독일에서도 인기가 많다.

6. 식사의 구성과 음료

1) 식사의 구성

독일을 비롯한 중유럽에서는 하루 세 끼 식사와 한두 차례 간식 시간을 갖는다. 독일 음식은 크게 따뜻한 음식과 찬 음식으로 나뉜다. 따뜻한 음식은 '바르메쓰 에쎈warmes essen'이라고 하며 주로 점심에 먹는다. 손님을 초대했을 때도 따뜻한 음식을 대접한다. 반면에 빵, 치즈, 햄, 버터, 샐러드처럼 불을 쓸 필요가 없는 음식을 '칼테스 에쎈kaltes essen'이라고 하며 주로 아침이나 저녁에 먹는다.

아침 독일인에게 아침 식사는 하루를 시작하는 중요한 의식으로 아침을 거르는 일은 좀처럼 없다. 갓 구운 빵(브뢰첸, 브레첼 등)에 햄, 소시지, 치즈 등을 곁들여 커피와 함께 먹는 것이 전형적인 독일식 아침이다. 여기에 오렌지주스, 반숙 계란, 오이, 토마토 등을 곁들인다. 뮤즐리(통귀리 등의 곡류, 생과일 혹은 말린 과일, 견과류 등으로 구성된 시리얼)를 우유나 요구르트에 넣어 먹기도 한다.

독일식 아침 식사

오전 간식 학교나 직장에서 오전 10시경 커피, 차, 핫초코 등의 음료와 함께 빵, 페이스트리, 과일, 샌드위치 등을 먹으며 활력을 충전한다.

점심 하루 중 가장 푸짐한 식사로 수프 → 생선 → 주요리와 야채 → 후식 순으로 나오는 정찬을 먹는다. 오늘날에는 카페테리아나 식당에서 스튜나 한 그릇 음식으로 간단히 끝내기도 한다.

오후 간식 영국에 애프터눈티가 있다면 독일에는 '카페 운트 쿠헨Kaffee und Kuchen(커피와 케이크)' 문화가 있다. 점심과 저녁 사이에 카페 등에서 커피나 차와 함께 거품 낸 생크림을 곁들인 케이크나 페이스트리, 쿠키 등을 먹으며 쉬거나 이야기를 나눈다.

저녁 저녁 식사를 '아벤트브로트abendbrot'라고 하는데 '저녁 빵'이라는 뜻이다. 잡곡을 넣은 빵이나 호밀빵에 차나 맥주, 샐러드, 절이거나 훈제한 생선, 치즈, 햄, 소시지 등을 곁들여 가볍게 먹는다. 요즘은 점심을 가볍게 먹고 저녁을 따듯한 음식으로 푸짐하게 먹는 사람들이 늘고 있다.

2) 음료

독일을 비롯한 중유럽에서 가장 즐겨 마시는 음료는 커피다. 독일은 맥주의 나라로 알려져 있지만, 독일인들은 커피를 맥주나 물보다 많이 마시고, 커피를 애호하는 이탈리아인보다도 더 많이 마신다. 식수에 석회 비율이 높아 수돗물보다는 레몬향이나 라임향을 가미한 탄산수를 선호한다. 사과 과수원이 많아서 사과주스도 흔히 마신다.

가장 대중적인 술은 단연코 맥주이며 슈납스schnaps*도 즐겨 마신다. 겨울에는 레드 와인에 오렌지나 레몬, 계피, 징향 등을 넣고 20~30분 은근히 끓여 따듯하게 마시는 글뤼바인glühwein도 인기 있다.

---

* 발효주를 증류하여 제조한 도수 높은 술을 아우르는 말이다. 과실주를 증류한 브랜디, 허브 리큐르, 곡물 중성주정에 향신료, 감미료, 과일시럽 등을 넣어 향을 더한 가향주도 슈납스에 포함된다. 작은 작에 담아 원샷으로 마신다.

7. 식사 예절

- 독일에서는 일반적으로 저녁 식사에는 손님을 초대하지 않는다. 식사 시간을 피해 디저트나 와인 등을 간단히 차려 초대한다. 혹은 아침 식사에 친구들을 초대하기도 한다.
- 독일을 비롯한 중유럽인들은 식사 때 미국인에 비해 격식을 차리는 편이다. 식사에 초대되었을 때는 호스트가 "맛있게 드세요Guten Appetit."라고 말하기 전에는 먹어서는 안 된다.
- 식사에 초대받았을 때는 안주인에게 선물을 가져가는 것이 예의인데, 고급와인이나 디저트류, 페이스트리 정도가 적당하다.
- 왼손에 포크, 오른손에 나이프를 쥐고 식사하며 이는 다른 유럽 국가에서도 마찬가지다. 식사 도중 바꿔 쥐지 않도록 주의한다.
- 꼭 필요한 경우에만 나이프를 사용한다. 감자, 팬케이크, 덤플링 등을 나이프로 자르는 건 음식이 질기다는 표현으로 받아들여져 요리사나 주인에 대한 모독이 된다.
- 식사를 하지 않을 때는 양 손목을 식탁 가장자리에 가볍게 올려둔다.
- 공동의 음식이 담긴 접시는 왼쪽으로 돌린다.
- 독일은 식당에서 팁을 의무적으로 줘야 하는 건 아니지만 식당, 카페에서 직원으로부터 서비스를 받았다면 보통 음식 값의 5~10%의 팁을 준다. 예를 들어 26~28유로가 나오면 30유로를 내면 적당하다. 불친절한 서비스를 받았을 경우나 테이크아웃, 셀프서비스인 경우에는 팁을 주지 않아도 된다.

1 Appenzell Ausser-Rhoden	8 Zug
2 Appenzell Inner-Rhoden	9 Nidwalden
3 Basel-Landschaft	10 Obwalden
4 Basel-Stadt	11 Bern
5 Schaffhausen	12 Solothurn
6 Fribourg	13 Vaud
7 Genève	

SWITZERLAND

스위스의 음식문화

- **면적** 41,285㎢
- **인구** 8,773,640(2022년)
- **수도** 베른
- **종족** 스위스인(69.5%), 독일인(4.2%), 이탈리아인(3.2%), 프랑스인(2.0%), 코소보인(1.1%), 기타(17.3%), 미확인(1.0%)(2018년)
- **공용어** 독일어, 프랑스어, 이탈리아어, 로망슈어
- **종교** 로마가톨릭(35.8%), 스위스개혁교회(23.8%), 동유럽 정교(2.5%), 복음주의 기독교(1.2%), 루터교(1.0%), 무슬림(5.3%), 기타 기독교(2.2%), 힌두교(0.6%), 불교(0.5%), 유대교(0.2%), 기타(0.3%), 무교(26.3%), 미확인(1.4%)(2018년)
- **1인당 명목 GDP(US 달러)** 96,390(2021년)

스위스는 유럽 중앙부의 내륙에 위치하며 북쪽으로 독일, 동쪽으로 리히텐슈타인·오스트리아, 남쪽으로 이탈리아, 서쪽으로 프랑스에 접한다. 전형적인 다민족 국가로 독일계가 65%, 프랑스계가 18%, 이탈리아계가 10%, 로만계가 1%를 차지한다. 언어도 독일어, 프랑스어, 이탈리아어, 로망슈어의 네 가지가 공용어로 사용된다.

스위스의 음식문화는 인접국인 독일, 프랑스, 이탈리아의 음식문화가 흡수되어 다채로운 양상을 보이는데, 주민들이 사용하는 언어와 음식은 밀접히 관련되어 있다. 예를 들어 취리히나 바젤 등 독일과 인접한 독일어 지역은 소시지와 감자를 이용한 요리가 중심을 이루고, 제네바를 중심으로 한 프랑스어 지역에서는 트루이 토 블루(truite au bleu, 송어를 식초와 향신료 등을 넣어 끓인 물에 데친 요리)를 비롯한 프랑스식 요리가, 남부의 이탈리아어 지역에서는 파스타 등의 이탈리아식 요리가 중심을 이룬다. 스위스의 국토 면적은 한반도의 1/5 정도에 불과하지만 이처럼 음식문화의 지역 차가 크다. 스위스요리는 어디를 가든 국가 전체에서 먹는 몇몇 요리에다 지역 특선 요리가 더해진다.

스위스 음식은 한마디로 '목동의 음식'이라고 할 수 있다. 버터, 치즈, 크림 등의 유제품이 가장 기본적이고 중요한 식품으로 거의 모든 음식에 들어간다 해도 과언이 아니다. 초콜릿을 비롯한 단맛의 후식도 무척 즐긴다.

1. 스위스 음식문화의 형성 배경 및 특징

스위스는 알프스를 필두로 국토의 60%가 산악 지대이며 산악 지방을 제외한 나머지는 구릉지인데 이곳은 주로 목초지로 사용된다. 지대가 높고 날씨가 추워 목초 이외의 작물은 재배하기 어렵기 때문이다. 이런 연유로 스위스는 예로부터 목초지를 이용한 낙농업이 발달했다. 낙농품 중에서는 치즈가 가장 중요한 위치를 차지하며 치즈를 이용한 요리가 발달했다.

산간 지역 음식이 흔히 그렇듯이 스위스 음식 역시 몇 가지 재료를 사용해 간단하고 소박하게 조리한다. 음식에 버터와 치즈, 크림을 많이 넣어 맛이 농후하고 열량도 높은데, 이는 거친 산악 환경에 적응하여 살아가기 위한 지혜로 볼 수 있다.

육류는 돼지고기보다는 송아지고기와 쇠고기를 즐겨 먹고, 송아지고기와 쇠고기로 만든 햄과 소시지도 유명하다.

흔히 먹는 식품은 빵과 유제품, 채소(감자·양배추·당근·콜리플라워·시금치), 소시지와 육류(송아지·소·돼지·닭·칠면조), 물고기(주로 송어를 비롯한 민물고기), 주요리에 곁들이는 전분 음식(감자튀김·감자·파스타·밥), 콩, 과일(사과·배·포도·베리류), 초콜릿을 포함한 단맛의 후식류 등이다.

2. 스위스의 치즈

스위스 하면 구멍이 숭숭 뚫린 에멘탈 치즈와 광활한 초원 위에서 한가로이 풀을 뜯는 소들의 모습이 떠오른다. 스위스 사람들은 자신들의 치즈를 세계 최고라고 생각한다. 고산 지대 목초지에서 영양이 풍부한 풀과 허브를 마음껏 뜯으며 자란 소에서 얻은 신선한 우유로 오랜 노하우를 담아 제조하기 때문이다.

1) 스위스 치즈의 역사와 문화

스위스 치즈는 프랑스 치즈 못지않은 오랜 역사를 자랑한다[*]. BC 5세기 무렵 켈트족 선조들은 로마인들에게 치즈 제조 기술을 배워 딱딱한 외피를 가진 치즈를 만들었다. 그들은 장작불 위에 두꺼운 토기를 얹고 소나무 가지로 우유를 저어 치즈를 만들었고, 그렇게 만든 치즈는 껍질이 딱딱해서 추운 날씨에도 오랫동안 보관할 수 있었다. 산 속에서 몇 개월씩 갇혀 지내야 하는 목동들에게 치즈는 훌륭한 식량이 되었다.

과거 스위스에서는 가정의 저장실에 보관되어 있는 치즈의 양이 부의 척도를 나타내는 기준이 되기도 했다. 치즈가 화폐로 사용되기도 했고, 갓 태어난 아기에게 치즈를 선물하는 풍습도 있었다. 스위스 치즈는 로마 시대 이후로 중요한 수출 품목의 하나였으며 오늘날까지 그 명성을 이어온다.

---

[*] 스위스 서부의 뇌샤텔 호수 북쪽에 있는 후기 철기 시대 유적지에서 BC 6000년 무렵의 것으로 추정되는 구멍 뚫린 도기 파편들이 발견되었다. 학자들은 이 파편이 응유와 유청을 분리하는 데 사용된 도구라는 결론을 내렸다.

스위스에는 대규모 공장과 더불어 수제 치즈를 제조하는 소규모 농장이 많다. 이들 농장에서는 각 지역마다 전해 오는 고유한 방법으로 특유의 풍미와 질감을 가진 치즈들을 생산하고 있다.

2) 스위스의 3대 치즈

스위스에서 생산되는 전통 치즈는 150여 종에 달하는데, 그중 가장 유명한 것은 에멘탈, 그뤼예르, 아펜첼러이다. 에멘탈과 그뤼예르는 스위스 치즈의 원조이고, 아펜첼러는 스위스 미식의 보물로 꼽힌다. 이들은 모두 AOC(원산지 통제 명칭) 인증을 받은 치즈로 생산 지역이 엄격히 제한되며, 제품 명칭 보호와 함께 높은 가격에 판매된다.

에멘탈emmental 스위스 치즈 중 가장 많이 생산되는 치즈로 수분 함량이 적고 표면이 단단한 경질 치즈다. 에멘탈 치즈의 구멍은 발효 과정에서 생긴 이산화탄소가 차 있던 흔적이다. 국토의 중앙에 자리한 베른의 동쪽에 펼쳐진 구릉 지대인 에멘탈 마을에 있는 200여 개 치즈 공방에서 신선한 풀과 건초만을 먹고 자란 소에서 짠 고품질 원유로 만든다. 약 12리터의 우유에서 1kg의 치즈가 나온다.

에멘탈

에멘탈 마을은 치즈 하나로 세계적인 관광지가 되었다. 구멍 뚫린 치즈를 각종 캐릭터 상품으로 개발하고, 치즈 공장을 박물관화하여 17세기식으로 치즈를 만드는 방법과 현대식 치즈 공장을 외부에 개방하여 스위스를 방문하는 관광객이라면 누구나 한번은 들리는 명소로 만들었다.

에멘탈은 조각을 내거나 얇게 잘라 그대로 먹기도 하지만, 퐁뒤를 비롯한 뜨거운 요리를 만들 때 맛을 내는 재료로 많이 활용된다.

그뤼예르gruyère 그뤼예르는 스위스 서부 프리부르Fribourg주의 한 지역인 그뤼예르Gruyères에서 이름을 따왔다. 1115년부터 그곳에서 그뤼예르 치즈가 제조되었다. 18~19세기 동안 그뤼예르의 주민들이 인근 지역으로 대거 이주하면서 현재는 주변 지역에서도 생산된다.

그뤼예르

에멘탈이 신선한 맛을 가지고 있다면 그뤼예르는 견과류 같은 고소한 맛이 난다. 에멘탈보다 조직이 좀 더 치밀하고 단단하며, 색은 에멘탈보다 짙은 노란색이고 갈색 껍질이 있다.

그뤼예르는 에멘탈, 바슈랭과 함께 퐁뒤의 재료로 쓰인다. 그라탱이나 수프에도 넣고, 갈아서 파스타나 샐러드 위에 뿌려 먹는 등 거의 모든 음식에 넣을 수 있다. 최고의 디저트가 되기도 하고, 바삭한 빵과 함께 맛있는 간식도 된다.

아펜첼러appenzeller 독특한 풍미가 감도는 치즈로 700여 년 동안 동일한 방법으로 수작업에 의해 만들어진다. 영양 많은 허브가 무성히 자라는 콘스탄스 호수와 센티스 대산괴 사이 온화한 구릉 지대에서 생산된다. 아펜첼러만의 특징인 강한 향미를 내기 위해 최소 3개월 정도 지속되는 숙성 과정 동안 정기적으로 향기로운 '허브 소금물'을 발라준다.

아펜첼러

3. 대표 음식

퐁뒤fondue 긴 꼬챙이에 음식을 끼워 녹인 치즈나 소스에 찍어 먹는 요리다. 18세기 초 알프스의 사냥꾼들이 사냥 중 모닥불에 치즈를 녹여 마른 빵을 부드럽게 적셔 먹던 것에서 유래했다. 가장 전통적인 형태는 치즈 퐁뒤다. 치

즈에 화이트 와인을 넣고 녹인 후 향신료로 양념하여 긴 포크에 찔러 놓은 빵을 적셔 먹는데, 최소 세 가지의 치즈를 적절히 섞는 데에 비법이 있다. 에멘탈과 그뤼예르를 기본으로 지역에 따라 바슈랭이나 아펜첼러를 섞는다.

고기 퐁뒤는 치즈 대신 뜨겁게 데운 기름에 양고기나 쇠고기 조각을 넣고 데쳐서 여러 가지 소스에

치즈 퐁뒤

찍어 먹는다. 녹인 초콜릿이나 아이스크림에 과일이나 과자를 찍어 먹는 디저트 퐁뒤도 있다.

라클레트raclette 지방분이 많은 라클레트 치즈의 절단면을 녹인 다음, 녹은 절단면을 긁어내 찐 감자 위에 얹어 먹는 소박한 요리다. 라클레트라는 이름은 '긁어내다'라는 의미의 프랑스어 'racler'에서 나왔다. 프랑스에서도 생산되는데 스위스의 라클레트가 풍미가 더 강하고 진하다. 전통적으로는 장작 또는 숯불 위에서 치즈를 녹여 토마토와 톡 쏘는 화이트 와인 '팡당Fendant'과 함께 낸다.

라클레트

베르너 플라테berner platte '플라테'는 햄, 베이컨, 소시지, 돼지갈비, 사우어크라우트(양배추를 채 썰어 시큼하게 절인 것), 콩, 감자 등을 커다란 접시에 한번에 담아낸 모듬 요리를 말한다. 1798년 5월, 베른주의 주민들이 프랑스 군대를 물리치고 난 뒤 이를 기념하기 위해 각자 가지고 있던 음식을 가져와 성대한 잔치를 벌였는데 이때 나온 음식이라고 한다.

햄 · 소시지

뷘드너플라이쉬bündnerfleisch 쇠고기로 만든 생햄으로 산악 지방의 진미를 느낄 수 있다. 최고 품질의 쇠고기를 깨끗한 알프스의 바람에 10~15주가량 말리는데, 허브와 향을 조화시키는 것이 비법이다. 햄을 얇게 썰어 껍질이 바삭한 빵 뷔를리bürli와 그라우뷘덴graubünden 피노 누아 와인을 곁들이면 환상의 궁합이다.

칼브스브라트부어스트kalbsbratwurst 생갈렌st. Gallen의 유명한 송아지고기 소시지로 스위스 곳곳의 축제나 행사, 바비큐 파티에 빠지지 않는다. 이것 없는 스위스 건국 기념일(8월 1일)은 상상할 수 없을 정도다. 최고의 송아지에서 나온 베이컨과 신선한 우유만을 사용해 제조한다. 소시지를 그릴에 노릇노릇 구워 바삭한 뷔를리와 함께 먹는다.

칼브스브라트부어스트

뢰스티

감자 요리

뢰스티rösti 스위스식 감자전으로, 감자를 거칠게 갈거나 잘게 채 썰어 팬에 둥글넓적하게 펴서 버터를 넣고 바삭하게 구워 치즈와 계란프라이를 얹어 낸다. 소시지나 게슈네첼테스geschnetzeltes(송아지고기를 양송이·양파·화이트 와인·크림과 함께 익힌 취리히의 전통 스튜)랑 같이 먹는다. 뢰스티는 뮤즐리와 함께 스위스의 국민 음식으로 통한다.

앨플러마그로넨älplermagronen 알프스 목동의 음식으로 독일과 인접한 지역에서 많이 먹는다. '앨플러'는 독일어로 '알프스의 목자'라는 뜻이다. 얇게 썬 감자를 바닥에 깔고 마카로니와 크림, 치즈를 넣고 구운 그라탱의 일종으로 사과 소스와 함께 먹는다. 추운 밤 몸을 덥혀 주는 든든한 음식이다.

뮤즐리müesli**(영어식 발음은 뮈슬리)** 1900년경에 스위스의 의사 비르허-벤너Birchher-Benner가 환자들에게 풍부한 영양을 공급하기 위한 레시피*를 개발했는데 이를 비르허 뮤즐리라고 한다. 오늘날에는 오트플레이크, 말린 과일, 각종 견과류가 들어간 간편한 시리얼 형태로 판매되고 있다. 스위스인들은 꿀, 과일, 요구르트, 우유에 뮤즐리를 곁들여 간단하게 식사를 해결하곤 한다.

샬레 수프soupe de chalet 프리부르 지방의 전통 요리로 추운 겨울철을 나기 위한 음식이다. 리크(대파와 비슷한 채소), 양파, 콜라비, 당근, 감자 등의 각종 채소와 마카로니에 우유와 크림을 넣고 끓여, 버터에 볶은 채소 위에 부은 뒤 그뤼예르 치즈 간 것을 뿌려 낸다. 샬레는 스위스 산간 지방의 지붕이 뾰족한 목조 주택을 말한다.

---

* 오트밀, 연유, 헤이즐넛, 사과가 들어가는데, 사과는 껍질과 씨를 포함한 전체를 갈아 넣는다. 압착한 귀리(오트밀)를 물에 12시간 동안 불려 먹기 직전에 연유와 레몬주스를 넣는다. 아몬드·헤이즐넛 등의 견과류를 넣고, 사과를 통째로 갈아 넣은 뒤 잘 섞어준다. 설탕이나 꿀로 단맛을 맞춘다.

4. 식사의 구성과 음료

1) 식사의 구성

아침은 뷔를리bürli라고 부르는 롤빵에 버터·잼·마멀레이드·꿀 (and/or), 치즈, 뮤즐리와 우유, 핫초코, 차, 커피로 간단히 한다. 일요일 아침에는 땋은 머리 모양의 '조프zopf'라는 빵을 먹는데, 밀가루·우유·계란·버터·이스트로 만들어 부드럽다.

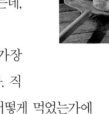

뷔를리

　전통적으로는 점심이 가장 푸짐한 정찬이다. 정찬에서 가장 중시되는 코스는 디저트로 치즈, 케이크, 쿠키 등이 나온다. 직장인들은 샌드위치 등으로 간단히 때우기도 한다. 점심을 어떻게 먹었는가에 따라 저녁은 정찬이 되기도 하고 빵·치즈·말린 고기 등으로 가볍게 먹기도 한다.

2) 음료

음료로는 차와 커피가 가장 대중적이다. 술은 맥주와 와인을 즐겨 마신다. 생산량은 많지 않으나 스위스에서도 맛좋은 와인이 나온다. 51%가 화이트 와인이고 나머지가 레드 와인과 로제 와인이다. 남동부 그라우뷘덴주의 라인 계곡에 자리한 마이엔펠트는 《알프스의 소녀 하이디》의 배경이 된 마을로, 로마 시대 이전 것으로 추정되는 와인 저장고가 발견되었을 정도로 와인의 역사가 오래된 곳이다. 이곳에서는 그라우뷘덴 피노 누아 품종으로 레드 와인을 생산한다. 남부 이탈리아어권의 티치노주에서는 메를로 품종으로 빚는 레드 와인이 유명하다. 서부의 보Vaud주는 스위스에서 두 번째로 큰 포도 재배 지역으로 샤슬라chasselas 포도로 만드는 과일향이 풍부한 신선한 화이트 와인이 나온다.

　고기 요리와 말린 고기에는 레드 와인을, 퐁뒤나 라클레트 등 치즈 요리에는 청량감 있는 화이트 와인을 곁들인다.

5. 식사 예절

스위스에서도 유럽식 식사 예절을 따른다.

- 식당에서 종업원을 부를 때 손을 흔드는 것은 매너에 어긋난다. 독일어권이라면 남자에게는 "Herr Ober(에어 우버)", 여자에게는 "Fräulein(프로일라인)"이라고 말한다. 모두 "여보세요"라는 뜻이다.
- 호스트가 건배를 청할 때까지 기다려야 하며 건배를 할 때는 눈을 마주친다.
- 모두에게 음식이 돌아갈 때까지 기다렸다가 먹고, 음식은 남기지 말고 먹는다. 집으로 초대받았을 때는 더욱이 음식을 남기지 않아야 한다.
- 식사 중에는 손목을 식탁에 가볍게 올려놓고 팔꿈치를 올리지 않는다.
- 포크는 왼손, 나이프는 오른손에 쥐고 식사 도중 바꿔 쥐지 않는다.
- 식사를 마치면 오른쪽 5시 25분 방향에 포크와 나이프를 나란히 올려놓는다.

CHAPTER 11

북유럽

스칸디나비아 3국의 음식문화

북유럽은 유럽의 최북단 지역을 말하며, 보통 스칸디나비아 3국(노르웨이·스웨덴·덴마크)과 핀란드, 아이슬란드를 가리킨다. 이 5개국을 노르딕 국가라고 하며 선진적인 복지 국가들로 알려져 있다. 노르딕 5국은 종교(루터교), 국가 제도 등을 공유하며 국기도 나라별로 색깔만 다를 뿐 십자가 모양이 그려진 동일한 도안의 국기를 사용한다. 이들 나라는 정치·경제·사회·문화가 유사하며 음식문화도 비슷하다.

지구 북쪽 끝에 위치한 북유럽은 겨울이 길고 추우며, 계절에 따른 일조량의 차이가 커서 농업이 매우 제한적이다. 여름에는 하루 종일 해가 떠 있는 백야 현상이 나타나지만, 겨울에는 오후 3시가 되면 깜깜해진다. 여름을 제외한 계절에는 항상 비나 눈이 오는 우중충한 날씨가 계속된다.

주곡은 호밀, 보리, 귀리이며 겨울이 춥고 길어서 신선한 채소와 과일의 이용은 많지 않다. 사탕무, 오이, 비트 등을 피클로 만들어 1년 내내 저장해 두고 먹는다. 흔히 먹는 과일과 채소는 사과, 배추과 채소(양배추·브로콜리·콜리플라워 등), 뿌리채소(양파·당근·사탕무·비트 등), 완두콩 등 서늘한 기후에서 자라는 것들이다.

육류와 생선, 유제품이 식사의 기본이 되며, 요리용 기름은 버터를 즐겨 쓰고, 술은 맥주와 독한 증류주를 즐겨 마신다.

고른 강수량으로 인해 숲이 어디에나 우거져 있다. 숲은 예부터 북유럽인들의 생활 터전이었다. 숲에서 딴 베리류(링곤베리·클라우드베리·구스베리·산딸기 등)와 버섯은 요긴한 먹을거리였다. 베리류는 소스, 잼, 간식, 디저트, 양념 등으로 다양하게 활용된다.

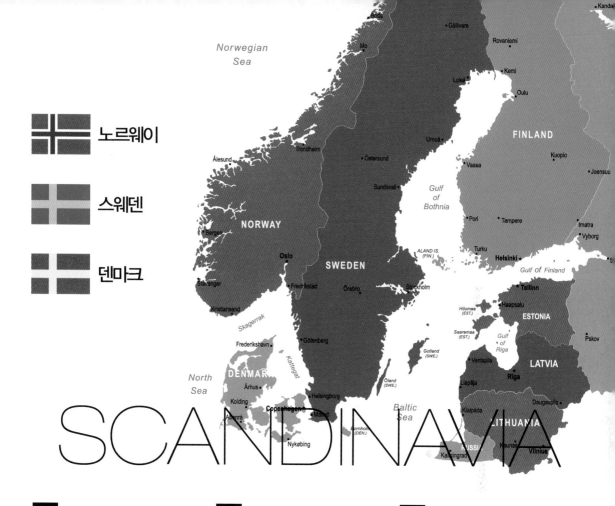

노르웨이 🇳🇴
노르웨이

스웨덴 🇸🇪
스웨덴

덴마크 🇩🇰
덴마크

SCANDINAVIA

노르웨이의
음식문화

스웨덴의
음식문화

덴마크의
음식문화

- **면적** 323,802㎢
- **인구** 4,707,270(2012년)
- **수도** 오슬로
- **종족** 노르웨이인(94.4%),
  기타 유럽인(3.6%), 기타(2%)
- **공용어** 노르웨이어
- **종교** 복음루터교(85.7%), 기타(14.3%)
- **1인당 명목 GDP(US 달러)**
  82,244(2021년)

- **면적** 450,295㎢
- **인구** 10,040,995(2018년)
- **수도** 스톡홀름
- **종족** 스웨덴인, 핀란드인, 소수 민족
- **공용어** 스웨덴어
- **종교** 복음루터교(87%), 기타(13%)
- **1인당 명목 GDP(US 달러)**
  58,639(2021년)

- **면적** 43,094㎢
- **인구** 5,543,453(2012년)
- **수도** 코펜하겐
- **종족** 스칸디나비아인, 이뉴잇족,
  페로스인, 독일인, 터키인,
  이란인, 소말리인
- **공용어** 덴마크어
- **종교** 복음루터교(95%), 기타 기독교(3%),
  이슬람교(2%)
- **1인당 명목 GDP(US 달러)**
  67,920(2021년)

스칸디나비아 3국(노르웨이·스웨덴·덴마크)은 언어와 민족(북게르만계의 노르만족)이 서로 유사하고 역사적으로도 밀접한 관계에 있었으므로 음식문화도 상당히 유사하다. 스칸디나비아의 주민은 아시아계 원주민인 사미인과 북게르만계의 백인으로 대별되며 백인이 약 95%를 차지한다. 중세에는 바이킹으로 맹위를 떨쳤으며 오늘날에도 바이킹의 문화와 전통을 이어온다.

북해와 발트해를 끼고 있어 해산물이 식사의 중심을 이루며, 순록 등 야생 동물의 고기와 돼지고기, 숲에서 따는 버섯과 링곤베리를 비롯한 각종 베리류, 유제품, 감자가 식탁에 즐겨 오른다. 전형적인 식사는 생선이나 고기에 삶은 감자를 곁들이는 것이다.

1. 스칸디나비아 3국 음식문화의 형성 배경과 특징

1) 식사의 중심 해산물

농경이 제한적인 스칸디나비아에서는 예로부터 해산물이 중요한 먹을거리였다. 긴 겨울, 농작물은 바닥나고 동물을 사냥하기도 어렵고 가축은 귀해 잡아먹을 수 없었다. 그러다 보니 자연히 바다 자원에 의존하게 되었고, 청어·연어·정어리·대구·새우 등을 절이거나 말리거나 훈제하여 식량으로 충당했다. 특히 청어는 스칸디나비아 식탁에서 빠질 수 없는 식품이다. 여러 가지 맛으로 절인 청어에 얇고 바삭한 호밀빵과 치즈를 곁들여 먹는다. 여기에 삶은 감자를 꼭 곁들이고, 삶은 계란과 사워크림을 함께 내기도 한다. 청어를 시큼하게 발효시킨 스웨덴의 수르스트뢰밍surströmming은 냄새가 고약하기로 유명하다.

그라브락스

연어로는 록스lox, 그라브락스gravlax, 훈제연어를 만든다. 록스는 두툼하게 포를 뜬 연어살을 소금 혹은 소금물에 절여 숙성시킨 것이고, 그라브락스는 소금, 설탕, 딜(허브의 일종)에 재워 하루나 이틀 정도 숙성시킨 것이다. 훈제연어는 소금(혹은 소금물)에 절인 연어를 훈제한 것이다.

2) 다양한 육류의 이용

스칸디나비아에서는 일반적인 육류 외에 순록·산양·큰사슴·맷돼지·무스 등 야생 동물의 고기도 즐겨 먹는다. 극지방에 가까운 지역은 청정한 숲으로 덮여 있어 야생 동물의 안식처가 되고 있다. 순록은 스칸디나비아 원주민인 사미족들이 방목하여 키우는데, 식당 메뉴에 항상 들어 있을 정도로 인기가 높다. 야생 동물을 사냥하는 전문 사냥꾼이 있고 일반인들도 정해진 법에 따라 사냥을 할 수 있다.

스카디나비아인들은 육식을 즐길 뿐 아니라 사용하는 부위도 족발, 꼬리, 삼겹살, 내장, 피까지 다양하다. 간과 피를 즐겨 이용하는데, 간은 파테로 만들어 빵에 발라 먹고(덴마크의 레베르포스테이leverpostej가 대표적임) 피는 소시지로 만든다.

고기 요리에는 새콤한 링곤베리소스와 그레이비(고기를 구울 때 흘러나온 육즙에 밀가루 등을 넣어 걸쭉하게 만든 것)를 곁들인다.

순록스테이크, 으깬 감자, 링곤베리소스

3) 감자와 빵

고기나 해산물로 만든 주요리에는 항상 감자와 빵이 곁들여진다. 감자는 푹 삶거나 삶아 으깨 먹는다. 수프, 빵, 팬케이크 등에 넣기도 한다. 스웨덴식 감자전 라그문크raggmunk는 밀가루·우유·계란으로 만든 반죽에 감자를 갈아 넣어 버터에 노릇하게 지져낸 것으로 겨울철 별미의 하나다. 바삭하게 구운 베이컨과 링곤베리소스를 얹어 먹는다. 노르웨이의 레프세lefse는 감자를 삶아 으깨 버터·설탕·밀가루를 넣고 반죽하여 둥글납작하게 밀어서 철판에 구운 것으로 크리스마스 등의 명절에 만들어 먹는다.

빵은 항상 식탁에 오르며 호밀빵을 즐겨 먹는다. 스웨덴의 크네케브뢰드knäckebröd(영어로는 crisp bread)는 호밀로 만든 얇은 비스킷 같은 빵으로 수분이 적어 오래 보관해 두고 먹을 수 있다. 항해가 잦았던 바이킹 문화가 낳은 음식이다. 스웨덴의 정찬 식사에 빠지지 않으며 이 빵으로 오픈 샌드위치도 만든다. 빵 위에 캐비어

크네케브뢰드

(철갑상어의 알), 청어절임, 새우샐러드, 잼 등을 올려 먹는다.

4) 간단하고 소박한 조리법
스칸디나비아 음식은 신선한 재료를 사용해 간단하게 조리한다. 양념과 향신료를 많이 쓰지 않으므로 맛이 담백하다. 신선한 채소는 먹기 좋게 썰어 드레싱을 뿌리지 않고 그대로 먹는다. 생선은 불에 구워 소금만 뿌리는 식이다.

5) 바이킹의 전통
배를 타고 유럽을 넘어 전 세계를 돌아다녔던 바이킹은 바다에서 얻은 해산물을 오랫동안 저장해 두고 먹어야 했다. 바이킹은 많은 양의 생선(특히 청어)을 오래 저장하고 운반하기 위해 다양한 절임법을 개발했다. 식초와 소금을 넣어 절이는 기본 방식에서 발전하여 오늘날에는 양파, 후추, 겨자, 와인,

 뷔페의 기원 '스뫼르고스보르드'

스뫼르고스보르드(smörgåsbord)는 여러 가지 음식을 한꺼번에 차려놓고 각자 원하는 만큼 덜어 먹는 스웨덴의 전통적인 식사법을 말한다. 오늘날의 뷔페의 원형으로 볼 수 있다. 그 기원에 대해서는 여러 가지 설이 있는데 자율과 평등을 강조하는 바이킹의 문화에서 나왔다는 설이 유력하다.

스뫼르고스보르드

바이킹들은 항해를 시작하면 오랫동안 배 안에서 생활하며 말리거나 소금에 절인 저장 식품을 먹어야 했다. 항해에서 돌아오면 여러 가지 요리를 커다란 테이블에 가득 차려놓고 자유롭게 덜어 먹었는데, 이것이 발전해서 스뫼르고스보르드가 되었다는 것이다. 처음에는 절인 생선과 얇게 구운 호밀빵 등 찬 음식이 주를 이루다가 1880년대부터 찬 요리와 따듯한 요리를 함께 차리는 오늘날의 형식으로 발전했다. 소금이나 식초에 절인 청어, 훈제연어 등을 중심으로 샐러드, 미트볼, 익힌 채소, 얇게 썬 순록의 고기, 치즈, 애플케이크, 생강빵 등 스웨덴의 전통 음식이 푸짐하게 차려지며 아쿠아비트(감자나 곡류로 빚은 독한 증류주)가 함께 나온다. 먹는 순서는 청어 요리부터 시작하여 연어·새우 등 해산물 요리와 샐러드를 먼저 먹는다. 그 다음 미트볼 등 따듯한 고기 요리를 먹고 치즈·과일·케이크 등의 후식으로 마무리한다.

설탕 등으로 다양한 맛을 낸다. 바이킹은 통밀이나 호밀로 만든 검은 빵을 먹었고 당근, 양배추, 사과, 야생 딸기, 소·순록·돼지·양·말·거위·오리 등의 고기도 즐겨 먹었다. 현재의 스칸디나비아 음식과 별로 다르지 않다.

2. 대표 음식

1) 노르웨이

노르웨이는 유럽 1위의 수산국으로 연어, 새우, 대구, 청어, 정어리, 고등어 등의 수산물의 품질이 좋기로 정평이 나 있다. 노르웨이의 생선 가공업 역사는 9세기로 거슬러 올라가며 현재도 건대구·훈제연어·새우 등을 세계 각국으로 수출하고 있다.

루테피스크

　루테피스크lutefisk는 자연 바람에 말린 흰살생선(주로 대구를 사용함)이나 염장 건조한 흰살생선을 며칠 동안 깨끗한 물과 잿물에 번갈아 가며 불려서 만든다. 스페인의 바칼라오와 비슷하다. 요리법은 여러 가지가 있는데 보통 버터를 발라 구워서 베이컨, 감자, 삶아 으깬 완두콩과 함께 먹는다. 스웨덴, 핀란드 등지에서도 먹는다.

　소금에 절인 양고기 스페케마트spekemat와 호밀로 만든 얇은 빵인 플라트 브뢰드flatbrød는 노르웨이 음식을 대표한다. 포리콜fårikål은 양고기와 양배추를 부드러워질 때까지 푹 끓인 스튜로 삶은 감자와 함께 먹는다. 붉은색이 도는 순록구이는 삶은 감자, 그레이비소스, 브로콜리, 링곤베리소스와 먹는다.

　염소젖 치즈는 아침 식사에 즐겨 나오며, 디저트로는 신선한 크림과 함께 나오는 애플케이크, 링곤베리잼을 얹은 아이스크림, 라스베리 등 베리류의 과일이 인기 있다.

2) 스웨덴

북해와 발트해에 면한 긴 해안선과 호수, 강이 많은 스웨덴에서는 청어·대구를 비롯한 생선류와 연어·송어 등의 민물고기를 즐겨 먹는다. 스톡홀름과 고텐부르크의 해안에서는 청어가 많이 잡히는데, 거의 매끼마다 청어가 올라올 정도로 많이 이용된다. 소금에 절인 청어는 지난 수백 년간 스웨덴의 주요 수출품이었다. 현재는 예전보다 섭취량이 줄어들었으나 스웨덴의 전통 요리에서는 없어서는 안 될 중요한 식품이다.

셰트불라르

육류도 많이 소비된다. 일반적인 가축의 고기뿐 아니라 순록과 산양의 고기도 인기 있으며, 별미로 찾는 야생 큰사슴고기는 스튜나 스테이크로 요리한다. 스웨덴식 미트볼 셰트불라르köttbullar는 음식점마다 내놓는 대표 메뉴로, 삶아 으갠 감자와 링곤베리잼을 함께 낸다. 링곤베리잼(월귤잼)은 링곤베리에 설탕과 약간의 계피를 넣어 새콤달콤하게 조린 것으로 여러 음식에 소스처럼 곁들여 먹는다.

커피와 함께 먹는 인기 있는 간식으로는 시나몬롤, 애플케이크, 야생 나무딸기잼과 함께 나오는 치즈케이크 등이 있다.

3) 덴마크

덴마크는 스칸디나비아 3개국 중 가장 남쪽에 위치하며, 유럽 대륙과 연결된 유틀란트반도와 400여 개의 섬으로 이루어져 있다.

덴마크인의 식사는 다른 북유럽 국가들에서처럼 호밀빵을 기본으로 치즈·발효유 등의 유제품, 돼지고기와 햄 등의 육가공품, 생선이 중심을 이룬다. 가정에서는 매일 호밀빵을 만들어 먹는다.

스뫼레브뢰드

덴마크의 가장 유명한 음식인 스뫼레브뢰드smørrebrød는 호밀빵에 버터를 바르고 얇게 썬 햄이나 소시지, 훈제연어, 삶은 감자와 베이컨, 치즈, 토마토 조각 등을 얹은 오픈 샌드위치로 맥주, 스납스snaps(허브·과일·향신료 등으로 향을 낸 도수가 높은 술)와 함께 먹는다. 덴마크인들은 점심 식사를 대개 스뫼레브뢰드로 하며 늦은 오후 혹은 잠자리에 들기 전에 먹기도 한다.

덴마크는 19세기 후반부터 세계적인 낙농국으로 발전하기 시작했으며, 버터·치즈·발효유 등의 낙농 제품이 유명하다. 치즈로는 티보thybo(고소한 맛의 반경질 치즈로 빨간 왁스로 덮여 있음), 덴보danbo(담담한 맛의 경질 치즈), 하바르티havarti(약한 신맛이 나는 반연성 치즈), 소젖을 푸른곰팡이로 발효시킨 다나블루danablu가 널리 알려져 있다.

축산업도 세계 최고의 경쟁력을 자랑하는데, 특히 돈육은 세계적으로 품질을 인정받고 있다. 플래스케스텍flæskesteg은 껍질이 붙은 돼지고기(목살 혹은 가슴살) 덩어리를 소금과 후추로 간을 해오븐에 구운 요리로, 껍질은 과자처럼 바삭하고 고기는 촉촉하다. 껍질을 먼저 먹고 고기에 소스를 부어 먹는다. 간 돼지고기와 송아지고기에 빵가루와 볶은 양파, 계란을 넣고 둥글납작하게 빚어 버터 두른 팬에 익힌 '프리카델레frikadeller'는 감자와 함께 먹는다.

플래스케스텍

천연 발효 햄(생햄)과 훈제육은 덴마크요리에 가장 많이 이용되는 식재료의 하나다. 덴마크의 긴 겨울과 서늘한 기후는 저장육의 장기 숙성에 최적의 조건을 제공한다.

덴마크는 유럽 5위의 수산국으로 북해 어장에서 가자미·대구·청어·고등어 등이 많이 잡힌다. 두툼하게 자른 대구살을 오븐에 구워 삶은 감자를 곁들인 토르스크torsk는 덴마크의 국민 음식으로 통한다.

후식류로는 생강빵gingerbread, 크란세카케kransekake(아몬드 가루·설탕·계란 흰자를 혼합한 반죽을 고리 모양으로 구워 층층이 쌓아 올린 케이크) 등이 유명하다. 커피와 함께 먹는 데니쉬 페이스트리는 속을 채워 토핑을 얹은 달콤한 빵으로 1840년경 비엔나에서 전해졌다고 하여 '비엔나 빵Wiener brød(비너브로트)'이라 불린다.

데니쉬 페이스트리

덴마크는 맥주 대국이기도 하다. 각 지역마다 고유의 맥주가 있는데 코펜하겐의 칼스버그와 츠보르, 오덴세의 알바니, 오르후스의 세레스 등이 알려져 있다.

3. 식사의 구성과 음료

1) 식사의 구성

스칸디나비아에서는 대개 아침 8시부터 일을 시작하므로 아침 식사를 매우 중시한다. 아침 식사는 가볍게 하는데, 보통 크네케브뢰드knäckebröd 같은 바삭한 호밀빵에 버터·꿀·잼 혹은(and/or) 치즈·햄·소시지를 곁들인다. 오트밀죽 등 곡식으로 만든 죽도 즐겨 먹는다. 겨울철에는 진한 크림을 얹은 과일 수프를 먹기도 한다.

전통적인 가정식 점심 식사는 수프 혹은 스튜에 빵이 기본이며 여기에 치즈·햄·소시지 등이 곁들여진다. 식당에서 먹는 경우, 스웨덴에서는 다엔스렛dagens rätt(금일의 지정 메뉴라는 뜻)이라 불리는 점심 세트를 많이 이용한다. 간단한 3코스(전식, 본식, 음료)로 이루어져 있고 가격도 저렴해 현지인과 여행자 모두에게 인기다. 직장인들은 오픈 샌드위치나 간단한 음식으로 해결하기도 한다.

하루 세 끼 중 저녁 식사의 비중이 가장 크다. 저녁은 6시경에 먹는데 온 가족이 함께 모여 식사를 한다. 저녁 식사에는 보통 생선이나 고기 요리에 감자가 나온다. 식후에 디저트는 매일 나오지는 않으며 이따금 나온다. 디저트에는 대개 버터가 들어가며 크림 혹은 달게 한 치즈, 계피가 들어간다. 아몬드 반죽으로 만든 고소한 마르지판marzipan도 인기 있다.

2) 음료

스칸디나비아는 세계에서 커피 소비량이 가장 많은 지역으로 꼽힌다. 자리에 앉아 커피를 여유롭게 음미하며 마시는 걸 좋아하며 자판기나 테이크아웃 커피를 손에 들고 다니며 마시는 일은 드물다.

오후에는 커피(또는 차)와 함께 달콤한 빵을 먹으며 여유를 찾는데 스웨덴에서는 이를 '피카'라고 한다. 커피와 즐겨 먹는 사프란 번lussekatter과 시나몬 롤Kanelbullar은 스웨덴의 국민 간식이다. 피카 때 먹는 빵을 피카브뢰드fikabröd

라고 하는데, 각자 좋아하는 피카브뢰드가 있어 이를 손수 만들어 학교나 직장 등으로 가져가 나눠 먹기도 한다.

스칸디나비아를 대표하는 술은 단연 '아쿠아비트aquavit'다. 라틴어로 생명의 물을 뜻하는 'aqua vitae'에 어원을 두고 있다. 감자와 곡물(and/or)을 으깨 술로 발효시킨 뒤 증류하여 향신료(캐러웨이, 딜씨dill seed, 아니스, 감귤류 껍질, 커민, 계피 등)를 넣어 향을 낸 술로 알코올 도수 42~47%의 독주다. 주된 향인 캐러웨이의 톡 쏘는 향과 달큰 쌉쌀한 맛이 식욕을 돋운다. 평소에도 즐겨 마시지만 크리스마스 점심, 부활절, 하지夏至축제 등의 축제와 기념일, 흥겨운 파티에는 반드시 나온다.

덴마크에서는 아쿠아비트를 숙성시키지 않으므로 무색투명하고, 노르웨이 등지에서는 통에서 1~12년간 숙성시키므로 갈색이 난다. 마실 때는 차게 냉각하여 작은 유리잔에 부어 마신다. 노르웨이 등지에서 생산된 숙성 아쿠아비트는 상온에 두었다가 튤립형 잔에 마신다. 안주로는 청어절임과 감자, 수르스트뢰밍, 가재, 루테피스크, 훈제 생선이 즐겨 나온다. 맥주와 함께 반주로도 마시는데, 아쿠아비트를 마시기 전이나 후에 맥주를 마신다.

가장 대중적인 술은 맥주이며, 와인과 보드카도 인기 있다. 크리스마스 시즌에는 레드 와인에 설탕과 향신료를 첨가하여 달콤하게 끓인 글뢰그glögg를 마신다. 글뢰그에는 단맛의 빵이나 과자를 곁들이는데, 스웨덴에서는 크리스마스 과자인 생강빵이나 루세카터lussekatter(S자 모양의 달콤한 빵으로 사프란이 들어가 노란색이 남)를, 덴마크에서는 동그란 모양의 팬케이크인 에블레스키베æbleskive를, 노르웨이에서는 쌀에 설탕과 우유를 넣어 만든 쌀푸딩인 리스켐riskrem을 곁들인다.

생강빵

4. 식사 예절

스칸디나비아의 식사 예절은 유럽의 다른 지역과 비슷하다. 차려진 음식에서 먹을 만큼 덜어다 먹고, 덜어온 음식은 남기지 않는 것이 예의다.

식사 중에 큰 소리로 떠들거나 자리를 떠났다가 앉았다가 하는 것은 결례다.

스칸디나비아에는 독특한 건배 문화가 있다. 건배의 선창은 그 모임을 주최한 호스트가 한다. 호스트가 잔을 들면 모인 사람들은 잔을 들고 서로 눈을 마주친다. 호스트가 "스콜skål(건강을 위하여라는 뜻)"이라고 외치면 따라 외치고 술을 한 모금 마시고 다시 눈을 마주치고 나서 잔을 내려놓는다. 호스트가 선창하기 전에는 잔을 들거나 마시면 안 된다. 시선을 교환하는 행위가 매우 중요한데 이는 서로의 마음을 전달하는 행위다. 사람 수가 적을 때는 모든 사람과 눈을 한 번씩 마주쳐야 하며, 많은 사람이 모인 경우에는 양옆의 사람과 시선을 한 번씩 마주치고 나서 마신다.

식사 중에 건배를 원하는 알림이 있으면 식사 도구를 잠시 내려놓고 다 함께 응해 준다. 건배할 때 잔을 부딪치지는 않는다.

CHAPTER 12

북
아메리카

미국의 음식문화

아메리카 대륙은 크게 북미와 중남미 문화권으로 나눠 볼 수 있다. 북미는 유럽 열강의 식민지 쟁탈전
이 벌어지던 시기에 영국의 지배를 받아 앵글로색슨 문화의 색채가 강한 지역으로 미국과 캐나다가 포
함된다. 중남미는 스페인·포르투갈의 지배를 받아 이베리아반도의 라틴 문화 색채가 강한 지역으로 멕
시코 이남의 대륙부와 카리브 제도가 포함된다.

　북미와 중남미는 인종, 언어, 종교, 문화 등이 크게 다르다. 북미는 앵글로색슨족을 중심으로 하는
북·서 유럽계 백인이 중심이며, 공용어는 영어이고 종교는 개신교가 주를 이룬다. 반면, 중남미는 메스
티소(유럽계 백인과 아메리카 인디언의 혼혈인)를 비롯한 혼혈인이 주류를 이루며 원주민인 인디오도
상당수 산다. 브라질*을 제외한 나라들의 공용어는 스페인어이고 종교는 가톨릭이 주를 이룬다.

　음식문화도 북미는 영국을 비롯한 북·서유럽의 영향을 많이 받은 반면, 중남미는 스페인의 영향을
크게 받았다. 두 문화권의 공통점은 아메리카 원주민의 문화와 외부에서 들어온 여러 민족의 문화가 융
합된 문화라는 점이다.

* 포르투갈의 식민지였던 브라질은 포르투갈어를 공용어로 사용한다.

AMERICA

미국의 음식문화

- **면적** 9,826,675㎢
- **인구** 334,805,268(2022년)
- **수도** 워싱턴
- **종족** 백인(79.96%), 흑인(12.85%), 아시아인(4.43%), 인디언 및 알래스카인(0.97%),
  하와이 원주민(0.18%), 다민족(1.61%)
- **공용어** 영어
- **종교** 개신교(51.3%), 로마가톨릭교(23.9%), 모르몬교(1.7%), 기타 기독교(1.6%),
  유대교(1.7%), 불교(0.7%), 이슬람교(0.6%), 기타(18.5%)
- **1인당 명목 GDP(US 달러)** 76,027(2021년)

미국은 북아메리카 대륙의 캐나다와 멕시코 사이에 위치한다. 서쪽은 태평양, 동쪽은 대서양, 남동쪽은 카리브해와 접하고 있다.

미국은 다양한 국적의 이민자들이 이룩한 나라다. 식민지 시절부터 많은 유럽인들이 이주해왔고, 이후로 세계 각지로부터 이민자들을 적극 수용한 결과 현재의 다인종 국가가 되었다. 이민자들은 그들의 식문화(식재료·요리법·식기호 등)를 미국 땅으로 들여왔고 그 결과 미국은 말 그대로 '세계 음식 전시장'이 되었다.

이민자들의 식문화는 미국 안에서 각기 독자성을 유지하며 공존하기도 하고 때로는 서로 섞여 새로운 스타일의 '미국 음식'을 만들어 내기도 한다. 여러 인종의 문화가 공존하는 현상은 흔히 '샐러드 접시'에 비유된다. 샐러드 안의 재료들이 각기 제맛을 지닌 채 한데 섞여 있듯이 다양한 인종의 문화가 각자의 정체성을 유지하며 미국 안에서 공존하고 있는 현상을 일컫는다.

여러 문화들이 융합해서 제3의 새로운 스타일이 만들어지는 현상은 '용광로'에 비유되곤 한다.

1. 미국 음식문화의 형성 배경과 특징

1) 지형과 기후

미국은 러시아, 캐나다 다음으로 국토가 넓고 지형과 기후가 다양하다. 동쪽에는 고원상의 산지가 대서양 연안을 따라 뻗어 있고, 서쪽으로는 로키산맥이 남북으로 길게 뻗어 있다. 두 산맥의 중간에는 넓은 내륙 평야가 있고, 남서쪽에는 사막이 펼쳐져 있다.

대부분 온대 기후이나 북극에 가까운 알래스카는 툰드라 기후, 적도에 가까운 플로리다는 아열대 기후, 서부 내륙은 사막 기후, 하와이는 열대성 기후가 나타난다. 지형과 기후가 다양하다 보니 지역 특산물과 별미가 풍부하다.

2) 역사적 배경

유럽인들이 오기 전까지 미국 땅에는 원주민들(아메리카 인디언)이* 살고 있

---

* 수만 년 전 빙하기 때 북시베리아에 살던 인류와 동아시아인이 시베리아와 알래스카가 하나의 대륙으로 연결돼 형성된 '베링 육교(아시아와 북아메리카 사이를 이었던 땅)'를 통해 북아메리카로 진출하는 과정에서 서로 섞여 아메리카 원주민이 되었다는 것이 고고학 및 고인류학 연구를 통해 밝혀졌다.

FOOD TALK TALK

뉴욕의 시그니처 '록스 베이글 샌드위치'

록스 베이글 샌드위치는 뉴욕의 시그니처다. 뉴욕을 방문한 사람은 한번쯤 먹어 보게 되는 음식이다. 베이글을 잘라 크림치즈를 바르고 얇게 슬라이스한 록스(연어를 소금물에 절여 숙성한 것)와 양파, 토마토, 오이, 케이퍼를 끼운 것으로 신선한 토마토, 짭조름한 록스, 리치한 크림치즈, 쫄깃한 베이글의 절묘한 조합이다.

록스 베이글 샌드위치

하지만 록스도 베이글도 본래 뉴욕에는 없던 음식이다. 이 두 음식을 뉴욕에서 개발된 크림치즈와 결합하여 록스 베이글 샌드위치를 창안한 사람들은 1880~1942년 사이 뉴욕에 정착한 유대인들이다. 뉴욕에 이민 온 유대인들이 자신들의 음식인 베이글과 뉴욕 음식인 크림치즈 등을 조합하여 만들어 낸 매우 '미국적인 음식'이라 할 수 있다. 주문할 때는 "Can I have lox spread on a plain bagle toasted?"라고 하면 된다. 계피가 들어간 베이글을 원하면 plain 대신 "cinnamon"이라고 하면 된다.

었다. 이들은 부족을 이루어 옥수수, 담배, 콩, 스쿼시(호박의 일종) 등을 키우며 살았다. 유럽인들이 진출하여 밀과 쌀을 들여오기 전까지 원주민들의 주곡은 옥수수였다.

17세기 이후 유럽 열강의 식민지 개척이 본격화하면서 영국, 네덜란드, 스페인, 프랑스 등지에서 유럽인들이 들어왔고 이들은 자기들의 음식문화를 미국 땅으로 들여왔다. 1700년대 초, 남부의 농장에 투입된 아프리카 노예들은 아프리카(특히 서아프리카)의 농작물(수박, 오크라, 얌, 동부콩, 콜라드 그린 등)과 조리법을 그 지역에 전파했다.

그 후 세계 도처에서 이민자들이 들어와 정착했고, 이들이 들여온 음식이 현지 식재료 및 다양한 민족의 식문화와 융합되면서 새로운 미국 음식들이 나왔다. 뉴욕의 록스 베이글 샌드위치lox and bagel sandwich도 그중 하나다.

2. 대표 음식

미국 음식이라고 하면 햄버거나 스테이크, 핫도그 정도를 떠올린다. 또한 음식이 전국적으로 획일화되어 있을 거라고 생각하기 쉽다. 하지만 이는 그릇된 생각이다. 미국에도 다른 나라들처럼 지역별로 고유한 음식이 많고 지속적으로 재창조되고 있다.

미국에는 총 50개 주와 1개의 디스트릭트(워싱턴 D.C.)가 있는데, 지리·사회·주민·문화의 유사성에 따라 크게 4개 지역으로 나누어 식문화의 차이를 살펴볼 수 있다.

1) 북동부 지역

미국의 역사가 시작된 지역으로 뉴잉글랜드 지역을 포함한 대서양 연안의 9개 주가 포함된다. 현재도 미국의 고급 문화를 선도하고 있다.

칠면조구이와 크랜베리소스

뉴잉글랜드 음식은 초기 정착민들의 가정식에서 출발했다. 영국인을 중심으로 유럽인들이 본토에서 들여온 요리법이 현지 식재료와 만나고 인디언의 음식도 받아들이면서 뉴잉글랜드 음식이 만들어졌다. 이들은 아메리카 인디언들로부터 옥수수, 콩 등의 경작법과 크랜베리, 스쿼시, 단풍나무시럽maple syrup

미국의 지역 구분

지역	주
북동부 지역(9개 주)	뉴잉글랜드(메인, 뉴햄프셔, 버몬트, 매사추세츠, 로드아일랜드, 코네티컷), 뉴저지, 뉴욕, 펜실베이니아
남부 지역(16개 주)	델라웨어, 메릴랜드, 버지니아, 웨스트버지니아, 캔터키, 노스캐롤라이나, 사우스캐롤라이나, 테네시, 아칸소, 루이지애나, 미시시피, 앨라배마, 조지아, 플로리다, 오클라호마, 텍사스
중서부 지역(12개 주)	노스타코타, 사우스다코타, 네브라스카, 캔자스, 미네소타, 아이오아, 미주리, 위스콘신, 일리노이, 미시간, 인디애나, 오하이오
서부 지역(13개 주)	워싱턴, 오리건, 몬태나, 아이다호, 와이오밍, 캘리포니아, 네바다, 유타, 콜로라도, 애리조나, 뉴멕시코, 알래스카, 하와이

아메리카 인디언이 알려준 음식 '팝콘'

팝콘은 북미 지역에 살던 원주민 인디언들이 수천 년 전에 고안한 음식이다. 야생 혹은 경작한 옥수수를 익혀 먹는 최초의 방법은 '팝콘'으로 해 먹는 것이었다. 미국 뉴멕시코주 중서부의 동굴에서 4,000년 전 것으로 추정되는 팝콘이 발견되어 오랜 역사가 입증되기도 했다. 북미 전역의 원주민들 사이에서 팝콘의 이용이 오랫동안 이어져 왔으며, 아즈텍 원주민들의 축연에서도 가장 중요한 음식이었다. 그들은 축연 때 머리에 쓰는 모자, 목걸이, 신상(神像) 등을 팝콘으로 장식하곤 했다.

옥수수를 고온에서 구우면 내부의 수분과 유분이 껍질에 갇혀 나오지 못하고 수증기 상태로 갇히면서 내부 압력이 크게 올라간다. 이때 옥수수가 급격히 팽창하면서 터져 몇 배로 부풀어 오르게 되는데 이것이 팝콘이다.

팝콘의 대중화는 1885년 시카고의 사탕 가게 주인인 찰스 크레터스(Charles Cretors)가 팝콘 제조기를 발명하면서 시작됐다. 1912년부터는 극장에서 판매되기 시작하면서 극장의 대표 스낵이 되었다.

팝콘

등의 이용법을 배워 새로운 음식을 개발했다. 인디안푸딩indian pudding(옥수수가루에 우유, 버터, 당밀, 계란, 향신료를 넣어 구운 커스터드푸딩), 조니케이크johnnycake(옥수수가루로 만드는 팬케이크로 단풍나무시럽을 뿌려 먹음), 크랜베리소스(크랜베리에 설탕을 넣고 조린 것으로 칠면조구이 등에 곁들임), 보스턴 베이크드 빈Boston baked beans, 서코태쉬succotash(옥수수에 리마콩·껍질콩·스쿼시·베이컨 등을 넣고 푹 끓인 스튜) 등이 그것이다.

'뉴잉글랜드 클램 차우더'도 유명하다. 보스턴을 비롯한 대서양과 접한 매사추세츠, 메인, 코네티컷의 항구 도시들에서 즐겨 먹는다. 기원에 대해서는 여러 설이 분분하지만 17세기 북아메리카에 정착한 프랑스인들에게서 왔다는 설이 유력하다. 이들은 바닷가에 널려 있는 조개를 주워다가 우유를 넣고 끓여 먹었는데 이것이 '뉴잉글랜드 클램 차우더'의 기원이라는 것이다. 베이컨·감자·양파 등을 잘게 썰어 버터에 볶다가 월계수잎과 우유를 넣어 끓인 뒤 조개와 루roux(밀가루를 버터에 볶은 것)를 넣어 걸쭉하게 끓인다.

흑인 노예의 소울 푸드 '서던 프라이드치킨'

햄버거와 더불어 미국 음식의 대명사가 된 프라이드치킨은 흑인 노예들이 먹던 남부식 닭튀김(Southern fried chicken)에서 나왔다. 농장주가 내다버린 닭의 날개, 발, 목 등 뼈가 많은 부위를 노예들이 주워다 바싹 튀겨 먹었던 것이다.

흑인 노예들이 먹던 음식을 '소울 푸드(soul food)'라고 하는데 소울 푸드에는 유독 튀긴 음식이 많다. 메기튀김, 오크라튀김, 피클튀김 등 거의 모든 재료를 튀긴다고 해도 과언이 아니다. 기름에 튀기면 뼈가 많아도 통째로 씹어 먹을 수 있고, 열량이 높아 힘든 노동을 견딜 수 있다. 조리법도 간단하고 수분이 적어 더운 날씨에도 잘 상하지 않는다.

다인종 문화가 만든 크레올·케이준요리

미국 남부 루이지애나 지역에서 나온 크레올(creol)·케이준(cajun)요리는 여러 인종의 문화가 뒤섞여 만들어졌다. 잠발라야와 검보가 대표적이다.

크레올은 17~18세기에 루이지애나의 뉴올리언스에 정착한 유럽인(특히 프랑스인, 스페인인)을 가리킨다. 대부분 부유한 가정 출신으로 하인들이 요리를 담당했다. 하인들은 프랑스, 스페인, 아메리카 인디언, 서아프리카의 요리 등에서 따온 식재료,

잠발라야

조리법, 양념을 조합하여 새로운 요리를 개발했는데 이것이 크레올요리다.

크레올요리는 도시 부유층의 요리로 섬세하고 세련되며 맛이 농후하다. 크림, 버터, 신선한 생선, 토마토, 허브, 마늘을 많이 사용하고, 케이준요리에 비해 매운 고춧가루와 필레를 적게 사용한다.

케이준요리는 캐나다 동부의 아카디아 지역에서 살다가 1755년 이곳을 점령한 영국인들에 의해 추방되어 루이지애나의 남서부로 이주한 프랑스인들(이들을 아카디안(Acadians)이라고 함)이 만들어 먹기 시작한 요리를 말한다. 케이준요리는 시골 요리로, 지역 식재료를 사용해 간단하게 조리한다. 냄비에 새 또는 물고기와 돼지기름을 함께 넣고 조리하며, 마늘·양파·칠리·후추 등의 양념을 듬뿍 넣는 것이 특징이다. 케이준요리에는 프랑스요리를 기본으로 서아프리카, 스페인, 아메리카 인디언의 요리 등이 혼합되어 있다. 크레올과 케이준의 경계가 점차 모호해짐에 따라 오늘날에는 크레올·케이준요리로 묶어 부른다.

2) 남부 지역

남부 지역은 미국의 남동부를 말하며, 오하이오강 이남의 16개 주가 포함된다. 주민은 주로 백인과 흑인이고 지역색이 매우 강해 관습·음식·사투리·억양 등에서 타지역과 뚜렷이 구분된다.

이 지역은 한때 스페인, 프랑스, 영국의 식민지였고, 아메리카 인디언들의

터전이자 아프리카 노예에 의한 플랜테이션이 행해졌던 곳이다. 여러 경로를 통해 들어온 다양한 인종이 주민을 형성했고, 이들의 식문화가 서로 섞이고 현지 식재료와 만나면서 남부 특유의 음식이 나왔다.

남부의 주요 곡물은 옥수수다. 옥수수가루를 걸쭉한 죽처럼 끓인 것을 그리츠grits라고 하는데, 해산물 스튜를 얹어 아침 식사로 먹는다. 식사에는 꼭 콘브레드corn bread*가 나온다.

돼지고기도 즐겨 먹으며 바비큐 등으로 다양하게 조리한다. 미시시피강 연안의 늪지에 사는 악어도 빼놓을 수 없다. 튀기거나 굽거나 푹 끓이는 등 요리법도 다양하다.

남부는 미국 내에서 쌀이 처음 경작된 곳이자 쌀의 주산지다. 유명한 쌀 요리로는 잠발라야와 검보가 꼽힌다.

잠발라야jambalaya 소시지와 고기, 채소를 기름에 볶다가 소프리토sofrito(토마토와 파프리카 등으로 만든 소스)로 양념한 뒤 쌀과 육수를 붓고 끓여서 익힌 쌀 요리다. 크레올·케이준요리의 대표 주자로 스페인, 프랑스, 아프리카 식문화가 결합된 음식이다.

검보gumbo 새우, 크로우피쉬crawfish(민물 가재의 일종) 등에 채소와 오크라, 필레filé를 넣고 끓인 스튜로 밥 위에 얹어 먹는다. 오크라와 필레(북아메리카 원산의 사사프라스 나뭇잎을 말린 가루로 감귤향이 나며 요리를 걸쭉하게 하는 데 사용함)는 스튜를 걸쭉하고 향기롭게 만든다. 한국인의 입맛에도 잘 맞는다.

3) 중서부 지역

중서부 지역은 로키산맥의 동쪽, 국토의 중앙에 자리한 12개 주가 포함된다. 이 지역은 거의 평원이며 농·축산업이 주산업이다. 드넓은 평원에 옥수수밭,

---

* 옥수수가루에 버터밀크·설탕·식용유·계란·베이킹파우더 등을 넣어 반죽해서 팬에 두툼하게 구운 빵이다.

밀밭, 감자밭이 끝없이 펼쳐지고, 소·돼지·닭을 키우는 목장이 줄지어 있다.

　오대호를 낀 지역은 어업도 성하다. 송어, 농어, 월라이walleye(명태 비슷한 민물고기) 등이 많이 잡히는데 특히 송어 요리가 유명하다. 미시간주, 미네소타주, 위스콘신주에서는 빙어가 많이 잡힌다.

4) 서부 지역

서부 지역에는 로키산맥 서쪽의 13개 주가 포함된다. 기후·인종·문화 등의 차이에 따라 북태평양 지역, 로키산맥 지역, 남서부 지역, 하와이 지역으로 나눠볼 수 있다.

① 북태평양 지역: 북태평양과 접한 워싱턴, 오리건, 알래스카

던지니스게

북태평양은 해산물의 보고다. 워싱턴주는 북태평양의 특산물인 던지니스게를 비롯해 연어·넙치·굴·분홍새우 등이 유명하다. 오리건주에서는 연어·다랑어·대구·조개류 등이 많이 잡힌다. 워싱턴주와 오리건주는 위도는 높지만 기후가 온화해서 사과, 배, 딸기, 멜론, 서양자두, 체리, 블루베리, 포도 등의 과수 재배도 활발하다. 맛좋은 와인도 나온다.

　미국 최북단에 위치한 알래스카는 3면이 바다로 둘러싸여 있으며 물고기가 가장 중요한 식품이자 세입의 원천이다. 연어, 킹크랩, 던지니스게, 스노우게는 최고의 맛을 자랑한다.

　알래스카 최고의 사냥감은 무스moose라는 덩치 큰 사슴이다. 무스고기를 얇게 썰어 말린 육포는 알래스카의 진미로 알려져 있다.

② 로키산맥 지역: 몬태나, 아이다호, 와이오밍, 네바다, 유타, 콜로라도

평원과 산이 펼쳐진 이 지역은 기후가 건조하다. 건지 농업에 의존하여 밀·보리·호밀·사탕무 등을 생산하고, 대규모 목장에서 소, 양을 키운다. 쇠고기를 주제로 한 다양한 요리와 로키 마운틴 오이스터Rocky mountain oyster(송아지의 고환을 잘라 밀가루와 후추에 굴려 기름에 튀긴 것)가 유명하다.

로키 산지는 천혜의 사냥지로 사슴, 들소를 비롯한 야생 동물과 조류가 풍부하며 송어, 연어 등의 민물고기도 흔하다.

아이다호는 감자로 유명하다. 전 세계 맥도날드의 프렌치프라이는 모두 아이다호 감자로 만든다.

유타주는 거주자의 70% 이상이 모르몬교도다. 모르몬교도는 술과 담배를 금하며 커피, 차 등의 카페인 음료도 마시지 않는다. 건강한 생활 습관 덕분에 이들의 수명은 미국 내 일반적인 백인들보다 여성은 5년, 남성은 약 10년 수명이 더 긴 것으로 알려져 있다.

③ 남서부 지역: 캘리포니아, 애리조나, 뉴멕시코, 텍사스

멕시코와 국경을 맞대고 있는 미국 남서부에는 여러 인종의 문화가 융합된 독특한 음식이 많다. 이곳은 본래 아메리카 인디언인 푸에블로족, 나바호족 등의 영토였는데, 16세기 초에 스페인령이 되었다. 그 후 스페인으로부터 멕시코가 독립(1821년)하면서 멕시코 영토가 되었다가, 이후 미·멕시코전쟁 (1846~1848년)의 결과 미국 영토가 되었다. 그래서 이 지역에는 스페인 문화가 많이 남아 있고, 멕시코 북부와 음식문화가 유사하다. 텍사스의 목장 문화와 멕시코 북부의 음식이 융합된 텍스-멕스요리가 유명하다(13장 멕시코의 음식문화 참조).

캘리포니아주는 미국 내에서도 음식문화가 가장 풍부한 지역의 하나다. 풍부한 식재료, 다양한 인종, 건강에 대한 인식을 바탕으로 독특한 식문화가 만들어졌다. 각지의 이민자들이* 들여온 조리법과 식재료가 지역 식재료와 만나면서 수많은 '캘리포니아 퀴진'이 개발되었는데 이탈리아, 프랑스, 멕시코, 중국, 일본의 요리 등이 영향을 주었다. 캘리포니아롤, 캘리포니아 스타일 피

---

* 캘리포니아는 미국 내에서 가장 다양한 인종과 문화가 공존하는 지역의 하나다. 16세기 초에 스페인 정복자들이 농작물과 가축, 그들의 전통 음식을 들여왔고, 골드러시가 시작되면서 멕시코인, 유럽인(이탈리아인, 프랑스인 등)이 들어왔다. 1900년대 초반에는 아시아인의 인구가 늘어나면서 아시아 음식도 대중화되었다.

스시의 재탄생, 캘리포니아롤

김밥은 김이 겉으로 나와 있는데, 롤은 김이 밥 속에 감춰져 있다. 롤의 원조인 캘리포니아롤은 1960년대에 LA의 스시 셰프였던 이치로 마시타가 개발했다고 한다. 날생선과 김을 낯설어하는 미국인들을 위해 생선 대신 캘리포니아에서 많이 나는 아보카도와 오이, 게살을 넣고 밥이 겉으로 보이고 김은 속으로 들어가게 말아낸 것이다. 일본 음식인 스시에 캘리포니아의 식재료를 결합하여 현지인의 기호에 맞게 개발한 일종의 퓨전 요리였다.

캘리포니아롤

이후 캘리포니아롤은 미국을 넘어 세계적으로 인기 있는 음식이 되었고, 각종 '롤'이 등장하면서 피자와 파스타처럼 '롤'이라는 새로운 장르가 만들어졌다. 캘리포니아 퀴진 중 가장 유명한 요리로 꼽힌다.

애리조나 사막뱀튀김과 노팔선인장튀김

자, 차이니즈 치킨 샐러드 등이 대표적이다.

애리조나주 사막 지대의 특이한 식재료로 가시배선인장prickly pear cactus이 있다. 노팔선인장nopales이라고도 하는데 껍질콩과 비슷한 맛이 난다. 두툼한 선인장 잎을 잘라서 물에 삶아 샐러드로 무치거나, 볶음, 살사, 주스, 젤리, 사탕 등 다양한 음식에 넣는다. 멕시코 북부에서도 즐겨 먹는다.

뉴멕시코주에서는 이 지역에서 나는 길쭉한 모양의 칠리(고추)를 여러 요리에 넣는다. 완숙한 고추로 만드는 레드칠리소스와 풋고추로 만드는 그린칠리소스는 뉴멕시코주의 상징과도 같다. 식당에 가면 종업원이 "Red or green?"이라고 묻는다. "레드칠리소스와 그린칠리소스 중에서 무엇을 택하겠느냐"는 소리다. 둘 다 맛보고 싶으면 "크리스마스!"라고 대답한다.

④ 하와이 지역

북태평양 동쪽에 있는 하와이 제도는 미국의 최남단에 위치한다. 하와이 원주민은 AD 800년경 하와이 제도에 정착하기 시작한 폴리네시아인이다. 1898년 미국령이 된 후로 사탕수수와 파인애플 재배가 확대되어 아시아인을 포함한 이민자가 증가했다. 2020년 기준 주민의 대부분은 혼혈인들이며 '하와이인'으로 불리는 하와이에 처음 정착한 순수 폴리네시아인의 후손은 약 7%에 불과하다. 25%는 유럽계, 17%는 일본계이고, 그 밖에 필리핀인·중국인·한국인·사모아인 등을 포함한다. 포케, 스팸 무스비 등은 하와이에 정착한 일본인들이 개발한 하와이 음식이다.

주요 작물은 쌀, 사탕수수, 파인애플, 마카다미아 등이다. 하와이인들이 즐겨 먹는 육류는 돼지고기와 닭고기이고 해산물, 열대과일, 코코넛을 이용한 요리도 다양하다. 원주민들의 전통 음식과 더불어 이민자들이 개발한 음식도 많다.

칼루아 피그kalua pig 통돼지에 소금을 뿌려 이무(땅을 파서 만든 화덕)에 묻어 6~7시간 동안 천천히 익힌 하와이 전통 음식이다. 야자수 장작불에 달군 화산석 위에 바나나 잎을 두툼하게 깔고 통돼지를 얹은 뒤 바나나 잎으로 다시 덮고 천을 여러 겹 덮은 뒤 흙 속에 묻어 익힌다. 칼루아 피그와 라우라우는 하와이 전통 연회에 등장하는 주요리로 포이, 로미 새먼lomi salmon(연어샐러드), 코코넛푸딩 등이 함께 나온다.

칼루아 피그

포이poi 타로라는 토란 뿌리를 찧고 갈아서 걸쭉하게 끓인 죽으로 하와이 원주민들의 주식이다. 발효가 되어 살짝 신맛이 난다. 칼루아 피그나 라우라우를 섞어 먹으면 더욱 맛있다. 타로를 얇게 썰어 기름에 튀긴 타로칩은 주요리에 곁들이거나 스낵으로 먹는다.

라우라우laulau 주먹 크기의 고기 덩어리(돼지고기·오리고기·생선 등)를 타로 잎으로 싸서, 티ti라는 넓적한 열대 차나무 잎사귀에 서너 개씩 넣고 감싸 오랜 시간 푹 쪄낸 하와이 전통 음식이다. 티는 벗겨 내고 타로 잎과 고기를 함께 먹는다. 타로 잎에 고기 맛이 배어들고 티 향이 흠씬 배어 맛이 좋다.

라우라우

포케poke 날생선을 주사위 모양으로 잘라 참기름과 간장 소스에 버무린 샐러드를 말한다. 참치를 즐겨 사용하는데, 어떤 재료를 사용했느냐에 따라 포케 앞에 재료 이름을 붙인다. 문어를 살짝 삶아 소스에 버무린 것은 타코 포케 tako poke라고 한다. 근래에는 아보카도와 각종 채소와 함께 밥 위에 올려 치라시즈시처럼 먹는 음식으로 발전했다.

마히마히

마히마히mahi-mahi 마히마히는 태평양과 대서양에 서식하는 물고기로 몸길이가 1~2m, 무게가 40kg이나 된다. 잘라서 석쇠나 팬에 구워 파인애플과 생강 등을 넣은 소스를 뿌려 먹는다. 하와이에서 가장 유명한 음식의 하나로 비린내가 전혀 없다.

스팸 무스비spam musubi 무스비むすび는 주먹밥 위에 토핑을 얹어 김으로 감싼 일본 음식이다. 스팸 무스비는 주먹밥 위에 스팸을 얹고 데리야키소스를 발라 김으로 감싼 것으로 하와이에 살던 일본인이 개발했다고 한다. 미국에서 1인당 스팸 소비량이 가장 많은 하와이에서 나온 하와이다운 음식이 아닐 수 없다.

3. 식사의 구성과 음료

미국에서도 하루 세 끼가 보편적이다. 아침 식사는 베이컨, 소시지, 계란, 토스트, 커피 등으로 푸짐하게 먹기도 하고, 도넛이나 시나몬롤과 커피로 간단히 먹기도 한다. 점심은 샌드위치나 샐러드, 수프로 간단히 먹는다. 햄버거와 프렌치프라이 같은 패스트푸드로 해결하기도 한다. 저녁이 주된 식사로 격식을 갖춘 디너에는 애피타이저-주요리-후식의 3코스가 나온다. 평소에는 보통 2코스로 끝낸다. 애피타이저와 주요리를 먹거나 혹은 주요리와 후식을 먹는다.

애피타이저로는 보통 수프나 샐러드가 나온다. 크로켓이나 얇게 구운 피자 등 가볍게 입맛을 돋울 수 있는 음식이면 무엇이든 가능하다. 주요리에는 감자(혹은 옥수수)와 채소 한두 가지를 곁들이며 빵과 버터는 사이드 디시로 나온다. 저녁 식사에는 보통 와인이나 맥주를 곁들인다. 후식으로 커피나 홍차가 나오고 단맛의 디저트로 마무리한다. 디저트로는 파이, 푸딩, 아이스크림, 신선한 과일 등을 기호에 따라 선택한다.

4. 식사 예절

- 업무에 관한 대화는 식사를 마친 후에 한다.
- 비즈니스 미팅에서는 식사에 초대한 사람이 식사비를 부담한다.
- 유럽식은 포크는 왼손에, 나이프는 오른손에 쥐며, 식사 도중 바꿔 쥐지 않는다. 미국식은 포크는 왼손에, 나이프는 오른손에 잡고 음식을 자른 뒤 나이프를 내려놓고 포크를 오른손에 바꿔 쥐고 음식을 찍어 먹어도 무방하다.
- 냅킨은 참석한 사람이 모두 자리에 앉은 뒤 무릎 위에 편다.
- 식당에서 종업원을 부를 때는 종업원과 눈을 마주쳐서 도움이 필요함을 알린다.
- 미국에서는 팁을 내는 것이 거의 의무화되어 있다. 식당에서는 보통 세전稅前 음식 값의 15~20%를 팁으로 낸다. 계산서에 팁까지 포함해서 찍혀 나오는 경우가 많으며, 'tip' 혹은 'gratuity'라고 적혀 있다.
- 식사에 초대받았을 때는 모든 사람에게 음식이 돌아가고 호스트가 식사를 시작한 후에 먹기 시작한다. 이때 음료와 음식이 다른 사람에게 먼저 돌아가도록 권한다.
- 초대장을 받으면 참석 여부를 확실하게 답한다. 못 간다고 할 수는 있으나, 간다고 해놓고 나타나지 않는 것은 결례가 된다.
- 건배는 모임을 주최한 호스트(혹은 주빈)가 제안한다.

CHAPTER 13

중남
아메리카

멕시코의 음식문화

중남아메리카는 아메리카 지역에서 과거 스페인이나 포르투갈의 지배를 받아 이베리아반도의 라틴 문화가 수용된 지역을 말한다. 흔히 중남미라 불리며 멕시코 이남의 대륙부와 카리브 제도가 포함된다.

특히 스페인은 중남미의 대부분을 장악하여 17~19세기 초까지 통치하면서 언어·종교·문화 등에 깊은 흔적을 남겼다. 중남미의 거의 모든 나라가 스페인어를 공용어로 사용하며(단, 포르투갈의 식민지였던 브라질은 포르투갈어를 사용함), 인구의 대다수가 가톨릭을 신봉한다.

식민 시대를 거치는 동안 원주민 인디오와 유럽의 백인, 아프리카 노예들이 서로 섞이면서 다양한 혼혈족*과 융합 식문화를 낳았다.

스페인과 포르투갈 사람들을 통해 토마토, 감자, 옥수수, 카사바, 고추, 땅콩, 카카오 등 아메리카의 농작물들이 유럽과 아시아, 아프리카로 전해져 그곳의 식탁을 크게 바꿔 놓았다. 감자는 유럽의 기근을 완화했고, 이탈리아에서는 토마토소스를 넣은 파스타가 나왔으며, 옥수수는 아프리카의 주식이 되었고, 한국에서는 고춧가루를 넣은 김치가 등장했다.

중남미 지역의 주요 주식은 옥수수이며 고추(칠리)가 널리 쓰인다. 안데스 고원에서는 감자가, 열대 저지대와 카리브 제도에서는 카사바를 비롯한 구근류가 주식이다. 토마토는 어디서나 흔하고 스페인과 포르투갈인들이 들여온 쌀, 양파, 올리브, 레몬도 많이 섭취된다. 전통적으로는 콩이 중요한 단백질 급원이며 지역에 따라 사슴, 토끼, 멧돼지, 칠면조 등의 야생 동물도 사냥한다. 안데스 산지에서는 토종 가축인 라마, 꾸이(설치류의 일종), 알파카의 고기를 이용한다.

중남아메리카에는 원주민 인디오의 '토착 문화', 식민 지배자의 '라틴 문화', 흑인 노예의 '아프리카 문화'가 혼재되어 있다.

---

* **메스티소**(mestizo, 백인과 인디오의 혼혈), **물라토**(mulato, 흑인과 백인의 혼혈), **샘보**(sambo, 흑인과 인디오의 혼혈) 등이 나왔다.

MEXICO

멕시코의 음식문화

- **면적** 1,964,375㎢
- **인구** 131,562,775(2022년)
- **수도** 멕시코시티
- **종족** 메스티소(60%), 아메리카 원주민(30%), 백인(9%), 기타(1%)
- **공용어** 스페인어
- **종교** 로마가톨릭교(83%), 개신교(7.9%), 여호와의 증인(1.4%), 모르몬교(0.3%),
  무교(4.7%), 기타(2.7%) 등
- **1인당 명목 GDP(US 달러)** 10,166(2021년)

멕시코는 마야와 아즈텍 문명이 발달했던 곳으로 원주민 인디오들이 수천 년 전부터 먹어 오던 음식이 오늘날에도 여전히 식사의 중심을 이룬다.

1521년 스페인의 코르테스가 아즈텍 제국(1325~1521)을 정복하면서 멕시코는 300년간 스페인의 지배를 받았고 인종, 종교, 문화 전반에 스페인의 흔적이 깊게 남았다. 멕시코 인구의 약 60%가 메스티소(인디오와 스페인계 백인의 혼혈인)이며, 스페인어를 공용어로 사용한다. 스페인의 지배를 받는 동안 가톨릭이 전파되어 국민의 대다수(약 84%)가 가톨릭을 신봉한다.

인디오 문화와 유럽 문화가 만난 흔적이 곳곳에서 발견되는데, 이를테면 인디오의 전통 명절인 '망자의 날'과 가톨릭의 축제일인 '동방박사의 날'이 국가의 가장 큰 경축일로 공존한다. 음식 역시 마야, 아즈텍 시대부터 원주민들이 먹어 오던 전통 음식과 더불어 식민 시대에 전파되어 현지화한 스페인 음식이 공존한다.

1. 멕시코 음식문화의 형성 배경

1) 자연환경

북아메리카 대륙의 남서단에 위치한 멕시코는 북으로는 미국, 남으로는 과테말라, 벨리즈와 국경을 접한다. 서쪽에는 태평양과 캘리포니아만, 동쪽에는 멕시코만과 카리브해가 있다. 태평양에는 바자반도가, 멕시코만에는 유카탄반도가 있다. 국토를 남북으로 종단하는 시에라 마드레 옥시텐탈산맥과 시에라 마드레 오리엔탈산맥 사이에는 드넓은 멕시코 고원이 자리한다.

한반도의 약 9배에 달하는 넓은 영토는 지역별로 기후 차이를 보인다. 남부 해안 저지대와 동부 유카탄반도는 연중 덥고 습한 열대성 기후이고, 중부 고산 지대는 건조한 온대성 기후로 인구의 대다수가 이 지역에 거주한다. 북부 고원 지대는 반사막 환경으로 사람이 거의 살지 않는다.

2) 토착 인디오 문화와 유럽 문화의 융합

BC 2만 년경 북시베리아와 동아시아 쪽에서 베링 육교(빙하기 때 아시아와 북아메리카 사이를 이었던 땅)를 건너온 원주민들이 멕시코 지역에 정착했고, 일부는 남쪽으로 내려가 남아메리카 원주민들의 조상이 되었다. 멕시코 지역에 정착한 원주민들은 BC 8000년경 옥수수를 경작하기 시작했다. 이후 올메카, 사포테카, 톨테카, 마야, 아즈텍 등의 문명이 번창하다가 아즈텍 제국이 스페인 침략자들에 의해 멸망하면서 스페인의 지배를 받았다.

스페인 정복자들이 오기 전 원주민들(스페인 사람들이 인디오라 칭함)의 주식은 옥수수였고 콩, 고추, 토마토, 고구마, 스쿼시(호박의 일종), 과일, 채소가 주요 식품이었다. 여기에 사냥으로 잡은 칠면조, 토기, 사슴, 메추리 등의 야생 동물이 가끔 더해졌다. 올메카 시대부터 멕시코 지역의 지배층들은 카카오콩cacao bean을 갈아 씁쌀한 맛이 나는 초콜라틀chocolatl이라는 음료를 만들어 마셨다. 이후 초콜라틀은 스페인 사람들을 통해 유럽으로 전해져 초콜릿으로 개발되었다.

스쿼시

스페인 정복자들은 밀, 쌀, 콩(병아리콩, 렌틸콩), 사탕수수, 가축(소, 돼지, 닭, 양, 염소), 양파, 마늘, 견과류(호두, 아몬드), 유제품, 각종 향신료와 허브(후추, 계피, 정향, 고수), 감귤류(레몬, 오렌지, 라임), 올리브유, 와인, 육가공품(초리소, 롱가니사 등), 증류 기술 등을 들여왔다. 그 결과 육류가 다채로워졌고 밀로 만든 빵, 테킬라(증류주의 일종) 등이 나오게 되었다.

아즈텍의 음식과 유럽에서 들어온 식재료가 결합하여 독특한 '멕시코 음식'들이 나왔다. 돼지고기를 곁들인 토르티야, 토마토·고추·양파로 만든 살사, 핀토빈을 푹 삶아 마늘·칠리·양파와 함께 기름에 볶아서 으깬 프리홀레스 레프리토스frijoles refritos(영어로는 refried beans이라고 함), 케사디야quesadillas(토르티야에 치즈를 얹어 반으로 접어 그릴이나 팬에 구운 것으로 다진 고기나 채소 등을 넣기도 함. 치즈를 의미하는 스페인어 퀘소queso에서 이름이 나옴) 등이 그것이다.

토르티야 칩과 프리홀레스 레프리토스

2. 멕시코 음식의 특징

1) 다양하고 독특한 식재료

멕시코는 고원과 밀림, 바다, 호수, 사막, 화산 지대를 고루 갖추고 있어 다른 곳에서는 볼 수 없는 독특한 과일과 채소들이 많이 난다. 시장에는 색색의 과일과 채소가 가득하고, 고기도 칠면조부터 양의 내장까지 다양하다. 아보카도나 선인장 열매도 빼놓을 수 없다. 에스카몰레스escamoles(식용 개미의 유충과 번데기), 차풀리네스chapulines(메뚜기) 등 식용 곤충도 다양하다. 육류로는 닭고기와 돼지고기가 대중적이다. 해안가에서는 해산물도 많이 이용된다.

멕시코인들은 이처럼 풍부한 식재료를 바탕으로 다양한 색채, 강한 맛과 향으로 오감을 자극하는 독특한 음식을 발전시켜 왔다.

2) 식사의 근간인 옥수수 · 콩 · 토마토 · 칠리

옥수수, 콩, 토마토, 칠리(고추)는 멕시코인들의 가장 기본적인 식품으로, 옥수수 반죽으로 만든 납작한 빵 토르티야에 콩 요리, 토마토와 칠리로 만든 살사를 더하면 든든한 한 끼 식사가 된다.

토르티야 만들기

'아메리카 원주민의 문화는 옥수수 문화'라고 할 수 있을 정도로 옥수수는 단순한 식량의 의미를 넘어 인간을 만들고 유지시켜 주는 신격화된 존재였다. 아즈텍의 신화에 따르면 신이 옥수수 반죽으로 인간을 만들었다고 한다.

옥수수는 고원 지대에서 잘 자라며, 오래 저장할 수 있어서 일찌감치 주식으로 자리 잡았다. 마사masa(옥수수를 석회수에 불려 껍질을 벗기고 곱게 간 것)를 둥글납작하게 펴서 구운 토르티야는 수천 년 전부터 현재까지 멕시코인들의 주식이다. 토르티야 위에 토핑을 얹거나 고기·채소·해산물·치즈 등으로 만든 소를 넣어 싸 먹거나 각종 살사(소스)나 스튜에 찍어 먹는다.

콩은 옥수수에 부족한 단백질을 보충하는 중요한 식품이다. '냄비 속의 콩'이라는 뜻의 프리홀레스 드 라 오야frijoles de la olla는 강낭콩에 양파, 마늘, 향기로운 에파조테epazote 잎을 넣어 푹 끓인 것으로 멕시코에서 가장 흔히 먹는 음식의 하나다. 토르티야를 찍어 먹기도 하고 주요리에 곁들이기도 한다.

흔히 먹는 과일과 채소는 토마토, 토마티요tomatillos(수염 토마토), 스쿼시, 고구마, 아보카도, 망고, 파인애플, 파파야, 천년초(선인장 열매의 일종) 등으로 모두 중남미가 원산지인 식품들이다. 특히 토마토는 멕시코인이 가장 즐겨 먹는 채소로 살사를 만들거나 붉은색을 낼 때 사용한다.

멕시코의 칠리
(아바네로, 포블라노, 세라노, 할라페뇨)

고추 역시 멕시코요리에 절대 빠지지 않는다. 고추를 갈아 넣어 톡 쏘는 매운맛을 내기도 하고, 훈제하여 스모키한 향을 내서 쓰기도 한다. 멕시코에서는 고추를 '칠리'라고 부르는데 자주 쓰이는 것만도 30여 종에 달한다.* 색과 모양도 가지각색이고, 맛

---

* 아바네로(habanero), 할라페뇨(jalapeño), 포블라노(poblano), 세라노(serrano), 치포틀레(chipotle) 등이 가장 흔히 쓰인다.

도 아주 매운 것부터 단맛이 나는 것까지 다양하다.

멕시코인들은 과일과 스낵, 아이스크림에도 고춧가루를 뿌려 먹고 음료수에도 고추 맛을 넣는다.

3) 저장 식품의 미발달
멕시코는 추운 겨울이 없기 때문에 겨울나기 저장 식품이 발달하지 않았다. 대부분 신선한 재료를 사용하여 즉석에서 요리한다.

4) 지역별 차이
지역에 따라 지형과 기후가 달라 생산되는 식재료가 다르므로 음식문화도 큰 차이를 보인다.

북부 목축이 이루어지는 지역으로 고기와 우유, 치즈가 풍부하다. 양고기, 쇠고기를 불에 구워 먹고 쇠고기 육포도 유명하다. 밀이 재배되므로 밀가루 토르티야도 즐겨 이용된다.

중부 고원 멕시코 음식 하면 떠오르는 전형적인 식문화가 나타나는 지역이다. 닭고기, 돼지고기, 옥수수 토르티야를 즐겨 먹는다.

동부 해안가 새우, 조개, 굴, 생선 요리가 풍부하다. 생굴 칵테일 '부엘베 알라 비다vuelve a la vida(생명을 되찾다는 뜻)'의 맛은 죽어가는 사람도 맛을 보면 정신을 차린다는 이야기가 있을 정도다.

유카탄반도 주홍색의 아치오테achiote라는 향신료가 유명하다. 지역 명물인 '코치니타 피빌cochinita pibil'에도 들어간다. 코치니타 피빌은 돼지고기를 마늘, 오렌지즙, 향신료, 아치오테를 섞은 양념에 재워 바나나 잎에 싸서 구운 것이다. 갓 구운 토르티야, 양파피클과 함께 먹는다.

아치오테

FOOD TALK TALK

텍스-멕스요리 vs. 멕시코요리

한국의 멕시코 음식점에서 파는 음식의 대다수는 멕시코 전통 요리가 아닌 텍스-멕스요리라는 걸 아는가? 텍스-멕스(Tex-Mex)는 'Texan'과 'Mexican'이 합쳐진 말로, 텍스-멕스요리는 멕시코와 국경을 접한 텍사스의 목장 문화와 멕시코 북부 음식이 버무려진 '미국화된 멕시코 음식'이다. 텍스-멕스요리의 특징은 멕시코요리에는 거의 사용하지 않는 밀가루 토르티야, 체다치즈, 고기(특히 쇠고기), 블랙빈(black bean), 신선한 토마토가 아닌 토마토캔, 커민(향신료의 일종)을 많이 사용한다는 것이다. 다음은 대표적인 텍스-멕스요리들이다.

칠리 콘 카르네chili con carne 줄여서 '칠리'라고도 부른다. 잘게 다진 쇠고기에 칠리, 커민, 마늘, 토마토 등을 넣고 끓인 걸쭉한 소스다. 타코 등에 넣어 먹기도 하고 사이드 디시로도 낸다.
타코 샌드위치 손바닥 크기의 토르티야를 U자형으로 튀겨 칠리 콘 카르네, 콩, 양상추, 양파, 체다치즈, 살사 등을 넣어 먹는 것이다. 과카몰레, 사워크림을 곁들인다. 멕시코 전통 타코는 튀기지 않은 토르티야에 여러 가지 속 재료를 넣어 싸 먹는다.
파히타fajitas 밀가루 토르티야에 야채와 고기를 채 썰어 볶은 것과 고기, 블랙빈소스를 넣어 싸 먹는 음식이다. 미국인이 개발했는데, 스페인어로 '길게 자른 것'이라는 뜻의 'faja'에서 음식명이 유래되었다. 멕시코 음식에서 영감을 얻었지만 멕시코 전통 음식에는 없는 음식이다.
나초nacho 토르티야 칩에 치즈(혹은 치즈소스)를 올려 먹는 음식으로 살사나 과카몰레를 곁들인다. 토르티야 칩을 치즈에 찍어 먹는 간단한 것부터, 토르티야 칩에 칠리 콘 카르네와 치즈, 사워크림 등을 뿌려 내는 '나초 그랑데'까지 종류가 다양하다.

칠리 콘 카르네   타코 샌드위치   파히타

3. 대표 음식

살사salsa·**과카몰레**guacamole 살사는 스페인어로 '소스'를 뜻하며 중남미요리, 특히 멕시코요리에 즐겨 사용된다. 고추가 들어가 매콤한 맛이 나며 토르티야 칩으로 떠먹거나 타코, 부리토 등에 넣어 먹거나 각종 요리에 곁들인다. 살

살사와 과카몰레 　　　　　　　　　타코 　　　　　　　　　엔칠라다

사 로하salsa roja는 붉은색 살사로 토마토, 고추, 양파, 고수 등을 잘게 다져서 섞거나 혹은 곱게 갈아 소금, 올리브유, 레몬즙 혹은 라임즙으로 양념한다. 살사 베르데salsa verde는 녹색 살사로 토마티요(토마토와 비슷한 녹색 채소로 신맛이 남)와 청고추, 고수, 아보카도, 라임즙 등으로 만든다.

　과카몰레는 아보카도를 주재료로 만드는 되직한 소스다. 으깬 아보카도에 토마토, 양파, 마늘, 고수, 라임즙 등을 섞어 만드는데, 풋풋하면서 고소한 맛이 일품이다. 과카몰레는 아보카도를 뜻하는 '아과카테aguacate'와 소스라는 뜻의 '몰레mole'가 합쳐진 말이다. 아즈텍 시대부터 먹어 온 음식으로 토르티야 칩으로 떠먹거나 각종 요리에 곁들인다.

타코taco 손바닥 크기로 부쳐 낸 토르티야에 여러 가지 소를 넣고 쌈처럼 싸 먹는 음식이다. 소는 각종 고기나 해물, 치즈, 고추·양파·양상추·토마토·천 년초·고수 등의 채소 등 다양하다. 토르티야에 소를 넣어 싸 먹는 관습은 마야 시대부터 내려오는 전통이다.

엔칠라다enchilada 옥수수 토르티야에 소를 넣고 말아 칠리소스를 얹어 낸 것으로 아침 식사로 즐겨 먹는다. 소는 고기, 치즈, 콩, 감자, 채소, 해산물 등으로 만든다. 취향에 따라 치즈, 사워크림, 양상추, 올리브, 양파, 고추, 고수 등을 얹어 먹는다. 미국식(텍스-멕스식)은 토마토 베이스의 소스를 듬뿍 얹고 치즈를 뿌려 오븐에 구워 낸다.

부리토burrito 밀가루 토르티야에 콩(프리홀레스 레프리토스)과 가늘게 썬 고기를 넣어 네모난 베개 모양으로 싸 먹는 음식이다. 텍스-멕스식은 콩과 고기 외에 밥, 양상추, 치즈, 과카몰레, 살사, 사워크림, 각종 채소 등 다양한 재료를

부리토

타말

넣는다. 텍스-멕스식 부리토를 기름에 튀기면 치미창가chimichanga가 된다.

칠라킬레스chilaquiles 토르티야를 네 조각으로 잘라 기름에 가볍게 튀기거나 살짝 구워 살사를 부은 뒤, 토르티야가 약간 부드러워질 때까지 익힌 다음, 치즈·양파·아보카도 등을 얹어 먹는 음식이다. 아침 식사로 즐겨 먹으며 프리홀레스 레프리토스, 계란프라이, 과카몰레를 곁들인다.

타말tamal 옥수수 반죽에 짭잘한 혹은 달콤한 소를 넣어 바나나 잎이나 옥수수 잎으로 감싸 푹 쪄낸 것이다. 소는 고기, 치즈, 과일, 채소, 칠리, 몰레 등 다양하다. 서인도 제도를 비롯해 중남미의 다른 지역에도 이와 비슷한 음식이 있다. 아즈텍, 잉카, 마야인들은 전쟁터에 나갈 때 타말을 먹었다고 한다.

포솔레pozole 알갱이가 희고 크고 부드러운 옥수수인 카카우아신틀레cacahuazintle와 돼지고기로 끓인 스튜로 멕시코인들의 컴포트 푸드comfort food다. 돼지고기와 큼직한 옥수수 알갱이들이 국물에 담겨 나오는데 여기에 라임즙, 래디시radish, 양파, 고춧가루를 넣고 휘저어 먹는다. 한국의 감자탕과 비슷한 맛이다.

칠레스 엔 노가다chiles en nogada 녹색의 포블라노 칠리에 다진 고기와 아몬드로 만든 소를 채우고 호두를 넣은 크림소스를 얹어 석류를 뿌려 낸 음식으로, 멕시코 국기의 삼색이 모두 들어가 있다. 멕시코 독립기념일(9월 16일) 무렵에 주로 소비되며, 식당에서 스페셜 메뉴로도 만날 수 있다.*

---

* 아구스틴 데 이투르비데는 멕시코의 독립을 주도한 인물이다. 그가 1821년 8월 24일 스페인 당국과 멕시코의 독립을 인정하는 코르도바 조약을 체결하고 멕시코시티에 입성할 때 푸에블라를 지나게 되었는데, 그곳 주민들이 이 음식을 만들어 대접했다고 한다. 그때가 마침 석류와 호두의 수확철이라 포블라노 칠리와 석류, 호두로 애국심을 담은 기발한 요리를 개발한 것이다.

4. 식사의 구성과 음료

1) 식사의 구성

아침은 커피와 달콤한 롤빵으로 간단히 하며, 가끔 계란이 나오기도 한다. 우에보스 란체로스huevos rancheros(토르티야에 계란프라이를 얹고 토마토소스를 뿌린 것)와 콩을 먹기도 한다. 칠라킬레스도 즐겨 먹는다. 1~3시 사이에 먹는 점심이 하루 중 가장 비중 있는 식사다. 수프, 고기 요리, 밥, 토르티야, 커피, 후식 등이 나온다. 직장인이나 학생들은 토르타torta(빵에다 버터를 바르고 고기, 치즈, 아보카도, 매콤한 칠리 등을 끼워 넣은 멕시코식 샌드위치)나 케사디야로 간단히 때우기도 한다. 저녁은 9시 이후에 가볍게 한다. 멕시코시티를 비롯한 도시에서는 식당에서 정찬 식사를 하기도 한다.

안토히토antojito는 노점상과 시장에서 파는 길거리 스낵을 말하는데 종류가 무척 다양하다. 멕시코인들은 간식으로 안토히토를 즐긴다. 관광객들에게도 놓칠 수 없는 음식이다. 타코, 토스타다tostada, 소페sope, 엠파나다empanada 등이 대중적이다.*

엠파나다

카페 데 오야

아톨레

---

* **토스타다:** 토르티야를 기름에 튀기거나 바삭하게 구워 프리홀레스 레프리토스나 과카몰레를 바르고 채소(토마토·양파·양상추·고수) 등을 얹은 것이다.
소페: 옥수수가루 반죽을 도톰하게 편 뒤 가장자리에 구멍을 내서 기름에 튀겨 프리홀레스 레프리토스, 고기, 치즈, 양상추, 양파, 살사, 사워크림을 얹은 것이다.
엠파나다: 밀가루 반죽 속에 고기나 채소를 넣고 오븐에 굽거나 튀긴 음식으로, 스페인 갈리시아 지방에서 유래했는데 멕시코·칠레·아르헨티나 등 중남아메리카 지역에서도 흔히 먹는다.

2) 음료

음료는 청량음료, 각종 과일(레몬, 오렌지, 망고, 파인애플, 타마린드 등)과 선인장 열매로 맛을 낸 소다수, 즉석 과일주스를 많이 마신다. 커피는 보통 향신료와 설탕을 넣어 달게 마신다. 멕시코 전통 커피인 카페 데 오야café de olla는 뜨거운 물에 계피와 원뿔 모양의 흑설탕을 넣고 끓이다가 커피 가루를 넣고 끓여낸다. 토기로 된 전용 용기에 넣고 끓여야 제맛이다. 냉음료인 오르차타horchata도 유명하다. 기름골tiger nut(덩이뿌리의 일종으로 견과류 비슷한 맛이 남)의 즙 혹은 이의 대용으로 아몬드나 쌀 등을 주재료로 우유, 설탕, 계피 등으로 맛을 낸다. 본래는 스페인 음료인데, 스페인 사람들을 통해 멕시코를 비롯한 중남미로 전해졌다. 아톨레atole는 옥수수가루masa flour에 물, 우유, 설탕을 넣고 걸쭉하게 끓여 계피, 바닐라 등으로 맛을 낸 따뜻한 음료다. 고대부터 마시던 전통 음료로 아침 식사에 즐겨 나오며, 망자의 날에는 꼭 마신다.

멕시코인들의 식탁은 언제나 쾌활하고 떠들썩하다. 흥겨운 분위기를 만드는 데는 술도 한몫한다. 멕시코인들이 가장 즐겨 마시는 술은 단연 맥주다. 한국에도 잘 알려진 코로나 맥주는 보리가 아닌 옥수수로 만든다. 스페인에서 들어온 상그리아sangria(레드 와인에 오렌지·레몬 등의 과일을 썰어 넣고 과즙, 소다수, 감미료를 넣어 하루 정도 냉장고에 두었다가 차게 마시는 음료)도 인기 있다.

멕시코를 대표하는 전통 술로는 테킬라tequila가 첫손에 꼽힌다. 스트레이트로도 마시고, 과즙 등을 섞어 마가리타margarita나 테킬라 선라이즈tequila sunrise 등의 칵테일로도 마신다.

유네스코가 인정한 테킬라

멕시코 특산의 아가베(agave, 용설란과 아가베속 선인장)의 줄기에서 액즙을 채취해 두면 자연 발효되어 하얗고 걸쭉한 '풀케(pulque)'라는 술이 되는데, 아즈텍 사람들은 풀케를 우리의 막걸리처럼 애용했다고 한다. 풀케를 증류한 것이 메스칼(mezcal)이다. 16세기 스페인에서 증류 기술이 도입되면서 메스칼이 개발되었다.

테킬라의 원료 블루 아가베

메스칼 중에서 할리스코주 테킬라 마을 주변에서 나는 특산물인 블루 아가베(blue agave)를 원료한 것만이 '테킬라'라는 이름을 붙이도록 허용되어 있다. 블루 아가베는 할리스코주 등 멕시코의 몇몇 지역에서만 재배되는데 즙과 당분이 풍부하다. 블루 아가베의 줄기를 쪄서 단맛의 액즙을 짜서 발효·증류한 뒤 오크통에서 숙성시킨다. 할리스코주의 블루 아가베 재배지 경관과 테킬라 생산 시설은 2008년 유네스코 세계유산에 등록되었다.

테킬라는 알코올 도수가 40~60도 되는 무색투명한 술이다. 마시는 방법은 손등에 소금을 뿌린 뒤 혀로 핥고 나서 테킬라를 원샷으로 들이키고 라임이나 레몬 조각을 입에 물어 즙을 짜 먹는 것이 정석이다. 이를 '슈터'라고 하며 그 외 슬래머, 바디샷 등의 음주법이 있다. 테킬라는 맛이 산뜻하고 음주법이 독특하여 할리우드 스타들 사이에서 인기를 끌면서 전 세계로 급속히 퍼져 나갔다.

테킬라는 숙성 기간에 따라 여러 종류로 나뉜다. 블랑카(blanca)는 숙성시키지 않은 것으로 무색이며 주로 칵테일 베이스로 사용된다. 오크통에서 2개월~1년 정도 숙성시킨 것을 레포사도(reposado), 1~3년 숙성시킨 것을 아네호(anejo), 3년 이상 숙성시킨 것을 엑스트라 아네호라고 한다. 오래 숙성될수록 맛이 부드럽고 향기로우며 코냑에 버금가는 고급주로 꼽힌다.

5. 식사 예절

멕시코의 식사 예절은 기본적으로 유럽식 에티켓을 따른다.

- 포크는 왼손에, 나이프는 오른손에 쥐고 사용하며 식사 도중 바꿔 쥐지 않는다.
- 음식을 입에 넣고 말하지 않으며 소리를 내며 먹지 않는다.
- 집에 초대를 받았을 때는 예의를 갖춘 단정한 복장을 한다. 안주인에게 간

단한 선물을 사가되 부담을 주는 값비싼 선물은 금물이다.

- 파티 장소를 떠날 때에는 반드시 모든 사람들에게 인사를 하며, 여자들끼리는 볼과 볼을 가볍게 대고, 남자들끼리는 가볍게 포옹하고 악수를 한다.
- 식당에서는 식사 금액의 10~15%를 팁으로 낸다.

CHAPTER 14

아프리카

서아프리카 · 동아프리카 · 남아프리카의
음식문화

아프리카 음식은 아직 우리에게 상당히 낯설고 접할 기회도 드물다. 하지만 글로벌 시각에서 보면 아프리카 음식은 세계적으로 꽤 많이 알려져 있고, 카리브해 지역과 미국 남부 등지의 음식문화에 상당한 영향을 주었다. 대항해 시대 이후 서구 열강들의 식민지 개척이 본격화되고 노예 무역이 확대되면서 흑인 노예들을 통해 미국 남부, 카리브 제도, 브라질 등지에 서아프리카 음식문화가 널리 전파된 것이다. 쌀과 콩이 카리브 제도의 주요 식품으로 자리 잡는가 하면, 미국 남부에서는 서아프리카 음식문화의 영향을 받은 음식들(잠발라야, 검보, 서던 프라이드치킨 등)이 나왔다(12장 미국의 음식문화 참조). 세계인의 사랑을 받는 커피도 아프리카에서 나왔다.

아프리카 대륙은 사하라 사막을 경계로 지중해 문화권이자 이슬람 문화권인 북아프리카와 사하라 남부의 아프리카(주민의 다수가 흑인들인 아프리카)로 구분된다. 양 지역은 인종, 언어, 음식, 문화, 종교, 풍습 등에서 큰 차이를 보인다. 열대 정글, 동물의 왕국, 부시맨과 피그미 등은 모두 사하라 남쪽의 풍경들이다.

북아프리카는 언어·종교·문화·음식 등으로 볼 때 '아랍 문화권'에 포함되므로 7장 아랍의 음식문화에서 간단히 언급했다. 이 장에서는 사하라 남쪽 아프리카의 음식문화를 다룬다.

아프리카의 음식은 지역이나 기후, 종교, 부족 등에 따라 차이가 크다. 하지만 아프리카의 부족들은 이동과 교류를 통해 타지역과 구분되는 동질성을 구축해 왔고, 음식에도 '아프리카 스타일'이라고 부를 수 있는 공통점이 있다.

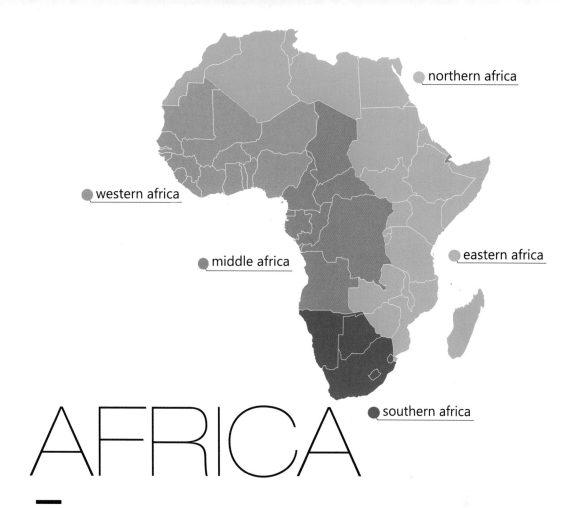

northern africa

western africa

middle africa

eastern africa

southern africa

AFRICA

서아프리카 · 동아프리카 · 남아프리카의 음식문화

아프리카 대륙은 아시아 다음으로 면적이 넓고(세계 육지 면적의 20.4%), 인구가 많다(2020년 기준 세계 인구의 17.4%인 13억 7천만 명). 16~19세기에 에티오피아를 제외한 모든 나라가 유럽 열강의 식민 지배를 받았고, 1950년대 말부터 1960년대 초반에 독립을 이루어 현재 55개의 독립 국가가 있다. 아프리카에는 3,000여 부족이 살며, 부족 단위로 생활을 영위한다. 사용되는 언어는 1,000개가 넘는다. 그만큼 다양한 문화가 존재한다는 뜻이다. 현대화와 서구 문화의 물결이 밀어 닥치고 있지만 아프리카에는 여전히 고유문화가 살아 있다.

1. 아프리카 음식문화의 형성 배경

1) 자연환경

아프리카는 자연환경과 기후가 매우 다양하다. 대륙의 심장이라 할 수 있는 기니만 연안은 열대우림으로 덮여 있고, 이곳을 남북으로 감싸며 광대한 사바나 초원 지대와 사막이 펼쳐져 있다. 북서, 북동, 동쪽으로는 높고 험한 고산 지대가 있다. 대부분 열대 기후이나 남아프리카의 남서 해안과 지중해에 면한 북아프리카 지역에는 지중해성 기후도 나타난다.

  기후에 따라 재배되는 주식이 다르다. 사바나의 농경민들은 조, 피, 수수, 기장 등의 잡곡을 재배한다. 열대우림의 주민들은 카사바, 얌, 타로 등의 근경 재배와 수렵·채집을 한다. 동아프리카의 사바나 유목민들은 가축을 사육해 젖과 요구르트를 주식으로 살아간다. 쌀은 서아프리카의 해안 지역에서, 옥수수는 아프리카 대륙 전체에서 중요한 식량이다.

2) 역사적 배경

노예 무역이 시작되기 전인 15~16세기에 아프리카에는 이미 포르투갈을 비롯한 유럽인들에 의해 아메리카와 아시아의 작물이 전해져 일상 식품으로 자리 잡았다. 아메리카 대륙에서 온 옥수수, 카사바, 플랜틴, 땅콩은 기존의 얌, 쌀, 조에 버금가는 식량이 되었고, 칠리(고추)와 토마토는 필수 식재료가 되었다. 고구마, 감자, 스쿼시(호박의 일종), 호박도 흔히 먹는 식품이 되었다.

16~19세기 동안 유럽 열강들[**]이 아프리카를 지배하는 동안 유럽 음식이 아프리카로 들어왔다. 포르투갈의 무역상, 인도와 말레이시아 등지에서 온 노동자와 이민자들은 각종 향신료와 자기들의 음식을 들여왔다. 그 결과 아프리카 음식에는 여러 문화와 민족의 영향이 혼합되어 있다.

2. 아프리카 음식의 특징

1) 식물성 위주의 식단

아프리카인들의 식사는 구근류(카사바, 얌, 타로, 고구마)나 곡식(옥수수, 조, 수수 등)의 가루, 플랜틴plantain(바나나 비슷한 열대과일) 등의 전분 식품으로 만든 반죽에 수프나 스튜를 곁들이는 것이다.

콩이 주요한 단백질 급원이다. 콩을 삶아 으깨거나 스튜 형태로 끓이거나 경단을 만들어 튀기는 등 다양한 방법으로 요리한다. 땅콩이 가장 인기인데, 날것으로 혹은 볶거나 되직하게 갈아서 여러 음식에 넣는다. 아프리카 토종 콩인 동부콩도 많이 이용한다.

동부콩

채소로는 카사바 잎, 모로고morogo(야생 시금치의 일종), 콜라드 그린collard green(케일과 비슷한 잎채소) 등 푸른잎채소를 즐겨 먹는데, 주로 스튜 형태로 조리한다. 오크라okra(아프리카 원산의 아욱과의 채소)는 수프 등을 걸쭉하게 하는 데 사용한다.

오크라

많은 사람들이 곡식과 구근류, 콩, 채소에 의존해 살아가며 해안

---

[*] 쌀 품종은 크게 *Oryza glaberrima*와 *Oryza sativa*가 있다. 서아프리카 지역에서는 3,000년 전 무렵부터 *Oryza glaberrima*를 재배했다. 16세기에 포르투갈인들이 수확량이 많은 아시아종의 쌀 *Oryza sativa*를 들여오면서 *Oryza glaberrima*의 재배량이 감소하고 있다.

[**] 영국, 이탈리아, 프랑스, 포르투갈, 스페인, 벨기에, 독일 등이 아프리카를 식민 지배했다.

아프리카의 주식 얌·카사바·플랜틴

얌, 카사바, 플랜틴은 녹말이 많은 열대성 작물로 아프리카와 중남미 등지에서 주식으로 먹는다. 얌은 고구마와 생김새나 쓰임새가 비슷하다. 얌을 삶아 찧어서 반죽으로 뭉쳐 먹거나 혹은 튀기거나 볶거나 구워 먹는다. 원산지는 중국인데 서아프리카에서는 아주 오래 전부터 주식으로 이용되었다. 16세기에 흑인 노예들에 의해 아메리카 지역으로 전해져 중남미 일부 지역에서도 주식으로 이용된다.

카사바의 원산지는 브라질인데 카리브 제도에서도 식량으로 이용된다. 마니옥 혹은 유카라고도 한다. 16세기에 포르투갈 무역상들이 브라질에서 서아프리카로 들여온 후 중요한 식량이 되었다. 카사바도 삶거나 굽거나 튀겨서 먹는다. 카사바를 강판에 갈아 즙을 짜내고 건더기를 절구에 곱게 찧어 체에 거르면 쌀알 같이 되는데, 이를 가리(gari)라고 한다. 철판에 가리를 얇게 펴서 노릇하게 구우면 누룽지 맛이 나는 카사바빵이 된다. 타피오카는 카사바녹말을 말하는데, 버블티에 들어 있는 쫄깃한 구슬 알맹이는 타피오카로 만든다.

플랜틴은 생김새가 바나나 비슷한데 바나나보다 크고 무거우며 육질이 단단하고 전분이 많아 단맛이 적다. 녹색일 때에는 감자 비슷한 맛이 난다. 날로 먹기는 어렵고 익혀서 먹는데 주로 굽거나 칩으로 튀겨 먹는다. 속살이 무르면 짓이기거나 볶거나 굽거나 삶거나, 서아프리카인의 주식인 푸푸(fufu) 등을 만든다.

얌   카사바   플랜틴

플랜틴과 함께하는 우간다인의 일생

우간다인은 일생을 플랜틴과 함께 한다. 아기는 플랜틴 잎 위에서 태어나고 탯줄과 태반은 플랜틴나무 아래 묻힌다. 어린이는 찐 플랜틴을 먹으며 자란다. 플랜틴 잎을 깔고 음식을 찌고, 플랜틴으로 술을 빚어 희노애락을 달랜다. 이승에서의 마지막 순간에는 오래된 플랜틴 잎으로 짠 수의를 입고 세상을 하직한다.

아시아의 쌀이 그렇듯이 한 터를 지켜오는 식량은 지역민들의 삶과 깊이 연결되어 있다.

이나 호수, 강에서 물고기를 잡아 단백질을 보충한다. 가장 흔한 종류는 메기, 폐어, 잉어류들이다.

농촌 지역에서는 야생 동물도 많이 이용되며 일부 부족은 설치류, 생쥐, 각종 곤충(메뚜기, 흰개미, 귀뚜라미 등)을 먹는다. 소·양·돼지·닭 등 가축도 키우지만 고깃값이 비싸서 가난한 서민들은 먹기 어렵다. 서민들은 야생 동물의 고기나 닭고기 정도를 먹는다.

열대과일이 풍부한데 서아프리카에서는 아키ackee, 바오밥 열매, 구아바, 파파야, 파인애플, 수박이 가장 흔하다. 동아프리카에서는 무화과, 타마린드, 시어너트shea nut, 야자가 흔히 이용된다. 남아프리카에서는 포도, 살구, 퀸스quince(사과와 배의 중간 맛을 가진 과일로 향이 매우 뛰어남) 등 온대과일이 많이 난다.

아키

2) 굽거나 끓이거나 튀기거나

음식은 주로 불에 굽거나 끓이거나 기름에 튀긴다. 기름은 야자유를 흔히 이용하는데 색이 붉어서 음식이 불그스름한 색을 띤다. 참기름, 땅콩기름, 시어버터(시어나무 열매에서 짠 기름), 코코넛오일도 많이 이용된다. 탄자니아를 비롯한 동아프리카의 면화 재배 지역에서는 면실유도 이용된다.

보프로트(밀가루 반죽을 튀긴 스낵)

길거리 스낵이 많은데 기름에 튀긴 것이 주를 이룬다. 플랜틴 칩이나 밀가루나 콩으로 만든 반죽을 기름에 튀긴 것 등이다.

3) 금기 식품

많은 부족 집단에서 금기 식품이 있다. 예를 들어 짐바브웨의 많은 종족들은 자기네 성이 들어간 짐승이나 식물, 식품을 먹지 않는다. 성이 'Nkomo(소를 뜻함)'라고 하면 쇠고기를 먹지 않는 식이다.

3. 지역별 음식문화

사하라 이남의 아프리카는 역사·지리·종교·문화 등의 차이에 따라 서부, 중부, 동부, 남부 지역으로 구분된다. 중부의 경우 동쪽은 동아프리카와 서쪽은 서아프리카와 식문화가 비슷하다.

1) 서아프리카의 음식문화

서아프리카에는 대서양에 면한 세네갈, 가나, 나이지리아, 토고 등과 내륙 사바나 지대의 말리, 니제르 등이 포함된다. 과거 노예 무역이 행해지던 곳으로, 여기서 끌려간 흑인 노예들이 카리브 제도, 미국 남부, 브라질 등지에 서아프리카의 식재료와 조리법을 퍼뜨렸다. 쌀을 먹는 식습관, 튀기는 조리법, 얌, 수박, 동부콩, 오크라, 콜라드 그린, 아키, 콜라 넛cola nut* 등이 그것이다.

푸푸와 에구시수프

(1) 주식은 푸푸

서아프리카 지역의 주식은 푸푸fufu다. 푸푸는 얌, 카사바, 플랜틴 등을 삶아 절구에 찧어 반죽으로 뭉친 것이다. 푸푸를 오른손으로 떼어 스튜(땅콩스튜, 오크라스튜 등)나 수프에 찍어 먹는다. 카사바가루인 가리gari나 옥수수, 조, 수수 등의 곡물 가루로 푸푸나 죽을 만들어 먹기도 한다. 쌀밥도 많이 섭취된다.

　사하라 사막과 인접한 사바나 지대에서는 유목민들이 낙타·양·염소·소 등을 키우며 가축의 젖으로 살아간다.

(2) 맛내기 방법

토마토, 고추, 양파가 거의 모든 음식에 양념으로 사용된다. 코코넛밀크, 각종 향신료, 허브, 훈제한 메기도 자주 이용된다.

　소스의 맛을 내거나 걸쭉하게 하기 위해 견과류와 씨앗을 사용한다. 망고씨, 캐슈넛, 수박씨, 콜라 넛, 참깨 등을 말려서 갈아 넣는다.

(3) 대표 음식

졸로프 라이스jollof rice 나이지리아를 비롯해 서아프리카 권역에서 제일 유명한

---

* 콜라 넛은 콜라나무의 씨앗으로 원래 콜라의 재료였지만, 지금은 대량 생산을 위해 합성 향료를 사용한다. 서아프리카에서는 여럿이 모여 콜라 넛을 씹으며 피로를 푸는 관습이 있다.

쌀 요리로 축제나 정찬 식사에 즐겨 등장한다. 졸로프 왕국(현재 세네갈의 일부를 차지하던 왕국)에서 나왔는데 현재는 서아프리카 전역에 퍼져 있다. 쌀, 토마토, 토마토 페이스트, 양파, 메기, 홍피망 등으로 만들며 커리가루curry powder를 넣기도 한다. 우크와카 ukwaka(옥수수와 플랜틴으로 만든 푸딩)와 모인모인moin-moin(동부 콩을 갈아서 민물 가재살 등을 넣고 찐 것)과 함께 낸다.

졸로프 라이스

이코코레ikokore 민물 가재살과 얌으로 끓인 스파이시한 스튜로 밥, 얌, 카사바, 옥수수와 함께 먹는다.

아카라akara 동부콩을 물에 불려 곱게 갈아 훈제한 메기, 양파, 다진 고추 등으로 양념하여 기름에 튀긴 것으로 칠리소스에 찍어 먹는다. 스낵이나 사이드 디시로도 내고, 아침 식사로도 먹는다. 본래 나이지리아 음식인데, 흑인 노예들을 통해 브라질과 카리브 제도로 전해져 대중화되었다.

수야suya 숯불에 구운 꼬치구이를 말하며 노점상에서도 판다. 땅콩과 고추를 넣은 매콤한 소스를 발라서 굽는다.

피리피리소스piri piri sauce 매운맛이 강한 피리피리고추와 양파, 마늘, 레몬즙, 소금, 설탕, 후추, 파프리카, 식초, 올리브유를 곱게 갈아서 만든 매콤한 소스다. 필리필리pili pili소스라고도 한다. 본래 포르투갈 음식인데 나이지리아와 남아프리카공화국·앙골라·모잠비크 등 포르투갈의 영향을 받은 지역으로 전파되었다. 나이지리아에서는 필리필리소스가 항상 식탁에 올라오며, 이것을 각종 음식에 넣어 먹는다.

스낵류 보프로트bofrot(밀가루에 효모를 넣고 반죽하여 작은 공 모양으로 튀긴 스낵), 쿨리쿨리kuli-kuli(땅콩을 곱게 갈아 설탕을 넣고 둥글게 혹은 둥글납작하게 빚어 튀긴 스낵), 친친chin-chin(밀가루, 버터, 우유, 설탕, 계란 등으로 만든 반죽을 도톰하게 밀어서 작은 주사위 모양으로 잘라 튀긴 스낵) 등이 있다.

(4) 식사의 구성과 음료

한 나라 안에도 여러 부족이 있고, 지역·종교·경제 수준 등에 따라 식생활의 차이가 크기 때문에 서아프리카 전체에 적용되는 식사 유형을 제시하기는 어렵다. 서아프리카의 대국으로 꼽히는 나이지리아의 경우를 예로 들면 다음과 같다.

하루 세 끼가 일반적이다. 아침은 가볍게 먹는다. 밥과 망고 혹은 콩으로 만든 스튜, 플랜틴튀김, 전날 저녁에 먹다 남은 음식을 먹는다. 11시경에 먹는 점심이 주된 식사다. 점심으로는 모인모인이 즐겨 나온다. 스튜와 수프도 흔히 먹는데 에구시egusi수프*와 팜넛palm nut수프**가 가장 대중적이다. 에포리로 efo riro(푸른잎채소, 피망, 야자유 등으로 끓이는 스튜)도 많이 섭취된다. 늦은 저녁에 먹는 저녁 식사도 점심과 비슷하다.

음식은 커다란 접시에 담아 공동으로 먹으며, 우리나라처럼 모든 음식을 동시에 차려낸다. 서아프리카와 동아프리카에는 전통적으로 디저트 문화가 없다. 단맛의 디저트 대신 신선한 과일을 후식으로 먹는다.

2) 동아프리카의 음식문화

동아프리카에는 에티오피아, 에리트레아, 수단, 소말리아, 케냐, 탄자니아, 우간다, 지부티, 마다가스카르 등이 포함된다. 동쪽은 홍해를 사이에 두고 아라비아반도와 인접해 있고 남동쪽은 인도양과 접해 있다. 이런 지리적 위치로 인해 동아프리카는 예로부터 아랍과 인도의 영향을 많이 받았다.

10세기 이후 동아프리카 연해 무역이 성황을 이루면서 아랍 상인들이 해안가에 정착했다. 이들은 인도와 동남아시아에서 향신료(사프론·정향·계피 등)와 쌀, 건과류 등을 들여왔고, 아랍어와 이슬람교를 전파했다. 그 결과 동아프리카 여러 나라에서 아랍어를 공용어의 하나로 사용하며 무슬림 인구

---

* 고기, 에구시, 고추, 말린 민물 가재, 양파, 야자유를 넣고 끓인 노란색이 나는 스파이시한 수프다. 에구시는 서아프리카에서 씨를 얻기 위해 재배하는 수박의 하나로, 말린 씨는 기름이 풍부하고 비타민B의 좋은 급원이다.
**고기, 고추, 토마토, 양파, 야자유로 끓이는 수프다.

도 많다.

영국인들이 동아프리카 지역을 식민 지배하면서 인도에서 노동자들을 많이 데려 왔는데, 이 과정에서 커리·차파티·처트니 등의 인도 음식이 들어와 대중화되었다. 동아프리카 음식에는 ㅌㅌ와 코코넛밀크, 고추를 비롯한 다양한 향신료가 사용되는데 이는 인도 음식의 영향이다.

(1) 주식은 우갈리

동아프리카의 대표적인 주식은 우갈리ugali다. 옥수수가루를 물에 풀어서 되직한 반죽으로 익힌 것으로 서아프리카의 푸푸와 비슷한데 재료가 옥수수라는 점이 다르다. 케냐, 탄자니아에서는 우갈리라 부르고, 지역에 따라 사자sadza, 은시마nsima 등 여러 이름으로 불린다. 우갈리를 손으로 떼어 채소나 콩으로 만든 스튜나 소스에 찍어 먹는다. 남아프리카 지역에서도 우갈리를 먹는다.

우갈리

고산 지대에 위치한 에티오피아, 에리트레아, 소말리아에서는 인제라injera가 주식이다. 테프teff(고산 지대에서 자라는 벼과 식물의 일종)가루를 물로 반죽해 사나흘 정도 방치하면 자연 발효되어 시큼한 반죽이 되는데, 이것을 팬에 얇고 둥글게 부친 것이다. 스펀지 같이 폭신하고 톡 쏘는 시큼한 맛과 쌉쌀한 맛이 난다. 인제라를 손으로 뜯어 수프나 스튜를 떠먹거나, 샐러드 등의 음식을 집어 먹는다. 이처럼 인제라는 음식이자 식사 도구이기도 하다.

지역에 따라 카사바, 플랜틴, 얌, 감자, 조, 피, 수수 등으로 반죽을 만들거나 죽을 끓여 주식으로 먹는다. 해안가와 호수 지역에서는 쌀도 많이 이용된다.

(2) 유목민의 주식 '젖과 피'

케냐 북부에서 탄자니아에 이르는 건조한 사바나 지역에서는 마사이족, 투르카나족 등이 소, 양, 염소 등을 키우며 반유목 생활을 한다. 이들의 주식은 소의 젖과 피다. 우유를 호리병에 담고 소의 목을 지나는 경정맥을 찔러 고통 없이 피를 받아 섞은 후 며칠 놓아 두어 발효시켜서 먹는다. 혹은 조롱박

커피의 고향 에티오피아

에티오피아 남서부에 있는 카파(Kaffa) 지방은 커피의 기원지로 알려져 있다. 아비시니아고원에 자리한 에티오피아는 연중 서늘한 날씨가 이어져 커피 재배에 최적의 기후 조건을 갖추고 있다. 커피 종주국답게 아프리카에서 커피를 가장 많이 생산하고, 세계에서도 5, 6위를 다툰다. 특히 '예가체프(Yirgacheffe)' 커피는 풍부한 과일향과 상쾌한 신맛으로 커피 애호가들의 사랑을 받고 있다.

에티오피아의 커피 세레모니

에티오피아에서는 커피를 '분나', '부나' 등으로 부른다. 에티오피아인들은 기쁠 때나 손님을 환대할 때, 슬픔에 잠긴 이웃을 위로할 때나 기도할 때 커피 세레모니(분나 마프라트(bunna maffrate))를 한다. 세레모니는 주로 여성이 주관하며 커피콩을 볶고, 갈고, 끓여서 잔에 담아내는 전 과정을 포함한다. 먼저 'Ketma'라는 풀을 깔고 아궁이를 만들어 불을 피우고 절구로 커피 열매를 벗겨 물로 씻고 팬에 볶는다. 볶은 원두를 절구로 빻아 가루로 만들어 '지베나(jebena)'라는 토기 주전자에 넣고 마지막에 소금을 조금 넣는다. 커피가 끓여지는 동안 기도문을 외우고 세 잔에 나누어 따른다. 각 잔에는 의미가 있는데, 첫째 잔은 우애를, 둘째 잔은 평화를, 마지막은 축복을 뜻한다. 에티오피아의 커피 세레모니는 일상적인 오락인 동시에 함께 모여 대화를 나누기 위한 필수 요소다.

에 피를 받아 나뭇가지로 휘저어 엉긴 피를 꺼내고(이건 따로 구워 먹는다), 우유와 피를 동량으로 섞어 마시기도 한다.

기후 변화로 스텝 지역이 사막화되고 현대적인 생활 방식이 도입되면서 최근에는 유목민들도 가축의 피와 젖뿐만 아니라 일반적인 음식도 먹고 있다.

(3) 대표 음식

비리야니와 필라프 닭고기·양고기 등의 고기, 채소, 사프란 등을 넣고 지은 밥이다. 본래 북인도 음식인데 동아프리카 해안 지역에서도 많이 먹는다.

왓wot 고기(쇠고기·양고기·닭고기·염소고기 등)와 콩(렌틸콩·병아리콩 등), 여러 가지 채소로 끓인 스파이시한 스튜를 총칭한다. 예를 들어 렌틸콩으로 끓인 왓은 미시르왓이다. 왓은 에티오피아와 에리트레아 국민 음식으로 매운 양념인 베르베레berbere가 항상 들어간다.

냐마 초마 카춤바리 만다지

냐마 초마nyama choma 고기를 양념에 재웠다가 석쇠에 굽는 바비큐는 아프리카 전역에서 인기가 있다. 지역마다 부르는 이름과 조리법이 다른데 케냐에서는 '냐마 초마'라고 한다*. 굵게 빻은 고춧가루, 소금, 마늘, 생강, 양파, 레몬즙 등을 섞어 고기를 재운다. 일반적인 고기는 물론이고 악어, 낙타, 타조고기로도 만들며 전문식당도 많다. 냐마 초마에는 삶아 으깬 채소를 곁들인다.

카춤바리kachumbari 신선한 토마토와 양파를 다져서 만든 샐러드로 풋고추, 라임즙, 올리브유, 고수로 맛을 낸다. 멕시코의 살사 로하와 비슷한 것으로 주요리나 스낵에 곁들인다. 카춤바리는 대항해 시대 이후 대륙 간 교류가 활발해지면서 여러 지역의 식재료가 합쳐져 나온 음식이다. 토마토·고추는 중남미, 올리브·고수는 지중해 지역, 라임은 인도 북동부에서 미얀마 북부와 말레이시아가 원산지이다. 본래는 포르투갈 음식인데 중남미 각지, 이스라엘을 비롯한 동부 지중해 지역에도 많이 이용된다.

만다지mandazi 밀가루에 효모, 계란, 우유, 버터, 계피 등을 넣고 발효시켜 기름에 튀긴 납작한 도넛으로 아침이나 스낵으로 먹는다. 남녀노소 누구나 좋아하며 동아프리카 전체에 퍼져 있다.

(4) 식사의 구성과 음료

케냐의 경우를 예로 들면 다음과 같다. 만다지를 커피 혹은 홍차에 적셔 아침을 먹는다. 혹은 차파티(인도의 납작한 빵)를 커피에 적셔 먹기도 한다. 홍

---

* 나이지리아에서는 수야(suya), 남아프리카에서는 브라이(braai)라고 한다.

차는 '차이'라고 하는데 물에 찻잎과 우유, 설탕을 듬뿍 넣어 끓여낸다. 인도의 차이(밀크티)와 비슷하다.

점심이 가장 비중 있는 식사다. 고기(쇠고기, 염소고기, 양고기)에 우갈리, 차파티, 기테리githeri*, 마토케matok** 등을 곁들인다. 후식으로는 망고, 파파야, 파인애플 등의 신선한 과일을 먹는다. 저녁 메뉴도 점심과 비슷하다.

길거리 스낵으로는 삼부사sambusas***(다진 고기를 넣은 삼각형의 튀긴 만두)가 가장 대중적이다.

동아프리카에서 널리 마시는 전통주는 옥수수와 수수로 빚은 술이다. 옥수수와 수수로 죽을 쑤어 하루를 방치한 뒤 물을 넣고 끓여 뚜껑을 덮어 자연 발효시켜서 베보자기에 넣어 짜낸다. 바나나 술banana beer(으깬 바나나에 곡물(수수·조·옥수수) 가루를 넣고 발효시킨 술로 단맛이 돌면서 약간 뿌연 색이 남)도 아프리카 전역에서 인기가 많다.

3) 남아프리카의 음식문화

남아프리카 지역에는 남아프리카공화국, 앙골라, 보츠와나, 레소토, 말라위, 모잠비크, 나미비아, 잠비아, 짐바브웨 등이 포함된다.

남아프리카의 음식문화 역시 여러 문화와 민족의 영향이 혼합된 것이다. 아프리카 원주민의 문화와 포르투갈·네덜란드·영국 등 이곳을 정복, 지배했던 유럽인들이 들여온 문화, 말레이시아와 인도네시아에서 온 무슬림 노예 및 인도와 유럽(독일, 프랑스 등) 등지에서 들어온 이주민의 문화, 무역상을 통해 들어온 아시아의 향신료와 식재료 등이 버무려져 있다.

---

* **기테리**: 옥수수와 각종 콩, 채소(당근·양파·샐러리·피망)에 마늘·토마토·커리가루 등을 넣고 걸쭉하게 끓인 스튜다.
** **마토케**: 마토케 바나나에 큼직하게 자른 고기와 감자를 넣고 마늘·양파·토마토·커리가루 등을 넣어 푹 끓인 스튜다. 마토케는 풋과일일 때 따서 익혀 먹는 바나나의 일종으로 전분이 많아 단단하다. '동아프리카 고원 바나나'로 불린다. 우간다, 탄자니아, 그레이트호(Great Lakes) 주변 나라 등 동아프리카 주민들의 식사에서 중요한 부분을 차지한다.
*** 삼부사는 아랍의 삼부삭, 북인도의 사모사와 대동소이하다. 아랍에서 먹던 삼부삭이 13~14세기 아랍 무역상들에 의해 북인도로 전해져 사모사가 되었고, 다양한 경로를 통해 동아프리카에도 전해져 삼부사가 된 것으로 볼 수 있다.

유럽인들은 소시지, 파이, 빵, 와인 등을 들여왔고, 말레이인과 인도인은 커리와 여러 향신료(고수·커민·심황·계피·정향·카다멈 등)를 가져왔다. 그 결과 네덜란드나 영국에서 건너온 밋밋한 맛의 음식에 이들 향신료가 더해져 풍부한 향을 가진 '아프리카 음식'이 만들어졌다. 일례로 남아프리카공화국의 국민 음식의 하나인 보보티bobotie에는 커리가루·강황·고수씨·커민·월계수잎 등 각종 향신료가 듬뿍 들어간다.

(1) 주식은 옥수수

남아프리카인들의 주식은 옥수수다. 옥수수가루에 물을 넣고 끓여 반죽으로 만들거나 죽, 찐빵 등을 만들어 먹는다. 옥수수가루로 만든 반죽은 아프리카 전역에서 먹는 대표적인 주식으로 남아프리카공화국에서는 밀리팝mieliepap, 동아프리카에서는 우갈리ugali, 짐바브웨에서는 사자sadza 등 다양한 이름으로 불린다. 지역에 따라 밀, 조, 쌀, 수수 등도 주식으로 이용된다.

바다와 인접한 지역에서는 해산물도 많이 이용된다. 대서양에서는 헤이크(대구류의 생선)가 많이 잡히며 바닷가재, 홍합, 문어, 대구, 왕새우, 오징어, 게도 흔하다.

(2) 온대성 채소와 과일

남아프리카공화국은 열대 기후가 주로 나타나는 타지역과 달리 사계절이 있는 온대 기후를 보인다. 특히 남서해안은 지중해성 기후 지역으로 포도, 감귤이 많이 나오며 와인도 생산된다. 그 밖에 오이, 당근, 양배추, 그린빈스, 살구, 자몽, 퀸스 등의 온대성 채소와 과일이 다양하게 나온다.

(3) 대표 음식

포이키코스potjiekos 포이키potjie는 네덜란드의 세발솥으로 17세기에 네덜란드인에 의해 남아프리카로 들어왔다. 포이키코스는 이 세발솥을 장작이나 석탄불 위에 올려 각종 고기와 당근, 양배추, 감자, 토마토 등을 썰어 넣고 와인과 마늘, 커리가루 등의 향신료를 넣어 4~6시간 뭉근히 끓여내는 스튜다. 초기 정착자들이 개발한 야외 요리로 사냥한 동물, 채소, 야생에서 채취한 식물 등 주변에서 구할 수 있는 재료를 넣어 푹 끓여 먹던 데서 유래했다. 밥 위에 얹거나 빵이나 밀리팝과 함께 먹으며, 향긋한 와인을 곁들인다.

빌통biltong 고기를 길게 채 썰어 염지·건조한 육포로 안주나 간식으로 애용된다. 한입 크기로 자른 빌통과 말린 과일을 봉지에 넣고 다니며 스낵으로 먹는다. 과거엔 사냥한 고기를 많이 활용했으나 요즘엔 쇠고기와 타조고기를 많이 쓴다.

보보티

보보티bobotie 다진 고기를 각종 향신료(커리가루·강황·고수씨·커민·월계수잎 등)에 볶아서 우유에 적신 빵 조각을 으깨서 섞은 뒤 계란물을 부어 오븐에 구워 낸 것이다. '보보티bobotie'의 어원은 인도네시아어 '보보톡bobotok'이다. 보보톡은 코코넛 과육에 고기, 향신채(고추·마늘·양파) 다진 것 등을 섞어 바나나 잎에 싸서 찐 것이다. 영국 음식인 브레드푸딩에 말레이시아의 향신료, 인도네시아의 보보톡이 결합된 음식으로 동인도회사의 노동자로 끌려 온 인도네시아인들이 만들어 먹으면서 시작되었다. 남아프리카공화국의 국민 음식의 하나로 쌀밥, 바나나, 처트니 등을 곁들여 먹는다.

브라이braai 양고기, 쇠고기, 닭고기, 타조고기, 악어고기 등 각종 고기를 숯불에 구워 먹는 남아프리카공화국의 바비큐다. 양의 간을 갈아 양념하여 양막으로 감싼 미트볼인 스킬파지스skilpadjies, 쇠고기에다 양고기·돼지고기(and/or)를 섞어 만든 소시지인 부레보르스boerewors, 각종 채소 등 구워 먹을 수 있는 모든 것이 브라이의 재료가 된다. 브라이에는 치즈·토마토·양파를 넣어 그릴에 구운 샌드위치와 샐러드를 곁들인다.

고기를 잘라 꼬치에 꿰어 굽는 꼬치구이는 수사티sosaties라고 한다.

버니 차우 bunny chow 식빵의 속을 파내고 양고기커리를 채운 음식으로 남아프리카공화국에서 가장 인기 있는 길거리 스낵이다. 정확한 기원은 밝혀져 있지 않지만 인도계 주민들이 많은 더반에서 만들어진 것으로 알려져 있다. 유럽과 인도 식문화의 콜라보로 이해할 수 있다.

버니 차우

(4) 식사의 구성과 음료

남아프리카공화국에서는 아침으로는 푸투팝putu pap에 우유와 설탕, 버터를 넣어 먹는다.

옥수수가루에 물을 붓고 익힌 것을 '팝pap'이라 통칭하는데, 푸투팝은 밀리팝보다 물을 적게 넣어 고슬고슬하게 만든 것이다. 러스크rusk(식빵을 얇게 썰어 설탕과 계란 흰자 섞은 것을 발라 오븐에 바삭하게 구운 것)도 아침으로 즐겨 나오며 홍차와 커피를 곁들인다.

점심은 샌드위치, 수프 등으로 간단히 한다. 혹은 밀리팝에 차카라카chakalaka(토마토, 양파, 베이크드빈 등으로 만든 매운맛의 채소 스튜)나 진한 스튜를 얹어 먹기도 하고, 주요리에 푸투팝과 옥수수빵을 곁들이기도 한다.

차카라카

저녁은 간단히 먹기도 하고 정찬으로 잘 차려먹기도 한다. 후식으로는 과일이나 푸딩, 밀크 타르트melktert(파이 껍질에 커스터드를 채우고 계피 가루를 얹은 디저트) 등을 먹는다. 밀크 타르트는 남아프리카공화국 케이프타운에 정착한 네덜란드인들이 만든 것으로 알려져 있다. 유럽 음식문화의 영향을 많이 받은 남아프리카공화국에는 디저트 문화가 있다.

식사에는 물이나 와인, 옥수수로 빚은 맥주를 곁들인다. 대중적인 음료는 차와 커피다. 특히 차를 굉장히 즐겨 마시는데 아침(5~6시)에 일어나면 바로 모닝티를 마신다.

4. 식사 예절

아프리카에서는 전통적으로 수식手食을 하므로 음식을 먹기 전에 손을 깨끗이 씻는다. 식당에서는 음식을 주문한 후 손을 씻으러 가는데, 가정집에 손님으로 갔을 때는 집주인이 손에 물을 부어 준다.

가정에서는 커다란 식기에 담긴 음식을 공동으로 먹는다. 이는 공동체 의식과 소속감을 다지는 행위다.

음식을 먹거나 건넬 때는 오른손으로 한다. 왼손을 사용하면 매너에 어긋난다.

남아프리카공화국의 도시인들은 서양식으로 포크와 나이프를 사용하며, 시골에서는 손과 숟가락을 사용한다.

CHAPTER 15

오세아니아

호주의 음식문화

오세아니아는 호주대륙과 뉴질랜드를 비롯한 태평양에 산재한 1만 개 이상의 섬들을 지칭한다. 태평양의 섬들은 인종·언어·문화의 동질성에 따라 폴리네시아, 미크로네시아, 멜라네시아로 나뉜다*. 이곳에는 원주민인 폴리네시아인, 미크로네시아인, 멜라네시아인과 근대 이후 이곳으로 이주해 온 유럽인, 중국인, 일본인, 인도인, 혼혈인 등이 살고 있다.

양고기·쇠고기 등이 풍부하게 생산되는 호주와 뉴질랜드는 육류가 식사의 중심이지만, 그 밖의 섬나라들은 식사에서 해산물의 비중이 높다. 오세아니아 원주민들의 전통적인 식량은 감자, 고구마, 타로, 얌 등의 구근류이다. 코코넛 열매에서 얻는 코코넛밀크, 코코넛오일, 코코넛슈가(야자 설탕)가 식재료로 널리 쓰인다. 오세아니아 전체를 관통하는 가장 특징적인 조리법은 earth oven에 조리하는 것이다. 땅을 파고 구덩이에 돌을 넣어 뜨겁게 달군 뒤 그 위에 바나나 잎 등으로 감싼 고기를 얹어 흙을 덮어 천천히 익혀내는 방식이다. 이는 파푸아뉴기니에서 유래된 조리법으로 뱃사람들을 통해 오세아니아 전체로 전파되었다. 하와이의 대표 음식 '칼루아 피그'도 이 방법으로 조리한다.

* **폴리네시아:** 오세아니아 동쪽 해역에 분포하는 수천 개 섬들을 지칭한다. 폴리네시안 삼각형(하와이 제도, 뉴질랜드, 이스터 섬을 세 정점으로 하는 삼각형)의 내부에 산재하는 섬들이 이에 속한다. 뉴질랜드, 타히티섬, 통가, 사모아, 투발루, 쿡아일랜드, 프랑스령 폴리네시아, 하와이 등이 포함된다. 폴리네시아인들의 조상은 6천~8천 년 전에 아시아 본토에서 뉴기니로 이주해 살다가 동쪽으로 이동해 간 것으로 보고 있다.

미크로네시아: 남서태평양에 있는 수천 개의 작은 섬들로 이루어진 지역을 말한다. 서쪽으로는 필리핀, 동쪽으로는 폴리네시아, 남쪽으로는 멜라네시아가 있다. 미크로네시아에는 1개의 자치령(괌)과 5개의 독립국(팔라우, 미크로네시아 연방공화국, 키리바시, 나우루, 마셜제도공화국)이 있다. 미크로네시아인은 인종적으로 폴리네시아인과 가까우나 몽골로이드 혈통의 영향이 크고 멜라네시아인의 영향도 있다.

멜라네시아: 호주 북동쪽 태평양의 섬 지역을 일컫는다. 파푸아뉴기니, 솔로몬 제도, 바누아투, 뉴칼레도니아, 피지 등이 포함된다. 주 재배 작물은 토란과 바나나이다.

AUSTRALIA

호주의 음식문화

- **면적** 7,690,000㎢
- **인구** 24,990,000(2020년)
- **수도** 캔버라
- **종족** 앵글로색슨(80%), 기타 유럽 및 아시아계(17.3%), 원주민(2.7%)
- **공용어** 영어
- **종교** 기독교(67%), 무교(26%), 기타(불교, 이슬람교 등)(7%)
- **1인당 명목 GDP(US달러)** 62,619(2021년)

호주 하면 양이나, 코알라, 캥거루 같은 자연풍경이 먼저 떠오른다. 음식은 어떨까? 호주는 영국의 식민 지배를 받은 역사가 있어 앵글로색슨계 영국 문화가 문화의 기저를 이루고 있다. 피시 앤 칩스, 스테이크 앤 키드니 파이, 미트 파이, 소시지, 선데이 로스트와 요크셔푸딩 등의 영국 음식을 호주에서도 즐겨 먹으며 영국처럼 펍 문화가 활성화되어 있다.

미국과 친교를 이어오는 동안 햄버거, 핫도그, surf and turf(메인 코스로 해산물 요리와 고기 요리가 한 접시에 나오는 것) 등의 미국 음식이 호주 음식으로 자리 잡았다. 이처럼 호주 음식은 영국, 미국과 닮은 점이 많지만 호주만의 개성도 있다. 호주는 영국으로부터 독립한 직후부터 이민자를 받아들여 여러 인종들이 섞여 사는 다문화·다인종 국가가 되었고 현재도 이민이 상당히 활발하다. 호주 고유의 식재료와 다국적 이민자들의 음식이 결합되어 호주만의 독특한 음식문화를 형성하고 있다.

1. 호주 음식문화의 형성 배경

1) 자연환경과 농 · 수 · 축산업

호주는 오스트레일리아 대륙과 태즈메이니아섬 등을 국토로 하며 알래스카를 제외한 미국의 영토와 크기가 비슷하다.

남회귀선이 국토의 중앙을 동서로 종단하고 있어 국토의 39%가 열대권에 속한다. 내륙은 사람이 살기 어려운 메마른 불모지이거나 사막이어서 인구의 대부분은 기후가 온화한 동남부 해안 지역에 산다. 시드니, 멜버른, 브리즈번, 캔버라 등 주요 도시들도 이곳에 몰려 있다. 밀·사탕수수·과수·견과류 등의 경작과 낙농업도 주로 이 지역에서 행해진다. 사막을 둘러싼 광대한 스텝 지역에서는 양과 소를 방목한다. 양과 소를 많이 키우다 보니 호주의 1인당 육류 소비량은 미국에 이어 세계 2위에 달한다[*]. 호주산 양고기와 쇠고기는 국내에도 많이 수입되고 있다[**].

---

[*] 2018년 기준 호주의 1인당 육류 소비량은 203파운드(약 92.1kg)로 미국(219파운드)에 이어 세계 2위의 육류 소비국이다.

[**] 2021년 기준 호주산 양고기는 국내 양고기 시장의 90% 이상을 점하고 있고, 호주산 쇠고기는 미국산 쇠고기에 이어 국내 쇠고기 수입량의 2위를 차지하고 있다.

호주는 사면이 바다로 둘러싸여 있어 해산물이 풍부하다. 모어튼베이 버그, 바라문디, 진흙게, 참새우, 왕새우, 전복, 굴이 특히 유명하다. 시드니의 명물 록오이스터 rock oyster는 세계적으로 유명한데 살이 단단하고 맛이 깊다. 레몬즙을 뿌려 날로 먹거나 치즈 등을 뿌려 구워 먹는다.

모어튼베이 버그

제철 채소와 열대과일(파파야, 바나나, 파인애플, 아보카도, 망고 등)도 풍부하게 나온다. 과일 중에서는 시드니에서 개발된 그라니 스미스Granny Smith 사과*가 유명하다. 즐겨 먹는 채소는 비트, 당근, 감자, 브로콜리, 콜리플라워, 샐러리, 피망, 양파, 양배추, 주키니호박 등이다.

그라니 스미스 사과

2) 원주민들의 식품

호주에는 적어도 5만 년 전부터 남아시아 지역에서 건너온 것으로 추정되는 원주민들이 살고 있었다. '애버리지니Aborigine'라고 불리는 원주민들은** 캥거루·왈라비·에뮤 등의 야생 동물을 사냥하거나 물고기나 곤충을 잡거나 식물의 열매·씨앗·잎·뿌리 등을 채집해 먹으며 살았다. 이들이 먹어 온 식품을 '부시터커bush tucker'라고 부른다. 과거에는 미개한 식품으로 경시되다가 1970년대부터 건강식품으로 인정받으며 시장이 급성장했다. 일부 품목은 상업적 생산도 이루어져 호주요리의 재료로 널리 사용되고 고급 식당에서도 부시터커 요리를 팔고 있다.

---

* 껍질은 연녹색이고 과육은 단단한 편이나 즙이 있고 아삭하면서 신맛이 난다.
** 호주 원주민들은 곱슬머리, 까만 피부, 넓게 퍼진 코와 입술을 가진 인종으로 인도 남부나 파푸아뉴기니 계통의 혈통이다. 현재 호주 인구의 2.7%를 차지한다.

건강식으로 떠오른 '부시터커'

부시터커의 종류는 호주 원산의 잎·약초·과일·씨앗·버섯·꽃·채소·동물·조류·파충류·곤충·물고기 등 매우 다양하며 5,000여 종이 알려져 있다. 식물에는 향신료와 차로 사용하는 레몬 머틀, 와틀 씨(호주산 아카시아인 와틀의 씨앗으로 분쇄하여 밀가루 대용으로 활용하거나 향료로 사용함), 비타민C가 풍부한 과일 콴동, 부시토마토(호주 원산의 야생 토마토), 엽산이 풍부한 라이베리(열대우림 나무인 라이베리의 열매로 시큼하면서 톡 쏘는 맛이 남), 영양가가 높은 쿠라종(호주 병나무로 씨앗을 먹음), 마카다미아 등이 있다. 동물로는 캥거루·악어·에뮤 등의 고기나 알을 이용해 스테이크를 만들거나, 수프 또는 스튜로 만들어 먹는다. 이 밖에 가재나 곤충 또는 곤충의 애벌레(유령나방의 유충인 witchetty grub이 대표적)를 재료로 한 요리도 있다. 국내에서도 식당에서 레몬 머틀 차를 내주기도 하고, 마카다미아는 마트 등에서 팔리고 있다.

레몬 머틀

witchetty grub

3) 식민 지배와 이민자들의 영향

호주 음식은 기후와 생산되는 작물 외에 호주에 정착한 사람들의 식기호 영향을 크게 받았다. 영국이 호주를 식민 지배하면서 영국 음식이 호주 음식의 토대를 형성했고, 그 후 여러 나라에서 이민자들이 들어오면서 다양한 나라의 식문화가 호주로 들어왔다.

근대 시기에 호주에 처음 정착한 사람들은 영국인들이다. 1788년 시드니항에 영국의 죄수 736명이 실려 온 것을 시작으로 호주는 영국의 유형流刑 식민지가 되었고, 1926년 독립할 때까지 영국의 식민 지배를 받았다. 이 시기에 영국 음식이 호주 음식의 토대를 형성했다.

2차 세계대전 이후 그리스·이탈리아 등 지중해 지역, 레바논 등 중동 지역, 인도, 중국, 베트남 등지에서 이민자들이 들어오면서* 그들의 식생활과 음식도 함께 들어왔다. 이런 과정에서 호주화된 다국적 음식multicultural cuisine 이 나왔다. 할랄 스낵 팩(할랄 인증을 받은 도네르 케밥 고기에 감자튀김, 요구르트, 치즈, 할라페뇨, 마요네즈, 바비큐소스를 뿌려서 스티로폼 그릇에 담아주는 패스트푸드의 일종)은 '중동 음식'인 도네르 케밥과 '유럽 음식'인 감자튀김, '중남미 음식'인 할라페뇨와 바비큐소스가 결합된 것이다.

이처럼 호주 음식은 영국 음식에 토대를 두고 있지만 다국적 이민자들에 의해 각국의 식문화가 들어와 서로 융합하면서 다채롭게 발전하고 있다.

2. 호주 음식의 특징

- 식사에서 고기가 차지하는 비중이 크다. 호주에서는 닭고기를 가장 많이 먹고 쇠고기, 양고기도 즐겨 먹는다. 고기를 잘게 다져 파이 속에 넣거나, 두툼하게 썰어 스테이크로 굽거나 야외에서 바비큐를 해 먹는다. 영미 문화의 영향으로 호주인들은 주말에 바비큐를 즐긴다. 대부분의 가정과 공원, 해변에는 바비큐 시설을 갖추고 있다. 소시지도 무척 즐긴다.
- 계란도 즐겨 먹는다. 메뉴에 'Aussie style'이라 적혀 있으면 계란프라이가 위에 올라간 것을 말한다. 오시피자는 피자에 계란프라이를 올린 것이고, 오시햄버거는 보통 햄버거에 계란프라이를 올린 것이다. 후식으로는 계란으로 만든 커스터드푸딩을 즐겨 먹는다.
- 호주 음식은 영국 음식을 기본으로 하지만 영국 본토와는 재료와 맛이 다른 경우가 많다. 현지 재료를 이용해 재탄생시킨 요리가 많은데, 이를테면 캥거루고기를 넣은 미트 파이 같은 것이다.

---

* 호주는 1901년부터 유색인종의 이민을 억제하는 백호주의 정책을 폈으나, 1973년부터는 이를 폐지했다. 현재는 영국계 백인들이 다수를 차지하며 아시아계 이민자들이 그 뒤를 잇고 있다.

3. 대표 음식

수프

펌킨수프pumpkin soup 펌킨(늙은 호박)을 주재료로 당근, 양파, 마늘, 커민, 타임, 고수씨 등을 넣고 푹 끓인 뒤 곱게 갈아 크림을 넣은 수프다. 호주인들이 매우 즐겨 먹는 수프로 추운 계절에 먹으면 속이 훈훈해진다.

육류와 생선

캥거루스테이크

캥거루고기 캥거루고기의 맛과 질감은 쇠고기와 비슷한데 단백질과 철분은 쇠고기보다 풍부하고 지방과 열량은 더 낮다. 오메가3 지방산도 풍부하다. 스테이크, 햄버거, 미트 파이, 소시지, 육포, 피자, 카르파초 등 다양한 방식으로 요리한다. 캥거루는 우리에 가두지 않고 야생에서 방목한다.

에뮤고기 에뮤는 호주에 사는 대형 조류의 일종인데 고기는 쇠고기처럼 색이 붉고 맛도 쇠고기와 비슷하다. 쇠고기보다 철분, 단백질, 비타민C가 많고 지방과 콜레스테롤이 적어서 건강에 좋은 고기로 통한다. 두툼하게 썰어 팬에 구워 먹는다. 에뮤 알도 식재료로 애용된다.

미트 파이

악어고기 악어고기는 닭고기와 맛이 비슷하며 지방이 적고 단백질이 풍부하다. 퀸즐랜드 북부에서 악어를 사육하며 호주에서 대중적으로 소비된다. 꼬치에 꿰어 굽거나 크림 파이 등으로 요리한다.

미트 파이와 소시지 롤meat pie & sausage roll 미트 파이는 다진 고기를 그레이비에 버무려 밀가루 반죽으로 감싸 구운 것으로 토마토소스를 얹어 먹는다. 영국에서 왔지만 호주의 국민 음식으로 통할 만큼 호주에서도 즐겨 먹는다. 소시지 롤(소시지를 파이 반죽으로 돌돌 말아 구운 것)도 풋볼 경기장, 베이커리, 학교 매점, 카페 등에서 쉽게 찾을 수 있다.

소시지 롤

치킨 파르미지아나   바라문디   바라문디로 만든 피시 앤 칩스

바비큐BBQ 쇠고기·양고기·닭고기 등의 육류, 소시지, 해산물, 각종 채소 등을 가볍게 양념해서 바비큐 대에서 구운 것이다.

핫도그hot dog 구운 소시지와 볶은 양파를 핫도그 빵에 넣고 소스를 뿌린 것으로 각종 축제에 빠지지 않는다. 소시지는 주로 쇠고기나 돼지고기로 만든다.

치킨 파르미지아나chicken parmigiana 치킨가스 위에 토마토소스와 모차렐라를 얹어 치즈가 녹을 정도로 구운 것으로 감자튀김, 샐러드 등을 곁들여 먹는다. 이탈리아-아메리카요리에 기초한 음식으로 호주의 식당과 펍에서 흔히 판다.

모어튼베이 버그Moreton Bay bug '벌레'라는 말이 붙어 있어 흠칫 놀랄 수 있지만 벌레와는 무관한 '바닷가재'의 일종이다. 많이 잡히는 퀸즐랜드의 모어튼만에서 이름을 따서 '모어튼베이 버그'로 불린다. 마늘버터를 발라 그릴에 굽거나 기름에 튀긴 마늘을 얹어 찐다. 꼬리만 먹는데 바닷가재보다 즙이 풍부하고 감칠맛이 뛰어나다.

바라문디barramundi 호주 북부의 열대 바다에서 서식하는 대형 물고기로 무게가 30~60kg에 달한다. 향미가 좋고 값도 저렴해서 인기가 많다. 포를 떠서 찌거나 기름에 지지거나 빵가루를 입혀 튀기는 등 다양한 방식으로 요리한다.

피시 앤 칩스fish & chips 흰살생선과 감자를 튀긴 것이다. 영국 음식인데 호주에서도 즐겨 먹는다. 대구류나 명태살로 만들지만, 호주에서는 바라문디 등 계절별로 다양한 생선을 이용한다. 점심 메뉴로 테이크아웃하는 인기 메뉴 중 하나다.

디저트와 과자

파블로바pavlova 계란 흰자를 거품 내서 구운 바삭한 과자에 생크림과 과일을 얹은 디저트다. 1920년대 호주를 방문했던 러시아의 발레리나 안나 파블로바를 기념하여 만들어졌다고 한다. 뉴질랜드에서 나왔다는 주장도 있다.

파블로바

래밍턴lamington 정사각형 모양의 스펀지케이크에 초콜릿을 입히고 코코넛 가루를 묻힌 디저트로 호주의 국민 케이크라 불린다. 1900년대 초 퀸즐랜드에서 만들기 시작했는데 퀸즐랜드의 주지사였던 배런 레밍턴의 이름을 따왔다. 차, 커피, 레모네이드, 아이스크림과 찰떡궁합이다. 케이크 사이에 크림이나 딸기잼을 넣기도 한다. 호주를 넘어 다양한 영국령에서도 많이 먹는다.

래밍턴

팀탐tim tam 비스킷 사이에 초콜릿 크림을 넣고 초콜릿으로 다시 한번 코팅한 과자다. 호주의 국민 과자로 알려져 있다. 가격 부담이 없어 여행객들이 기념품으로 사 오기도 한다.

와인

호주 와인은 신세계 와인 주축 중 하나다. 호주의 6개 주 모두에서 각각의 개성을 가진 와인이 나온다. 사우스오스트레일리아주 바로사 밸리는 호주에서 가장 오래된 최고의 와인 생산 지역 중 하나로 시라즈shiraz 품종 와인으로 유명하다. 프랑스 론 지방에서 가져온 시라syrah를 호주에서는 시라즈라 부르는데, 시라즈 와인은 호주 와인의 주종을 이루고 있다. 스파이시하면서 묵직한 탄닌 맛이 특징이다. 부티크라 불리는 개인 소유의 작은 포도 농장에서도 다양한 와인이 나온다.

기타

베지마이트vegemite 빵, 크래커에 발라 먹는 스프레드의 일종으로 비타민B가 풍부하다. 1922년 호주 화학자 CP. 칼리스터 박사가 채소즙에 소금, 효모 추출물 등을 혼합해서 처음 만들었다. 굴소스처럼 되직하고, 국간 장과 비슷한 색이고, 이 둘을 합친 것과 비슷한 맛이 난다. 외국인들은 호불호가 갈리는 음식이지만 호주인들은 모두가 좋아한다. "베지마이트를 좋아하게 되었다면 진정한 호주인이 되었다."고 할 만큼 호주 식문화를 대표한다. 베지마이트를 바른 토스트는 호주인의 전형적인 아침 식사다.

베지마이트를 바른 **토스트**

비트루트beetroot 한국에서 비트로 알려진 비트루트를 호주인들은 매우 즐겨 먹는다. 피클로 만들거나 포테이토칩처럼 튀기거나 샐러드에 넣기도 한다.

햄버거 고기 패티와 토마토, 양상추, 양파는 기본이고 파인애플 조각, 베이컨, 비트피클, 계란프라이까지 넣어 줘야 진정한 '호주식 햄버거'라 할 수 있다. 이를 'Aussie burger with the lot'이라고 부른다. 햄버거 레스토랑에서 호주산 쇠고기와 자체 개발한 소스, 다양한 부재료를 넣어 만든 독특한 조합의 수제 햄버거를 맛보는 것은 호주 여행에서 빼놓을 수 없는 즐거움이다.

댐퍼와 빌리티damper & billy tea 댐퍼는 밀가루에 물, 베이킹파우더를 넣고 반죽해서 모닥불의 재에 묻어 구운 투박한 빵이다. 말린 고기나 골든시럽과 함께 먹는다. 빌리티는 금속으로 만든 큼직한 캔 모양의 통(이것을 빌리라고 함)에 물을 넣고 모닥불 위에 걸어 물이 끓으면 불에서 내려 찻잎을 넣고 우려 잎을 걸러내고 우유와 설탕을 넣어 마시는 차를 말한다. 댐퍼와 빌리티는 19세기 말 부시 라이프*의 상징이 되었는데 현재는 캠핑 음식으로 인기 있다.

빌리티

치코롤chiko roll 양배추, 당근, 샐러리, 양파, 쇠고기 등을 얇은 밀가루 반죽으로 감싸 튀긴 스낵이다. 중국의 춘권에서 영감을 얻어 Frank McEncroe라는 호주인이 개발했다. 편의점이나 피시 앤 칩스 가게, 축구장 매점 등에서 판다.

치코롤

---

* 관목과 풀, 유칼립투스가 자라는 건조한 지역에서 소나 양 떼를 키우며 사는 생활을 말한다.

4. 식사의 구성과 음료

1) 식사의 구성

호주에서도 하루 세 끼가 보편적이다. 아침은 토스트, 시리얼, 커피 등으로 가볍게 먹거나 토스트에 베이컨, 계란, 소시지, 구운 토마토를 곁들여 잉글리시 브랙퍼스트 스타일로 푸짐하게 먹기도 한다. 호주인들이 가장 즐겨 먹는 아침 메뉴는 버터나 베지마이트를 바른 토스트다. 버터와 베지마이트를 함께 발라 먹기도 하고, 땅콩버터를 바르기도 한다.

오전 10시 반에서 정오 사이에 먹는 가벼운 식사를 'Morning Tea'라고 한다. 점심은 정오와 2시 사이에 샌드위치나 샐러드로 가볍게 먹는다. 호주는 다문화 사회라서 커리, 아시안 면류, 스시, 피자, 파스타 등 외식 메뉴 선택의 폭이 매우 넓다.

브런치 문화가 발달해서 카페에서 간단한 식사와 함께 커피나 차를 마시는 것이 일상적인 문화다. 브런치는 아침보다는 무겁고 점심보다는 가벼운 식사다.

하루 중 주된 식사는 저녁이다. 식당은 오후 6시에서 6시 반경부터 손님들이 오기 시작해서 7~9시에 가장 붐빈다. 호주에서 'Tea'는 '저녁 식사'를 뜻한다. 호주 친구가 "Wanna come around for tea at 6?"라고 말하면 이는 "6시에 저녁 식사 같이 할까?"라는 소리다. 전형적인 식사는 고기구이에 감자와 한두 가지 채소를 곁들이는 것이다.

외식이 대중화되어 있어 도시에는 식당, 카페, 바, 펍 등이 즐비하다. 펍에서 먹는 식사를 'counter meal'이라고 하는데 대중적인 메뉴는 스테이크와 칩스, 치킨 파르미지아나와 칩스, 모듬 고기구이, 로스트 램roast lamb, 쇠고기와 채소구이 등이다.

2) 음료

호주인이 가장 많이 마시는 음료는 청량음료이고, 그다음으로는 커피, 차, 핫

초코 순으로 즐겨 마신다. 대다수의 호주인은 최소 하루 한 잔
의 커피를 마신다. 플랫화이트flat white라 불리는 커피가 인기 있
다. 우유 거품의 입자가 큰 카푸치노와 거품이 거의 없는 카페
라테에 비해, 플랫화이트는 우유를 미세한 입자의 거품 형태로
만들어 실크나 벨벳의 질감에 비유될 만큼 부드러운 맛을 낸다.
커피콩은 대부분 수입에 의존하지만 자국 내에서도 소량(연간
600톤 정도)의 커피콩을 생산하고 있다.

플랫화이트

영국 문화의 영향으로 호주인들도 차를 무척 즐긴다. 각종 차와 차 관련
용품을 파는 전문점들이 있고, 달콤한 케이크나 디저트와 함께 홍차를 즐기
는 영국식 애프터눈티 룸을 쉽게 찾아볼 수 있다. 호주인들은 홍차를 연하게
우려 우유와 설탕을 넣어 마신다. 대부분 수입차에 의존하지만 호주 북부에
서도 차가 생산된다.

호주인이 가장 즐겨 마시는 술은 맥주다. 2020년 기준 호주의 1인당 연간
맥주 소비량(97.8리터)은 체코(181.9리터)에 이어 세계 2위를 차지했다. 지역
별로 다양한 브랜드의 맥주가 생산되며 각 주마다 대표 맥주가 있다*. 소규
모 양조장에서 직접 만든 크래프트 맥주craft beer도 선택지가 풍부하다.

와인도 애음된다. 2018년 기준 호주의 1인당 연간 와인 소비량은 28.34리
터로 영어권 국가 중에서는 뉴질랜드와 더불어 가장 많다. 호주에서는 적당
한 가격에 맛 좋은 와인을 쉽게 구할 수 있다.

호주에서 술을 사려면 주류 판매점으로 가야 한다. 마트와 식료품점에서
는 술을 팔지 않는다. 식사에 술을 곁들이고 싶으면 자기가 좋아하는 맥주
와 와인을 식당에 가지고 가는데 이를 'BYO(Bring your own의 줄임말)'라
고 한다. 식당에서 아예 술을 팔지 않는 경우도 있다. BYO 문화는 먹고 싶은
술을 마음대로 고를 수 있고 술값으로 바가지를 쓰지 않아도 되니 일거양득

---

* 빅토리아주는 빅토리아비터, 퀸즐랜드주는 XXXX(four X), 웨스턴오스트레일리아주는 스완과 에뮤, 뉴사우스웨일즈
  주는 투헤이스, 사우스오스트레일리아주는 쿠퍼스가 유명하다.

이다. 술 말고도 호주에는 다양한 BYO 문화가 있다. 미국에서도 즐겨 하는 '포트럭 파티potluck party(각자 음식을 가져와서 함께 나눠 먹는 것)'를 호주에서도 즐겨 하는데 이 역시 BYO 문화의 하나다.

5. 식사 예절

호주의 식사 예절은 기본적으로 유럽식 식사 예절을 따른다. 포크는 왼손에, 나이프는 오른손에 쥐고 나이프로 잘라 포크로 찍어 먹는다. 볶음밥도 나이프와 포크로 먹는다. 숟가락은 수프나 디저트를 먹을 때만 사용한다.

음식은 앞접시에 따로 담아 먹는다. 공동으로 나온 음식은 공평하게 분배한다. 식당에서도 마찬가지다. 아시아인들이 식당에서 여러 개의 음식을 시켜서 식탁 가운데 놓고 나눠 먹는 것과는 달리 호주인들은 각자 따로 시킨다. 아시아에서는 술병을 식탁 위에 놓고 서로서로 나눠 마시는데, 호주에서는 호스트(혹은 집주인)가 손님에게 마시고 싶은지 묻고 적당량을 따라 준 다음, 다 마시고 한 잔 더 청할 때까지 기다렸다 다시 채워 준다.

식당에서는 더치페이가 일반적이다. 한턱내는 것은 상대방의 자존심을 깎아내리는 행동이 된다. 다른 사람이 내 밥값을 내주면 자기 힘과 능력을 과시한다고 생각하며 마음이 위축되고 빚을 졌다고 생각한다. 식당에서는 팁을 주지 않아도 된다.

여러 인종이 함께 살다 보니 집에 손님을 초대할 때는 상대방의 종교나 채식 여부 등을 사전에 확인할 필요가 있다. 종교나 신념에 따라 먹는 음식이 서로 다르기 때문이다(3장 종교와 식철학 참조). 집으로 초대받았을 때는 초콜릿이나 디저트류, 와인, 꽃다발 같은 가벼운 선물을 준비한다.

CHAPTER 1 음식문화의 이해

가토 치히로. 2005. 마오저뚱은 어떤 음식을 좋아했을까? 김숙이. 창해. p119.

高橋 進 외. 食べ物(東京大學公開講座 41). 1985. 東京大學出版會. pp27~49.

김희선. 음식 속엔 역사가 숨 쉬고 있다. 동아일보. 2006.6.2. 06~07면.

김희선, 오세영. 2011. 식당에서의 공식(共食) 행동에 대한 질적 연구. 한국식생활문화학회지 26(2):120~127.

마귈론 투생 사마. 2002. 먹거리의 역사(상). 이덕환. 까치. pp117~123.

벵자맹 주아노, 프랑크 라마슈. 2004. 두 남자 프랑스 요리로 말을 걸어오다. 한길사. pp134~135.

찰스 B. 헤이저. 2000. 문명의 씨앗 음식의 역사. 장동현. 가람기획. pp12~13.

캐롤 M. 코니한. 2005. 음식과 몸의 인류학. 김정희. 갈무리. pp44~48.

Carol A. Bryant, Kathleen M. DeWalt, Anita Courtney, Jeffery Schwartz. 2003. The Cultural Feast(2nd edition). Wadsworth. pp84, 89~90, 190~191.

Carole Counihan, Penny Van Esterik. 2013. Food and culture : a reader(3rd edition). Routledge. pp409~425.

E. N. Anderson. 2005. Everyone eats : understanding food and culture(2nd edition). New York University Press. pp105~107.

Massimo Montanari. 2006. Food Is Culture. Columbia University Press. pp61~66.

Pamela Goyan Kittle, Marcia Nelms, Kathryn P. Sucher. 2016. Food and Culture (7th edition). Cengage Learning. pp1~5, 8~11.

CHAPTER 2 퀴진으로 본 음식문화

구성자, 김희선. 2005. 새롭게 쓴 세계의 음식문화. 교문사. pp2~6, 10~11.

김지룡, 갈릴레오 SNC. 2012. 사물의 민낯. 애플북스. pp159~163.

댄 주래프스키. 2015. 음식의 언어. 김병화. 어크로스. pp332~333, 337~338.

石毛直道. 1999. 세계의 음식문화. 동아시아식생활학회연구회. 광문각. pp20~23.

Carol A. Bryant, Kathleen M. DeWalt, Anita Courtney, Jeffery Schwartz. 2003. The Cultural Feast(2nd edition). Wadsworth. pp9~10.

CHAPTER 3 종교와 식철학

마빈 해리스. 1992. 음식문화의 수수께끼. 서진영. 한길사. pp77~86.

* 인터넷 자료는 게시된 연·월·일을 표기했으며, 게시자가 이를 표기하지 않은 경우에는 부득이 표기하지 못했음을 알려드립니다.

벵자맹 주아노, 프랑크 라마슈. 2004. 두 남자 프랑스 요리로 말을 걸어오다. 한길사. p 200.

이희수. 2012. 이슬람 문화(큰글자 살림지식총서 39). 살림. pp38~42, 51~54.

이희수, 이원삼 외. 2007. 이슬람(개정판). 청아출판사. pp158~160, 164~167, 229~230, 360~361.

Carol A. Bryant, Kathleen M. DeWalt, Anita Courtney, Jeffery Schwartz. 2003. The Cultural Feast(2nd edition). Wadsworth. pp228~234.

Christianity. "Food and drink". 2018. http://christianity.org.uk/index.php/a/food-and-drink.php.

E. N. Anderson. 2005. Everyone eats : understanding food and culture(2nd edition). New York University Press. pp188~198.

Hinduwebsite. com. "Meat eating or vegetarianism in Buddhism".
http://www.hinduwebsite.com/buddhism/vegetarianism.asp.

Norman Wirzba. 2018. Food and Faith : A Theology of Eating(2nd edition). Cambridge University Press. p 12.

Pamela Goyan Kittle, Marcia Nelms, Kathryn P. Sucher. 2016. Food and Culture (7th edition). Cengage Learning. pp82~106.

Wikipedia. "Buddhist cuisine". 2018.5.26. https://en.wikipedia.org/wiki/Buddhist_cuisine.

Wikipedia. "Christian dietary laws". 2018.8.19. https://en.wikipedia.org/wiki/Christian_dietary_laws.

Wikipedia. "Diet in Hinduism". 2018.8.22. https://en.wikipedia.org/wiki/Diet_in_Hinduism.

Wikipedia. "Seventh-day Adventist Church". 2018.8.14.
https://en.wikipedia.org/wiki/Seventh-day_Adventist_Church#Health_and_diet.

CHAPTER 4 동북아시아
일본

박용민. 2014. 맛으로 본 일본. 헤이북스. pp38~40.

石毛直道. 1999. 세계의 음식문화. 동아시아식생활학회연구회. 광문각. pp43, 127~130, 175~178.

오카다 데쓰. 2006. 돈가스의 탄생. 뿌리와 이파리. 정순분. pp34~36, 168~172.

오쿠보 히로코. 1998. 에도의 패스트푸드. 이언숙. 청어람미디어. pp28~29, 41~43, 238~241, 245~247, 255.

유네스코 인류무형문화유산. "와쇼쿠(和食), 특히 신년 축하를 위한 일본의 전통 식문화". 2013.
https://terms.naver.com/entry.nhn?docId=2029135&cid=62348&categoryId=62590.

일본정부관광국. "일본의 다도". https://www.japan.travel/ko/guide/tea-ceremony/.

최윤정, 정희순, 최성옥. 2012. 사진과 함께하는 일본문화. 동양books. pp98~99, 102~105, 115.

폴 발리. 2011. 일본 문화사. 박규태. 경당. pp260~262, 382~383.

Mark McWilliams. 2014. Food & Material Culture. Prospect Books. pp90~99.

Web Japan. "Japanease food culture". 2017.
http://web-japan.org/factsheet/en/pdf/36JapFoodCulture.pdf.

중국

가토 치히로. 2005. 마오저뚱은 어떤 음식을 좋아했을까? 김숙이. 창해. pp77~78.

고광석. 2002. 중화요리에 담긴 중국. 매일경제신문사. pp65~69, 134~136, 200.

김정연. 2005. 중국차 이야기. 안그라픽스. pp24~31.

나무위키. "모기 눈알 수프". https://namu.wiki.

두산백과. "만한취엔시".

　　　https://terms.naver.com/entry.naver?docId=1283429&cid=40942&categoryId=32137.

우샤오리. 2004. 중국음식(잘먹고 잘사는법 39). 김영사. pp18~20, 33, 103~104.

유현아. 2017. 중국어 어휘에 나타나는 음식문화 고찰: 主食과 副食 관련 어휘를 중심으로. 中國文化硏究
　　　제35집:197~216.

张恩來. 2000. 中國典故菜肴集. 外文出版社. pp86~87.

정광호. 2003. 중국? 중국! 시아출판사. pp253~254.

정광호. 2008. 음식천국 중국을 맛보다. 매일경제신문사. pp39~43, 171~172.

중국의 창. "다람쥐 모양의 쏘가리". 2013.7.10. http://korean.cri.cn/1760/2013/07/10/1s200777.htm.

EBS. "맛의 대륙, 중국-4부 대륙의 건강식, 훠궈". 2011.4.6.
　　　http://www.ebs.co.kr/tv/show?lectId=1195955.

Jacqueline Newman. 2004. Food Culture in China (Food Culture around the World).
　　　Greenwood. pp105~128.

May-Lee Chai, Winberg Chai. 2014. China A to Z : Everything You Need to Know to
　　　Understand Chinese Customs and Culture. Plume. pp118~122.

Thomas O. Höllmann. 2013. The Land of the Five Flavors: A Cultural History of Chinese
　　　Cuisine. Columbia University Press. pp17~20.

Travel China guide. "Chinese Food & Drink". 2015.4.11.
　　　http://www.travelchinaguide.com/intro/cuisine_drink.

CHAPTER 5 동남아시아

태국

정환승. 2014. 태국어 음식관련 어휘 의미연구. 한국태국학회논총 21(1):1~39.

Rafael Steinberg and the Editor of TIME-LIFE BOOKS. 1970. Pacific and Southeast Asian
　　　Cooking. TIME-LIFE BOOKS. pp180~181, 185~187, 191.

SAWADEE.COM. "Thai food & fruit". 2018. http://www.sawadee.com/thailand/food.

Thanaporn Thong-Ngoen. 2012. Discover Thai Food Culture. CreateSpace Independent
　　　Publishing Platform. pp4~6.

베트남

김동욱, 이혜선. 2004. 동남아 음식여행(잘먹고 잘사는법 38). 김영사. pp11~17.

환타. 2018. 베트남 음식에서 난민을 읽다 : 소소한 아시아. 시사IN 564호:61.

James Sullivan, Ron Emmons. 2015. National Geographic Traveler : Vietnam(3rd edition). National Geographic. pp22~25.

Rafael Steinberg and the Editor of TIME-LIFE BOOKS. 1970. Pacific and Southeast Asian Cooking. TIME-LIFE BOOKS. pp163~168.

Vietamese. "Vietnamese cuisine". https://vietnamese.style/category/vietnam-cuisines.

인도네시아

볼프강 쉬벨부쉬. 2000. 기호품의 역사. 이병련 외. 한마당. pp20~21.

위키백과. "툼픙". https://ko.wikipedia.org/wiki/%ED%88%BC%ED%94%99.

저스트 고(Just go) 국가별 여행정보. "인도네시아". http://www.sigongsa.com.

한성림, 박찬윤. 2014. 인도네시아인의 식생활 양상 및 선호음식 분석. 대한지역사회영양학회지 19(1):41~50.

100% From Indonesia. "Eating in Indonesian manner". https://100percentfromindonesia.wordpress.com.

Rafael Steinberg and the Editor of TIME-LIFE BOOKS. 1970. Pacific and Southeast Asian Cooking. TIME-LIFE BOOKS. pp66~69, 72~73, 156.

CHAPTER 6 남아시아
인도

기탄잘리 수잔 콜라나드. 2005. 인도. 박선영. 휘슬러. pp175~180.

마빈 해리스. 1992. 음식문화의 수수께끼. 서진영. 한길사. pp53~68.

이옥순. 2007. 인도에는 카레가 없다. 책세상. pp218~219, 227~228.

정숙희. 2005. 인도의 채식과 한국 채식의 비교 연구 : 수행자의 음식을 중심으로. 원광대학교 동양학대학원 석사논문. pp19~29.

Agriculture and Industrialisation of India and UK. "AGRICULTURE IN INDIA". 2012.10.7. http://brightschool123.blogspot.kr.

Colleen Taylor Sen. 2004. Food Culture in India. Greenwood. pp1~6, 81~84.

Mark McWilliams. 2014. Food & Material Culture. Prospect Books. pp264~270.

Mridula Baljekar. 2001. Curry. Lorenz Books. pp10~15, 14~15, 20~25.

CHAPTER 7 중동

E. N. Anderson. 2005. Everyone eats : understanding food and culture(2nd edition). New York University Press. p 248.

아랍

구성자, 김희선. 2005. 새롭게 쓴 세계의 음식문화. 교문사. pp170~179.

Goodfood. "The health benefits of figs".

　　http://www.bbcgoodfood.com/howto/guide/health-benefits-figs.

Matt Barrett's travel guides. "Ouzo". http://www.greecefoods.com/ouzo.

Richard Tapper, Sami Zubaida. 2001. A Taste of Thyme : Culinary Cultures of the Middle East. Tauris Parke Paperbacks. pp19~24.

튀르키예

세계 음식명 백과. "돌마".

　　https://terms.naver.com/entry.nhn?docId=3396704&cid=48179&categoryId=48245.

Mark McWilliams. 2014. Food & Material Culture. Prospect Books. pp314~324.

Sarah Woodward. 2001. The Ottoman kitchen. Conran Octopus. pp6~10, 12~16, 34, 62.

TCF. "Turkish cuisine". 2018. http://www.turkish-cuisine.org.

Will drink for travel. "RAKI: National Drink of Turkey". 2015.11.28.

　　http://www.willdrinkfortravel.com/posts/raki-national-drink-of-turkey.

YouTube. "The Art of Making Bedouin Bread". 2012.7.17.

　　https://www.youtube.com/watch?v=KUqGxg4z7rQ&t=12s.

이란

구성자, 김희선. 2005. 새롭게 쓴 세계의 음식문화. 교문사. pp180~183.

Culture of Iran. "Perian Cuisine, a Brief History". 2009.

　　http://www.cultureofiran.com/persian_cuisine.html.

Iran Review. "Chelo-Kabab : The National Dish of Iran". 2016.8.31.

　　http://www.iranreview.org/content/Documents/Chelo-Kabab-The-National-Dish-of-Iran.htm.

The Iranian. "Polo and Chelo". http://iranian.com/main/2010/jun/polo-and-chelo.html.

CHAPTER 8 서유럽
프랑스
나가오 켄지. 2012. 가스트로노미 : 프랑스 미식혁명의 역사. 김상애. 비앤씨월드. pp79, 129, 232, 267, 280~281, 287~290.

댄 주래프스키. 2015. 음식의 언어. 김병화. 어크로스. pp61~63.

로이 스트롱. 2005. 권력자들의 만찬. 강주헌. 넥서스books. pp314~319, 378~382.

마귈론 투생 사마. 2002. 먹거리의 역사(하). 이덕환. 까치. pp22~23, 83~84, 102~105.

벵자맹 주아노, 프랑크 라마슈. 2004. 두 남자 프랑스 요리로 말을 걸어오다. 한길사. pp27~32, 60, 148~149.

유네스코 인류무형문화유산. "프랑스의 미식(美食) 문화". 2010. https://terms.naver.com/entry.nhn?docId=2082112&cid=62348&categoryId=62590.

장홍. 1998. 문화를 포도주병에 담은 나라 프랑스. 고원. pp119~121, 130~133.

클로테르 라파이유. 2006. 컬쳐코드. 김상철, 김정수. 리더스북. pp224, 242.

Anne Willan. 1991. La France gastronimique. Arcade Publishing. pp163~164.

France.fr. "프랑스의 미식". https://kr.france.fr/ko/news/article/52686.

M.F.K. Fisher and the Editors of Time-Life Books. 1968. The Cooking of Provincial France. Time-Life Books. pp28~29, 75, 81, 175.

Sarah R. Labensky, Alan M. Hause. 2002. On cooking, Prentice Hall. p 519.

Waverley Root. 1992. The Food of France. Vintage. pp190~191, 348~349, 376~377.

영국·아일랜드
가와기타 미노루. 2003. 설탕의 세계사. 장미화. 좋은책만들기. pp92~93, 144~145.

래리 주커먼. 2000. 감자 이야기. 박영준. 지호. pp31~33, 249~253.

볼프강 쉬벨부쉬. 2000. 기호품의 역사. 한마당. 이병련 외. pp98~101.

조용준. 2011. 펍, 영국의 스토리를 마시다. 컬쳐그라퍼. pp23~28.

Adrian Bailey and the Editors of Time-Life Books. 1969. The Cooking of the British Isles. Time-Life Books. p 6, 11~12, 17, 25~26, 41~42, 59~60, 187.

CHAPTER 9 남유럽
유네스코 인류무형문화유산. "지중해식 식문화". 2013.

Carol Helstosky. 2009. Food Culture in the Mediterranean. Greenwood Press. pp25~29.

David Alexander. 2010. The Geography of Italian Pasta. The Professional Geographer 52(3):553~566.

Giovanni Rebora. 2001. Culture of the fork. Columbia University Press. pp132~134.
  https://terms.naver.com/entry.nhn?docId=2029123&cid=62348&categoryId=62590.
Sidney Mintz. "Asia's Contributions to World Cuisine". 2009.5.1.
  http://apjjf.org/-Sidney-Mintz/3135/article.html.

이탈리아

마귈론 투생 사마. 2002. 먹거리의 역사(상). 이덕환. 까치. pp258~264.
클로테르 라파이유. 2006. 컬쳐코드. 김상철, 김정수. 리더스북. p 214.
프랜시스 케이스. 2009. 죽기 전에 꼭 먹어야 할 세계 음식 재료 1001. 박누리. 마로니에북스. pp145,
  330~331.
Christian Teubner, Silvio Rizzi, Tan Lee Leng. 1996. The Pasta Bible. Penguin. pp11, 15, 17, 38~39.
Italy Food Culture Tours. "What is aperitivo?". 2015.4.24.
  http://www.italyfoodculture.com/learn-aperitivo.
Slow Italy. "Popular foods of Italy". 2005.
  http://www.yourguidetoitaly.com/popular-foods-of-italy.html.
Smithsonian Magazine. "Researchers Discover Italy's Oldest Wine in Sicilian Cave". 2017.8.31.
  https://www.smithsonianmag.com/smart-news/discovery-shows-italians-have-been-
  making-wine-6000-years-180964701/.
Sophie Braimbridge. 2002. The food of Italy. Murdoch Books. pp6~9, 25, 38~39, 52~53, 242.
Waverley Root and the Editors of Time-Life Books. 1968. The Cooking of Italy. Time-Life
  Books. pp9~10, 33~36, 40.
WineIntro. "Wine Types". 2018. http://www.wineintro.com/types.

스페인

가와기타 미노루. 2003. 설탕의 세계사. 장미화. 좋은책만들기. pp25~26.
Claudia Roden. 2011. The Food of Spain. Ecco. pp11~14.
Epicurious. "What is Chorizo? 10 Things You Need to Know About The Spicy Sausage".
  2018.7.12. https://www.epicurious.com/ingredients/what-is-chorizo-and-how-to-use-
  the-spicy-sausage-article.
Ezine Articles. "5 Distinguishing Characteristics of Spanish Cuisine". 2012.8.23.
  http://EzineArticles.com/7248009.
F. Xavier Medina. 2005. Food culture in Spain. Greenwood Press. pp1~17.
Goodfood. "Top 10 foods to try in Spain".
  http://www.bbcgoodfood.com/howto/guide/top-10-foods-try-spain.
Hugh Johnson. 1985. The world atlas of wine. Simon & Schuster. pp200~201, 204~205.

Maria Paz Moreno. 2017. Madrid : A Culinary History (Big City Food Biographies). Rowman & Littlefield Publishers. pp7~24.

Peter S. Feibleman and the Editors of Time-Life Books. 1969. The Cooking of Spain and Portugal. Time-Life Books. pp10, 34, 45~48, 72, 131, 192.

Pura Aventura. "Meet Cabrales, Spain's bluest cheese". 2015.7.28.
https://www.pura-aventura.com/blog/meet-cabrales-spains-bluest-cheese.

Spanish Food. "Spanish Food History".
https://www.spanish-food.org/spanish-food-history.html.

CHAPTER 10 중유럽

맛시오 몬타나리. 2001. 유럽의 음식문화. 주경철. 새물결. pp24~29.

독일

Beer Culture. "독일의 맥주 종류". http://www.oktoberfest.co.kr/beer_culture/german.html.

German meat. "독일의 육가공 제품 산업 : 오랜 전통, 현대적 기술".
http://www.german-meat.org/ko/meat-from-germany/meat-processing-industry.

GTAI. "The Food & Beverage Industry in Germany". 2016/2017.
http://www.gtai.de/GTAI/Content/EN/Invest.

Hugh Johnson. 1985. The world atlas of wine. Simon & Schuster. pp146~151, 154~157.

Lesley Chamberlain. 2002. Food of Eastern Europe. Lorenz Books. pp6~11, 94~97, 122, 149.

Statisca. "Volume of beer consumed per capita in Europe in 2020, by country".
https://www.statista.com/statistics/444589/european-beer-consumption-per-capita-by-country/.

스위스

마귈론 투생 사마. 2002. 먹거리의 역사(상). 이덕환. 까치. p 142.

스위스 관광청. "게슈네첼테스". http://www.myswitzerland.com/ko/zueri-geschnetzeltes.html.

browsew. "낙후된 지역 관광으로 되살린 스위스". 2011.3.15.
http://m.blog.naver.com/browsew/80126316609.

Cheeses from Switzerland. "Welcome to the world of cheeses from Switzerland". 2018.
https://www.cheesesfromswitzerland.com.

Expatica. "Top 10 German foods-with recipes".
http://www.expatica.com/de/about/Top-10-German-foods-with-recipes_106759.html.

kotra 국가정보. "스위스". 2013.12.20.
    https://terms.naver.com/list.nhn?cid=48535&categoryId=48580&so=st4.asc.

CHAPTER 11 북유럽
스칸디나비아
루크, 안젤라. 2015. 내가 꿈꾸는 북유럽 라이프. 팬덤북스. pp278-279, 289-302, 319-332.
이기중. 2008. 북유럽 백야여행. 즐거운 상상. p 49, 81, 139, 191.
Bespoke Unit. "What Is Akvavit? How To Drink Aquavit & Top 10 Best Brands".
    https://bespokeunit.com/spirits/akvavit/#how.
Dale Brown and the Editors of Time-Life Books. 1969. The Cooking of Scandinavia. Time-
    Life Books. pp26~27, 36, 60, 73, 130~131, 164, 184.
Wikipedia. "Snaps". https://en.wikipedia.org/wiki/Snaps.

CHAPTER 12 북아메리카
미국
우에하라 요시히로. 2012. 차별받은 식탁. 어크로스. 황선종. pp22~24.
위키백과. "앵글로 아메리카". 2018.8.10. https://ko.wikipedia.org/wiki.
일레인 메킨토시. 1999. 미국의 음식문화. 김형곤. 역민사. pp179~182, 208~211, 217~219.
Barbara G. Shortridge. 2003. A food geography of the great plains. The Geographical Review
    93(4):507~529.
Delishably. "California Cuisine-History, Features and Fun Facts". 2015.10.26.
    https://delishably.com/vegetable-dishes/california_cuisine.
E. N. Anderson. 2005. Everyone eats : understanding food and culture(2nd edition). New
    York University Press. pp245~246.
Hugh Johnson. 1985. The world atlas of wine. Simon & Schuster. p 263.
Iberia. "Traditional food from California". 2018. https://www.iberia.com/gt/destination-guide/
    los-angeles/traditional-food-from-california.
Jeffrey M. Pilcher. 2001. Tex-Mex, Cal-Mex, New Mex, or Whose Mex? Notes on the
    historical geography of Southwestern cuisine. Journal of the Southwest 43(4):659~679.
My Jewish Learning. "Jewish Immigration to America: Three Waves".
    https://www.myjewishlearning.com/article/jewish-immigration-to-america-three-
    waves/.

New Mexico True. "Chile Capital of the World".

　　　https://www.newmexico.org/places-to-go/true-trails/culinary-trails.

New Orleans official guide. "Cajun or Creole?". 2018.

　　　http://www.neworleansonline.com/neworleans/cuisine/food/creolevscajun.html.

Popcorn.org. "History of Popcorn".

　　　https://www.popcorn.org/All-About-Popcorn/History-of-Popcorn.

Rafael Steinberg and the Editor of TIME-LIFE BOOKS. 1970. Pacific and Southeast Asian

　　　Cooking. TIME-LIFE BOOKS. pp16~17, 20, 22.

The splendid table. "If it isn't really Mexican food, what is Tex-Mex?". 2013.6.28.

　　　https://www.splendidtable.org/story/if-it-isnt-really-mexican-food-what-is-tex-mex.

The spruce eats. "Exploring Southern Food & Culture".

　　　https://www.thespruceeats.com/southern-food-4162667.

UPR. "Utahns Eat Almost Twice As Much Candy As U.S. Average". 2015.5.15.

　　　http://www.upr.org/post/utahns-eat-almost-twice-much-candy-us-average.

CHAPTER 13 중남메리카

멕시코

세계의 명주와 칵테일백과사전. "테킬라".

　　　https://terms.naver.com/entry.naver?docId=415031&cid=48182&categoryId=48270.

찰스 B. 헤이저 2세. 2000. 문명의 씨앗 음식의 역사. 장동현. 가람기획. pp20~21, 135~136, 184~186.

Mexican food journal. "Mexican Style Quesadillas". 2018.

　　　http://mexicanfoodjournal.com/quesadillas-and-sincronizadas.

Rick Bayless. 1996. Mexican Kitchen. Scribner. pp47, 73, 143~144, 275~276.

CHAPTER 14 아프리카

石毛直道. 1999. 세계의 음식문화. 동아시아식생활학회연구회. 광문각. pp106~107.

양평군립미술관. 2016.7.15~9.4. 미술로 떠나는 세계 여행-1, 아프리카전. "아프리카의 커피".

찰스 B. 헤이저. 2000. 문명의 씨앗 음식의 역사. 장동현. 가람기획. pp210~218.

Countries and Their Cultures. "Nigeria". http://www.everyculture.com/Ma-Ni/Nigeria.html.

Healthy Eating Club. "East African Food Habits". 2005.

　　　http://apjcn.nhri.org.tw/server/africa/overview_contents.htm.

Statistics Times. "List of continents by population".

　　　https://statisticstimes.com/demographics/continents-by-population.php.

Wikipedia. "African cuisine". 2018.7.11. https://en.wikipedia.org/wiki/African_cuisine.

CHAPTER 15 오세아니아
호주

두산백과. "부시터커".

    https://terms.naver.com/entry.naver?docId=1233728&cid=40942&categoryId=40718.

일자 샤프. 2005. Curious Global Culture Guide-호주. 휘슬러. pp.66~68, 148~149, 220~248.

ABC. "Bush food industry booms, but only 1 per cent is produced by Indigenous

    people". 2019.1.18. https://www.abc.net.au/news/rural/2019-01-19/low-indigenous-

    representation-in-bush-food-industry/10701986.

Australian Institute of Health and Welfare. 2012. Australia's food & nutrition 2012. p 73.

Farminsight. "2021년 소고기 수입량 사상 최대 기록". 2022.2.7.

    http://www.farminsight.net/news/articleView.html?idxno=8600.

Statisca. "The Countries That Eat The Most Meat". 2020.5.5.

    https://www.statista.com/chart/3707/the-countries-that-eat-the-most-meat.

TYPICA. "Can Australia Grow Its Consumption of Locally Produced Coffee?". 2020.6.11.

    https://perfectdailygrind.com/2020/06/can-australia-grow-its-consumption-of-locally-

    produced-coffee/.

Wikipedia. "Australian cuisine". https://en.wikipedia.org/wiki/Australian_cuisine.

348

저자 소개

김희선 | 이화여자대학교에서 식품영양학으로 학사, 석사, 박사학위를 받았고, 미국의 The Cambridge School of Culinary Art에서 Professional Chef Program을 수료했다(이론, 실기 부문 우수상 수상). 이화여대 등의 강사와 배화여대 겸임교수로 재직하였고, 경희대에서 '세계의 음식문화' 강의로 우수 강사상을 수상했다.

삼성경제연구소 'SERICEO'에서 제공하는 인터넷 방송 콘텐츠 'Okdab ceo'에서 '푸드텔링'과 '글로벌 푸드 & 비즈' 코너를 맡아 세계 식문화와 식품업계 성공 사례를 주제로 강연을 했다.

기업체와 정부 기관 등을 대상으로 식문화와 외식산업 관련 교육, 컨설팅, 강연 등을 해왔고, 현재 이화여대 식품영양학과 초빙교수로 재직하고 있다.

저서로 《새롭게 쓴 세계의 음식문화》(2005년, 2인 공저), 《글로벌 음식문화》(2018년, 단독 저서) 등이 있다.

2판

글로벌 음식문화

2018년 9월 20일 초판 발행 | 2022년 9월 8일 2판 발행

지은이 김희선 | **펴낸이** 류원식 | **펴낸곳 교문사**

편집부장 김경수 | **책임편집** 안영선 | **디자인** 신나리 | **본문편집** 우은영

주소 10881, 경기도 파주시 문발로 116 | **전화** 031-955-6111 | **팩스** 031-955-0955
홈페이지 www.gyomoon.com | **E-mail** genie@gyomoon.com
등록 1968. 10. 28. 제406-2006-000035호
ISBN 978-89-363-2392-9(93590) | **값** 25,000원